华 章 图 书

一本打开的书,一扇开启的门,
通向科学殿堂的阶梯,托起一流人才的基石。

智能系统与技术丛书

Intelligent Projects Using Python

Python人工智能项目实战

［印度］桑塔努·帕塔纳亚克（Santanu Pattanayak） 著
魏兰 潘婉琼 方舒 译

图书在版编目（CIP）数据

Python人工智能项目实战 /（印）桑塔努·帕塔纳亚克（Santanu Pattanayak）著；魏兰，潘婉琼，方舒译 . —北京：机械工业出版社，2019.10

（智能系统与技术丛书）

书名原文：Intelligent Projects Using Python

ISBN 978-7-111-63790-5

I. P… II. ①桑… ②魏… ③潘… ④方… III. 软件工具 – 程序设计 IV. TP311.561

中国版本图书馆CIP数据核字（2019）第220708号

本书版权登记号：图字 01-2019-0957

Santanu Pattanayak: Intelligent Projects Using Python (ISBN: 978-1-78899-692-1).

Copyright © 2019 Packt Publishing. First published in the English language under the title "Intelligent Projects Using Python".

All rights reserved.

Chinese simplified language edition published by China Machine Press.

Copyright © 2019 by China Machine Press.

本书中文简体字版由Packt Publishing授权机械工业出版社独家出版。未经出版者书面许可，不得以任何方式复制或抄袭本书内容。

Python人工智能项目实战

出版发行：机械工业出版社（北京市西城区百万庄大街22号　邮政编码：100037）	
责任编辑：杨宴蕾	责任校对：李秋荣
印　　刷：中国电影出版社印刷厂	版　次：2019年10月第1版第1次印刷
开　　本：186mm×240mm　1/16	印　张：15
书　　号：ISBN 978-7-111-63790-5	定　价：79.00元

客服电话：(010) 88361066　88379833　68326294　　投稿热线：(010) 88379604
华章网站：www.hzbook.com　　读者信箱：hzit@hzbook.com

版权所有 • 侵权必究
封底无防伪标均为盗版
本书法律顾问：北京大成律师事务所　韩光 / 邹晓东

译 者 序

THE TRANSLATOR'S WORDS

> 我们目光有限,只能看到前方很短的距离,但看到这些就已经有足够多的事情要做。
> ——Alan Turing(艾伦·图灵)

一般认为,人工智能经历了3次发展浪潮。一次是20世纪60年代的符号主义,一次是20世纪80年代的联结主义,第三次是2006年以深度学习之名的复苏。前两次浪潮都经历了从初期的极度乐观,慢慢转入失望怀疑,研究人员和经费逐渐流出,随后进入"AI寒冬"的循环。而第三次深度学习的复兴,就目前来看似乎还处在循环的前半段:技术突破先前的局限而快速发展,投资狂热,追捧者甚多。问题是现在的热潮是不是技术萌芽期的过分膨胀?是否会昙花一现并逐渐冷却,然后又进入寒冬?也许任何预言、推论都没有实质的意义,只有时间才有资格给出真正的答案。我们能做的只是从当下种种现实中寻找一点点未来的蛛丝马迹。Keras之父François Chollet总结了深度学习自身的特质——简单、可扩展、多功能与可复用,并称它确实是"人工智能的革命,并且能长盛不衰"。李开复也曾总结第三次热潮与前两次有本质的不同:"前两次人工智能热潮是学术研究主导的,而这次人工智能热潮是商业需求主导的;前两次人工智能热潮更多地是提出问题,而这次人工智能热潮更多地是解决问题"。我想,至少从目前来看,没有任何证据表明现在的热潮过分乐观。

那么,是不是每个人都要学习人工智能,要理解深度学习呢?计算机工程越来越庞大和细分,方向繁多,诸如前端、后端、测试等,纵然是计算机从业人员,到后来大多也只有精力在一个方向深入。AI究竟是这个庞大体系的一部分,还是未来社会每个人都应该掌握的基本技能?对此,我的一点点拙见是,深度学习更像是一种新的思维方式,能补充我们对计算机乃至世界运行规律的理解。深度学习将传统机器学习中最为复杂的"特征工程"自动化,使机器可以"自主地"抽象和学习更具统计意义的"模式"。纵使粗浅如我,没有多少学术背景,仅凭兴趣一点点接触之后也能感受到深度学习的强大与不同。我想,即使不是 AI 算法工程师或者专业学术人员，也一定能在学习过程中有所收获。而且，我非常喜欢 François Chollet 所说的"我坚信深度学习中没有难以理解的东西"。

如果有兴趣，应该如何入门？市面上的书籍、课程层出不穷，究竟该如何选择？我想所有的书籍和课程大体可以分为两类：一种是自下而上，从基本理论开始细细推导，比如 Ian Goodfellow、Yoshua Bengio 和 Aaron Courville 撰写的《深度学习》，周志华的《机器学习》；另一种是自上而下，从实践开始，再逐渐回归理论，比如 François Chollet 的《Python 深度学习》。至于具体哪种路径更适合，应该因人而异，不能一概而论。但这两条路径与人工智能三次浪潮也隐约有些相似之处，前两次浪潮都是学术主导，重理论推导，非常像"自下而上"的发展。但第三次浪潮则是得益于算力的增长，以及互联网时代积累的海量数据资源，使得原本极为简单的模型（如前馈神经网络）也展现出强大的能力——从这个角度看，第三次浪潮本身也像是在经历"自上而下"的野蛮生长，以工程为导向，涉及相对较少的数学理论。本书虽然也有数学公式和模型推导，但我仍愿意把它归为后者——自上而下，重实践应用。书中提供了 9 个直观、有趣、与生活息息相关的实际项目，所有代码都可以从 GitHub 直接下载，并配有完备的实践视频，易于上手。无论你是刚刚入门的学生，还是有一定经验的一线算法工程师，本书都能给你带来愉悦的享受和一定的启发。

最后，我要为本书可能存在的翻译错误和词不达意提前致歉！本书是由我和潘婉琼、方舒共同翻译的。由于翻译水平和时间有限，译文难免生硬，存在错误和疏漏。恳请读者批评指正，以期在重印时改正。另外，由于书中所有的源码都可以直接下载，所以我们在翻译过程中并未对代码做详细校正，强烈建议读者直接下载源码和视频以学习书中的项目。

最后，希望你能享受阅读此书的过程，也希望它能对你有所帮助！

魏兰
2019 年 6 月于北京

PREFACE

前　　言

本书可帮助你结合深度学习和强化学习来构建智能而且实用的基于人工智能的系统。本书涉及的项目涵盖众多领域，例如医疗健康、电子商务、专家系统、智能安防、移动应用和自动驾驶，使用的技术包括卷积神经网络、深度强化学习、基于 LSTM 的 RNN、受限玻尔兹曼机、生成对抗网络、机器翻译和迁移学习。本书有关构建智能应用的理论知识将帮助读者使用有趣的方法来拓展项目，以便快速创建有影响力的 AI 应用。读完本书之后，你将有足够的能力建立自己的智能模型，轻松地解决来自任何领域的问题。

本书面向的读者

本书面向的读者是希望拓展 AI 知识的数据科学家、机器学习专家和深度学习从业者。如果你希望构建一个实用的在任何系统可发挥重要作用的智能系统，那么这本书正是你需要的。

本书内容

第 1 章介绍关于如何使用机器学习、深度学习和强化学习来构建人工智能系统的基础知识。我们会讨论不同的人工神经网络，包括用于图像处理的 CNN 和用于自然语言处理的 RNN。

第 2 章介绍如何使用迁移学习来检测人眼中的糖尿病视网膜病变症状，并判断其严重程度。我们会探索卷积神经网络（CNN），并学习如何用 CNN 训练一个模型，使得这个模型可以在人眼基底图片中检测出糖尿病视网膜病变。

第 3 章介绍循环神经网络（RNN）架构的基础知识。我们还会学习三个不同的机器翻译系统：基于规则的机器翻译、统计机器翻译和神经机器翻译。

第4章解释如何创建一个智能的AI模型，以便根据已有的手提包生成相似风格的鞋子，或相反。我们将使用Vanilla GAN来实现这个项目，还涉及GAN的多种定制化变形，例如DiscoGAN和CycleGAN。

第5章讨论CNN和长短期记忆（LSTM）在视频字幕中的角色，以及如何利用序列到序列（视频到文字）架构构建一个视频字幕系统。

第6章讨论推荐系统，该系统是一种信息过滤系统，用于解决电子数据信息过载问题，以便提取项目和信息。我们将使用协同过滤和受限玻尔兹曼机来构建推荐系统。

第7章解释机器学习是如何向移动应用提供服务的。我们将使用TensorFlow来创建一个Android移动应用，将电影评论作为输入，基于情感分析来提供评分。

第8章解释聊天机器人是如何进化的，以及使用聊天机器人的好处。我们还会研究如何创建一个聊天机器人，以及什么是LSTM序列到序列模型。我们还会为推特（Twitter）客服机器人创建一个序列到序列的模型。

第9章解释强化学习和Q学习。我们还会使用深度学习和强化学习来创建一辆自动驾驶汽车。

第10章讨论什么是CAPTCHA以及为什么我们需要CAPTCHA。我们还会介绍利用深度学习构建一个模型来破坏CAPTCHA，以及如何使用对抗学习来生成CAPTCHA。

下载示例代码及彩色图像

本书的示例代码及所有截图和样图，可以从 http://www.packtpub.com 通过个人账号下载，也可以访问华章图书官网 http://www.hzbook.com，通过注册并登录个人账号下载。

其他下载地址

从GitHub下载本书的代码：https://github.com/PacktPublishing/Intelligent-Projects-using-Python。

下载书中使用的截图、流程图等彩色图片：https://www.packtpub.com/sites/default/files/downloads/9781788996921_ColorImages.pdf。

ABOUT THE AUTHOR
作者简介

桑塔努·帕塔纳亚克（Santanu Pattanayak）是高通公司研发部门的一名资深机器学习专家，著有一本深度学习图书《Pro Deep Learning with TensorFlow - A Mathematical Approach to Advanced Artificial Intelligence in Python》。他拥有12年的工作经验，在加入高通之前，曾在GE、Capgemini和IBM任职。他毕业于加尔各答贾达普大学（Jadavpur University）的电气工程专业，是一个狂热的数学爱好者。Santanu目前就读于海得拉巴的印度理工学院（Indian Institute of Technology，IIT），攻读数据科学硕士学位。在闲暇时间，他也参加Kaggle比赛，并且排名在前500以内。现在，他和妻子居住在班加罗尔。

审校者简介

　　Manohar Swamynathan 是一名数据科学从业者，热爱编程，他拥有 14 年数据科学相关领域的从业经验，这些领域包括数据仓库、BI、分析工具开发、临时分析、预测模型、咨询、制定战略和执行分析程序。他的工作经历涵盖数据的各个领域，例如美国的贷款银行、零售/电子商务、保险和工业物联网。他拥有物理、数学和计算机的本科学位，以及项目管理的硕士学位。

　　他著有《Mastering Machine Learning With Python – In Six Steps》，并且是多本有关 Python 和 R 语言书籍的技术审校者。

目　录

译者序
前言
作者简介
审校者简介

第 1 章　人工智能系统基础知识···· 1
1.1　神经网络·················· 2
1.2　神经激活单元·············· 5
1.2.1　线性激活单元··········· 5
1.2.2　sigmoid 激活单元······ 6
1.2.3　双曲正切激活函数····· 6
1.2.4　修正线性单元··········· 7
1.2.5　softmax 激活单元······ 9
1.3　用反向传播算法训练神经网络···· 9
1.4　卷积神经网络············ 12
1.5　循环神经网络············ 13
1.6　生成对抗网络············ 16
1.7　强化学习················ 18
1.7.1　Q 学习················ 19
1.7.2　深度 Q 学习··········· 20
1.8　迁移学习················ 21
1.9　受限玻尔兹曼机·········· 22
1.10　自编码器················ 23
1.11　总结···················· 24

第 2 章　迁移学习············ 26
2.1　技术要求················ 26
2.2　迁移学习简介············ 27
2.3　迁移学习和糖尿病视网膜病变检测···· 28
2.4　糖尿病视网膜病变数据集·········· 29
2.5　定义损失函数············ 30
2.6　考虑类别不平衡问题········ 31
2.7　预处理图像·············· 32
2.8　使用仿射变换生成额外数据···· 33
2.8.1　旋转·················· 34
2.8.2　平移·················· 34
2.8.3　缩放·················· 35
2.8.4　反射·················· 35
2.8.5　通过仿射变换生成额外的图像········ 36
2.9　网络架构················ 36
2.9.1　VGG16 迁移学习网络···· 38
2.9.2　InceptionV3 迁移学习网络··············· 39
2.9.3　ResNet50 迁移学习网络··············· 39
2.10　优化器和初始学习率······ 40

2.11 交叉验证 40
2.12 基于验证对数损失的模型检查点 40
2.13 训练过程的 Python 实现 41
2.14 类别分类结果 50
2.15 在测试期间进行推断 50
2.16 使用回归而非类别分类 52
2.17 使用 keras sequential 工具类生成器 53
2.18 总结 57

第 3 章 神经机器翻译 58
3.1 技术要求 59
3.2 基于规则的机器翻译 59
 3.2.1 分析阶段 59
 3.2.2 词汇转换阶段 60
 3.2.3 生成阶段 60
3.3 统计机器学习系统 60
 3.3.1 语言模型 61
 3.3.2 翻译模型 63
3.4 神经机器翻译 65
 3.4.1 编码器–解码器模型 65
 3.4.2 使用编码器–解码器模型进行推断 66
3.5 实现序列到序列的神经机器翻译 67
 3.5.1 处理输入数据 67
 3.5.2 定义神经翻译机器的模型 71
 3.5.3 神经翻译机器的损失函数 73
 3.5.4 训练模型 73

 3.5.5 构建推断模型 74
 3.5.6 单词向量嵌入 78
 3.5.7 嵌入层 79
 3.5.8 实现基于嵌入的 NMT 79
3.6 总结 84

第 4 章 基于 GAN 的时尚风格迁移 85
4.1 技术要求 85
4.2 DiscoGAN 86
4.3 CycleGAN 88
4.4 学习从手绘轮廓生成自然手提包 89
4.5 预处理图像 89
4.6 DiscoGAN 的生成器 91
4.7 DiscoGAN 的判别器 93
4.8 构建网络和定义损失函数 94
4.9 构建训练过程 97
4.10 GAN 训练中的重要参数值 99
4.11 启动训练 100
4.12 监督生成器和判别器的损失 101
4.13 DiscoGAN 生成的样例图像 103
4.14 总结 104

第 5 章 视频字幕应用 105
5.1 技术要求 105
5.2 视频字幕中的 CNN 和 LSTM 106
5.3 基于序列到序列的视频字幕系统 107
5.4 视频字幕系统数据集 109
5.5 处理视频图像以创建 CNN 特征 110

5.6 处理视频的带标签字幕 ············113
5.7 构建训练集和测试集 ············114
5.8 构建模型 ······························115
  5.8.1 定义模型的变量 ········116
  5.8.2 编码阶段 ·····················117
  5.8.3 解码阶段 ·····················117
  5.8.4 计算小批量损失 ········118
5.9 为字幕创建单词词汇表 ········118
5.10 训练模型 ·····························119
5.11 训练结果 ·····························123
5.12 对未见过的视频进行推断 ···124
  5.12.1 推断函数 ···················126
  5.12.2 评估结果 ···················127
5.13 总结 ·····································128

第6章 智能推荐系统 ················129
6.1 技术要求 ·······························129
6.2 什么是推荐系统 ···················129
6.3 基于潜在因子分解的推荐系统 ···131
6.4 深度学习与潜在因子协同过滤 ···132
6.5 SVD++ ··································136
6.6 基于受限玻尔兹曼机的推荐系统 ··························138
6.7 对比分歧 ·······························139
6.8 使用 RBM 进行协同过滤 ·········140
6.9 使用 RBM 实现协同过滤 ·········142
  6.9.1 预处理输入 ··················143
  6.9.2 构建 RBM 网络进行协作过滤 ··························144
  6.9.3 训练 RBM ····················147
6.10 使用训练好的 RBM 进行推断 ···149
6.11 总结 ·····································150

第7章 用于电影评论情感分析的移动应用程序 ················151
7.1 技术要求 ·······························152
7.2 使用 TensorFlow mobile 构建 Android 移动应用程序 ·········152
7.3 Android 应用中的电影评论评分 ··153
7.4 预处理电影评论文本 ············154
7.5 构建模型 ·······························156
7.6 训练模型 ·······························157
7.7 将模型冻结为 protobuf 格式 ···159
7.8 为推断创建单词到表征的字典 ···161
7.9 应用程序交互界面设计 ········162
7.10 Android 应用程序的核心逻辑 ···164
7.11 测试移动应用 ·····················168
7.12 总结 ·····································170

第8章 提供客户服务的 AI 聊天机器人 ···································171
8.1 技术要求 ·······························172
8.2 聊天机器人的架构 ················172
8.3 基于 LSTM 的序列到序列模型 ···173
8.4 建立序列到序列模型 ············174
8.5 Twitter 平台上的聊天机器人 ···174
  8.5.1 构造聊天机器人的训练数据 ····························175
  8.5.2 将文本数据转换为单词索引 ····························175
  8.5.3 替换匿名用户名 ··········176
  8.5.4 定义模型 ·····················176
  8.5.5 用于训练模型的损失函数 ····························178

8.5.6 训练模型……179
8.5.7 从模型生成输出响应……180
8.5.8 所有代码连起来……180
8.5.9 开始训练……181
8.5.10 对一些输入推特的推断结果……181
8.6 总结……182

第9章 基于增强学习的无人驾驶……183

9.1 技术要求……183
9.2 马尔科夫决策过程……184
9.3 学习 Q 值函数……185
9.4 深度 Q 学习……186
9.5 形式化损失函数……186
9.6 深度双 Q 学习……187
9.7 实现一个无人驾驶车的代码……189
9.8 深度 Q 学习中的动作离散化……189
9.9 实现深度双 Q 值网络……190
9.10 设计智能体……191
9.11 自动驾驶车的环境……194
9.12 将所有代码连起来……197
9.13 训练结果……202
9.14 总结……203

第10章 从深度学习的角度看 CAPTCHA……204

10.1 技术要求……205
10.2 通过深度学习破解 CAPTCHA……205
10.2.1 生成基本的 CAPTCHA……205
10.2.2 生成用于训练 CAPTCHA 破解器的数据……206
10.2.3 CAPTCHA 破解器的 CNN 架构……208
10.2.4 预处理 CAPTCHA 图像……208
10.2.5 将 CAPTCHA 字符转换为类别……209
10.2.6 数据生成器……210
10.2.7 训练 CAPTCHA 破解器……211
10.2.8 测试数据集的准确性……212
10.3 通过对抗学习生成 CAPTCHA……214
10.3.1 优化 GAN 损失……215
10.3.2 生成器网络……215
10.3.3 判别器网络……216
10.3.4 训练 GAN……219
10.3.5 噪声分布……220
10.3.6 数据预处理……220
10.3.7 调用训练……221
10.3.8 训练期间 CAPTCHA 的质量……222
10.3.9 使用训练后的生成器创建 CAPTCHA……224
10.4 总结……225

第 1 章
人工智能系统基础知识

人工智能（Artificial Intelligence，AI）在过去几年一直是前沿技术，并已逐渐进军主流应用，例如专家系统、移动设备上的个性化系统、自然语言处理领域的机器翻译、聊天机器人、无人驾驶汽车等。然而 AI 的定义一直颇具争议，这主要是因为所谓的 AI 效应，即已经被 AI 解决的问题将不再被认为是 AI。一位著名的计算机科学家说过：

智能是机器还不能做的任何事情。

——Larry Tesler（拉里·泰斯勒）

建立一个会下国际象棋的智能系统曾经被认为是 AI，直到 IBM 的计算机深蓝在 1996 年打败了 Gary Kasparov。同样，在视觉、语音和自然语言处理领域，曾经被认为非常复杂的问题，由于 AI 效应，它们现在被认为是计算问题，而不是真正的 AI。最近，AI 已经可以解决复杂的数学问题、创造音乐、创造抽象绘画，并且 AI 的这些能力仍在不断增强。在未来，AI 系统和人类拥有相同智力水平的时刻被科学家称为 AI 奇点。机器是否可以真的最终达到人类的智能水平，是个非常耐人寻味的问题。

许多人认为机器永远无法达到人类的智力水平，因为 AI 学习和执行任务的逻辑是由人类编程实现的，并且它们不具有人类拥有的意识和自我感知能力。但是，一些研究人员已提出了不同的意见，人类意识和自我感知就像无尽的循环程序，不停地根据反馈学习周围的内容。因此，将意识和自我感知编码到机器中，也是有可能的。然而，到现在为止，我们暂且不提 AI 的哲学一面，只讨论我们知道的 AI。

简单来说，AI 可以被定义为机器（通常是一台电脑或者机器人）通过像人类一样的智能来执行任务的一种能力，并拥有以下属性：推理能力、从经验中学习、概括、解码含义以及视觉感知等。我们会根据这个更实用的定义展开介绍，而不关注 AI 效应的哲学内涵和 AI 奇点的展望。虽然有关 AI 能做什么和不能做什么会有一些争论，但最近基于 AI 的系统的成功事例已经很多了。一些最近的 AI 主流应用如图 1-1 所示。

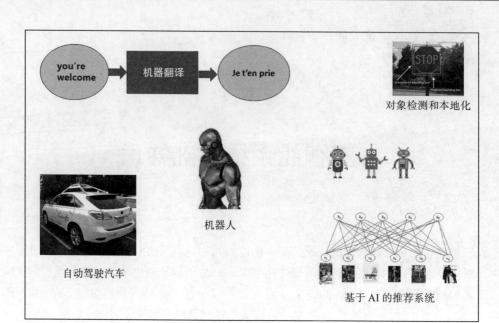

图1-1 AI的应用

本书涵盖基于所有AI核心学科的各种项目的具体实现，概括起来包括：
- 基于迁移学习的AI系统
- 基于自然语言的AI系统
- 基于生成式对抗网络（Generative Adversarial Network，GAN）的系统
- 专家系统
- 视频到文字的翻译应用
- 基于AI的推荐系统
- 基于AI的移动应用
- 基于AI的聊天机器人
- 强化学习应用

在本章，我们简要介绍机器学习和深度学习所涉及的概念，这些概念会被用于之后几章所讨论的项目中。

1.1 神经网络

神经网络（neural network）是根据人类大脑启发而来的机器学习模型。神经网络由神经处理单元（neural processing unit）组成，这些单元通过一种层级结构互相连接。这些神经处理单元被称为人工神经元（artificial neuron），它们像人类大脑中的轴突一样工作。在人类大脑中，树突从周围神经元接收信号，在将信号传递给下一个神经元的体细胞之前，会减弱或

者增强信号。在神经元的体细胞中，这些修改过的信号被叠加，然后一起传送给神经元的轴突。如果轴突的输入超过一个具体的阈值，那么这个信号将被传送给周围神经元的树突。

人工神经元的工作原理基本上与生物神经元拥有相同的逻辑，它从周围神经元接收输入，输入信号根据与神经元的输入连接关系按比例叠加在一起。最终，叠加的输入被传递给一个激活函数，而激活函数的输出则被传递至下一层的神经元。

生物神经元如图 1-2 所示。

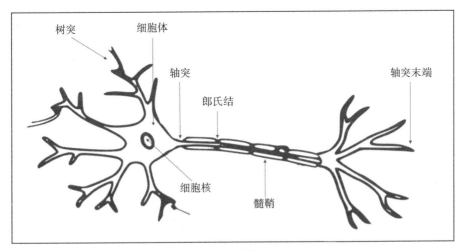

图 1-2　生物神经元

人工神经元如图 1-3 所示。

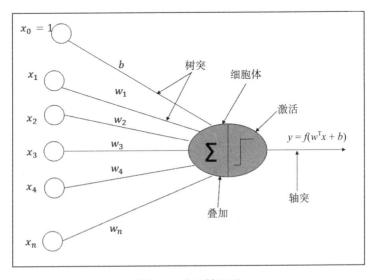

图 1-3　人工神经元

现在，让我们来看一个人工神经网络的结构，如图1-4所示。

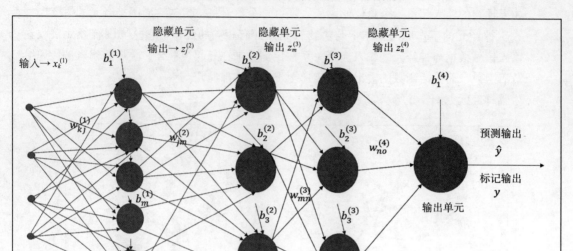

图1-4　人工神经网络

输入 $x \in R^N$ 穿过的以分层方式排列多层连续的神经元。每一层的每个神经单元从前一层的神经单元接收输入，并根据它们之间连接的权重衰减或者放大信号。权值 $w_{ij}^{(l)}$ 对应着第 l 层第 i 个神经元与第（$l+1$）层第 j 个神经元的连接权重。而且，每个神经元 i，在第 l 层，都有一个对应的偏置（bias），即 $b_i^{(l)}$。这个神经网络针对输入 $x \in R^N$，预测输出 $\hat{y}$。如果数据的实际标签是 y，那么神经网络通过最小化预测误差 $(y - \hat{y})^2$ 来学习权重和偏置。当然，误差应该是针对所有标签数据点的最小化：$\hat{y}(x_i, y_i) \forall_i \in 1, 2, \cdots, m$。

如果我们将权重和偏置用一个共同的向量 W 表示，预测的总误差用 C 表示，那么在这个训练的过程中，估计值 W 可用下面的公式来表达：

$$\hat{W} = \underset{W}{\arg\min}\, C = \underset{W}{\arg\min} \sum_i (y_i - \hat{y}_i)^2$$

同理，预测的输出 $\hat{y}$ 可以通过以输入 x 的权重向量 W 组成的函数表示：

$$\hat{y} = f_W(x)$$

像这样预测连续数值输出的公式被称为回归问题。

对于一个包含两个类别的二元分类，通常会最小化交叉熵损失，而不是平方差损失，并且网络输出的是正确类别的概率。交叉熵损失函数如下所示：

$$C = -\sum_i [y_i \log p_i + (1+y_i)\log(1-p_i)]$$

这里，给定输入 x，p_i 是输出类别的预测概率，而且可以通过由输入 x 和权值向量组成的函数来表示：

$$p = P(y = 1/x; W) = f_W(x)$$

总而言之，对于多个类别的分类问题，交叉熵损失函数如下所示：

$$C = -\sum_i y_i^{(j)} \log(p_i^{(j)})$$

这里，$y_i^{(j)}$ 是第 i 个数据的第 j 个类别的输出标签。

1.2 神经激活单元

取决于不同的架构和问题，神经网络中存在几种不同的神经激活单元。我们会讨论最常用的激活函数，因为这些函数决定了网络的架构和性能。线性和 sigmoid 单元激活函数曾经在人工神经网络中使用较多，直到 Hinton 等人发明了修正线性单元（Rectified Linear Unit，ReLU），它给神经网络的性能带来了翻天覆地的变化。

1.2.1 线性激活单元

线性激活单元输出的是总输入对神经元的衰减，如图 1-5 所示。

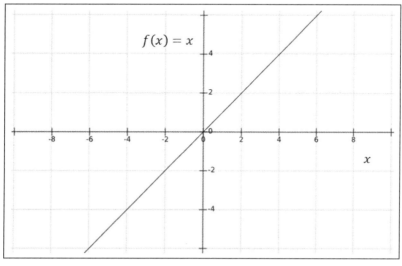

图 1-5 线性神经元

如果 x 是线性神经元的总输入，那么输出 y 如下所示：

$$y = f(x) = x$$

1.2.2 sigmoid 激活单元

sigmoid 激活单元的输出 y（作为其总输入 x 的函数）可由下面的函数表示：

$$y = f(x) = \frac{1}{1+e^{-x}}$$

由于 sigmoid 激活单元的结果是一个非线性函数，它在神经网络中被用来引入非线性（nonlinearity），如图 1-6 所示。

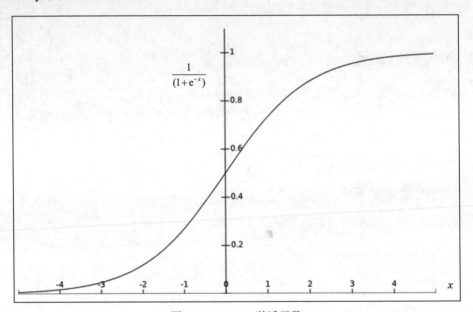

图 1-6 sigmoid 激活函数

自然界中的各种复杂过程，其输入与输出的关系通常是非线性的，因此，我们需要使用非线性激活函数通过神经网络来对它们建模。一个二元分类问题的神经网络，它的输出概率常由 sigmoid 神经单元的输出给出，因为它的输出值的范围是 0～1。输出概率可以如下表示：

$$\hat{p} = \frac{1}{1+e^{-x}}$$

这里，x 表示输出层中 sigmoid 单元的总输入。

1.2.3 双曲正切激活函数

双曲正切激活函数（hyperbolic tangent activation function，tanh）的输出 y（作为其总输入 x 的函数）如下所示：

$$y = f(x) = \frac{e^x - e^{-x}}{e^x + e^{-x}}$$

如图 1-7 所示，tanh 激活函数的输出值范围是 [-1, 1]。

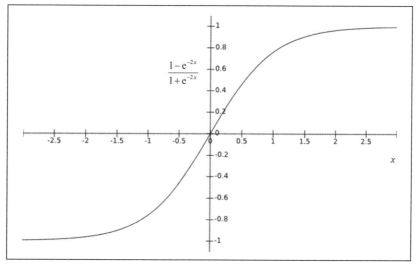

图 1-7　Tanh 激活函数

值得注意的是，sigmoid 和 tanh 激活函数在一个小范围区间内是线性的，在此区间之外则输出趋于饱和。在饱和区间，激活函数（相对输入）的梯度非常小或者趋于零，这意味着它们很容易导致梯度消失问题。之后可以看到，神经网络可以从反向传播方法学习，其中每一层的梯度由下一层激活函数的梯度决定，直到最终的输出层。因此，如果单元中的激活函数处于饱和区间，那么极少数的误差会被反向传播至之前的神经网络层。通过利用梯度，神经网络最小化预测误差来学习权重和偏置（W）。这意味着，如果梯度太小或者趋近于零，那么神经网络将无法有效地学习这些权重。

1.2.4　修正线性单元

当神经元的总输入大于零的时候，修正线性单元（ReLU）的输出是线性的，当总输入为负数时，输出为零。这个简单的激活函数为神经网络提供了非线性变换，同时，它对于总输入提供了一个恒定的梯度。这个恒定的梯度可帮助神经网络避免其他激活函数（例如 sigmoid 和 tanh 激活单元）中的梯度消失问题。ReLU 函数的输出如下所示：

$$f(x) = \max(0, x)$$

ReLU 函数如图 1-8 所示。

ReLU 的一个限制是它对于负数输入的零梯度。这可能会降低训练的速度，尤其是在初始阶段。在这种情况下，泄露修正线性单元（Leaky ReLU）函数（如图 1-9 所示）会很有用，对于负数的输入，输出和梯度都不是零。Leaky ReLU 的输出函数如下所示：

$$f(x) = \begin{cases} x, & x > 0 \\ \alpha x, & x \leq 0 \end{cases}$$

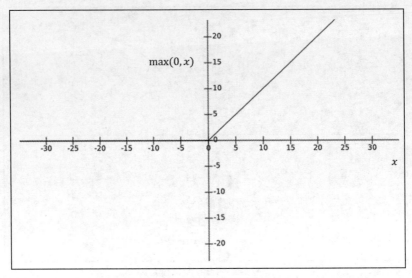

图 1-8　ReLU 激活函数

Leaky ReLU 激活函数需要参数 α，其中 α 是在训练过程中学习的参数。图 1-9 展示了 Leaky ReLU 激活函数的输出。

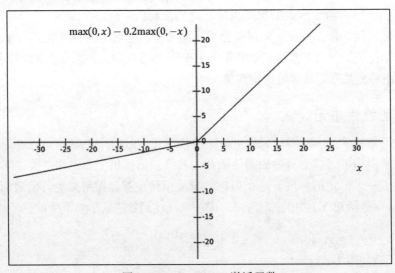

图 1-9　Leaky ReLU 激活函数

1.2.5 softmax 激活单元

softmax 激活单元常常被用于多分类问题，其输出为不同类别的概率。假设我们需要处理一个包含 n 个类别的分类问题，那么所有类别的总输入用下面的公式表示：

$$x = [x^{(1)} x^{(2)} \cdots x^{(n)}]^T$$

在这种情况下，可以通过下面的 softmax 激活单元给出第 k 个类别的输出概率：

$$p^{(k)} = \frac{e^{x^{(k)}}}{\sum_{i=1}^{n} e^{x^{(i)}}}$$

还有很多其他激活函数，通常是这些基本版本的变形。在后续章节遇到它们的时候，我们再根据不同项目对其进行讨论。

1.3 用反向传播算法训练神经网络

在反向传播方法中，采用梯度下降技术训练神经网络，其中混合权重向量 W 通过多次迭代更新，如下所示：

$$W^{(t+1)} = W^{(t)} - \eta \nabla C(W^{(t)})$$

这里，η 是学习率，$W^{(t+1)}$ 和 $W^{(t)}$ 分别是第 $(t+1)$ 和第 (t) 次迭代时的权值向量。$\nabla C(W^{(t)})$ 是损失函数（cost function）或残差函数（error function）针对权值矩阵 W 在第 (t) 次迭代时的梯度。权重或者偏置 $w \in W$ 的算法可以如下表示：

$$w^{(t+1)} = w^{(t)} - \eta \frac{\partial C(w^{(t)})}{\partial w}$$

通过之前的计算公式可以看到，梯度下降学习方法的核心依赖于针对每个权值对损失函数或残差函数的梯度的计算。

根据微分链式法则，我们知道，如果 $y = f(x), z = f(y)$，那么下面的公式也成立：

$$\frac{\partial z}{\partial x} = \frac{\partial z}{\partial y} \frac{\partial y}{\partial x}$$

这个公式可以扩展用于任意个数的变量。现在，让我们来看一个非常简单的神经网络来理解反向传播算法，如图 1-10 所示。

假设网络的输入是一个二维向量 $x = [x_1 x_2]^T$，对应的输出标签和预测分别为 y 和 $\hat{y}$。同时，让我们假设这个神经网络中的所有激活单元都是 sigmoid。设连接第 $(l-1)$ 层的第 i 个单元和第 l 层的第 j 个单元的权值表示为 $w_{ij}^{(l)}$，第 l 层的第 i 个单元的偏置表示为 $b_i^{(l)}$。让我们来推导一个数据点的梯度；总梯度可以对训练中（或者一个小批量中）使用的所有数据点求和计算得到。如果输出值是连续的，那么损失函数 C 可以选择使用预测差的平方：

$$C = \frac{1}{2}(y - \hat{y})^2$$

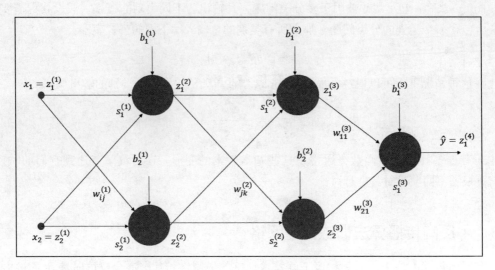

图 1-10　反向传播网络

网络中的权值和偏置（累积表示为集合 W）可以通过最小化损失函数来计算得到，如下所示：

$$\hat{W} = \underset{W}{\arg\min}\, C(W)$$

为了通过梯度下降迭代地最小化损失函数，我们需要计算损失函数相对于每个权值 $w \in W$ 的梯度，如下所示：

$$w^{(t+1)} = w^{(t)} - \eta \frac{\partial C(W)}{\partial w} \bigg|_{W=W^{(t)}}$$

现在有了所需的一切，让我们来计算损失函数 C 相对于权重 $w_{21}^{(3)}$ 的梯度。根据微分的链式法则，我们得到下面的公式：

$$\frac{\partial C}{\partial w_{21}^{(3)}} = \frac{\partial C}{\partial \hat{y}} \frac{\partial \hat{y}}{\partial s_1^{(3)}} \frac{\partial s_1^{(3)}}{\partial w_{21}^{(3)}}$$

现在让我们看一看下面这个公式：

$$\frac{\partial C}{\partial \hat{y}} = -(y - \hat{y}) = (\hat{y} - y)$$

你可以在之前的公式中发现，导数仅仅是预测的误差。通常情况下，对于回归问题，输出单元的激活函数是线性的，因此下面的等式成立：

$$\frac{\partial \hat{y}}{\partial s_1^{(3)}} = 1$$

因此，如果我们要计算损失函数相对于总输入的梯度，它会是$\frac{\partial C}{\partial s_1^{(3)}}$。这依然等价于输出的预测误差。输出单元的总输入作为输入的权值和激活函数，可以表示为下面的等式：

$$s_1^{(3)} = w_{11}^{(3)} z_1^{(3)} + w_{21}^{(3)} z_2^{(3)} + b_1^{(3)}$$

这意味着，$\frac{\partial s_1^{(3)}}{\partial w_{21}^{(3)}} = z_2^{(3)}$和损失函数相对于权重$w_{21}^{(3)}$的导数通过以下公式作为输出层的输入：

$$\frac{\partial C}{\partial w_{21}^{(3)}} = (\hat{y} - y) z_2^{(3)}$$

你可以看到，在计算损失函数相对于最终输出层之前的上一层的权重的导数的过程中，误差被反向传播。当我们计算损失函数相对于泛化权重$w_{jk}^{(2)}$的梯度的时候，这一过程将会更加显而易见。让我们使用当$j = 1$和$k = 2$时候的权值，即$w_{12}^{(2)}$，损失函数C相对于这个权值的梯度如下所示：

$$\frac{\partial C}{\partial w_{12}^{(2)}} = \frac{\partial C}{\partial s_2^{(2)}} \frac{\partial s_2^{(2)}}{\partial w_{12}^{(2)}}$$

现在，$\frac{\partial s_2^{(2)}}{\partial w_{12}^{(2)}} = z_1^{(2)}$，这意味着$\frac{\partial C}{\partial w_{12}^{(2)}} = \frac{\partial C}{\partial s_2^{(2)}} z_1^{(2)}$。

因此，一旦计算出损失函数相对于神经元总输入的梯度为$\frac{\partial C}{\partial s}$，则可以通过简单乘以与该权重关联的激活函数$z$来得到影响总输入$s$的任意权重$w$的梯度。

现在，损失函数相对于总输入$s_2^{(2)}$的梯度可以通过链式法则推导如下：

$$\frac{\partial C}{\partial s_2^{(2)}} = \frac{\partial C}{\partial s_1^{(3)}} \frac{\partial s_1^{(3)}}{\partial z_2^{(3)}} \frac{\partial z_2^{(3)}}{\partial s_2^{(2)}} \quad (1\text{-}1)$$

由于神经网络中的所有单元（除了输出单元）都是sigmoid激活函数，因此如下公式成立：

$$\frac{\partial z_2^{(3)}}{\partial s_2^{(2)}} = z_2^{(3)} (1 - z_2^{(3)}) \quad (1\text{-}2)$$

$$\frac{\partial s_1^{(3)}}{\partial z_2^{(3)}} = w_{21}^{(3)} \quad (1\text{-}3)$$

结合式（1-1）～式（1-3），我们可以得到：

$$\frac{\partial C}{\partial s_2^{(2)}} = \frac{\partial C}{\partial s_1^{(3)}} \frac{\partial s_1^{(3)}}{\partial z_2^{(3)}} \frac{\partial z_2^{(3)}}{\partial s_2^{(2)}} = (\hat{y} - y) w_{21}^{(3)} z_2^{(3)} (1 - z_2^{(3)})$$

在上面推导的梯度公式中可以看到，预测的误差$(y - \hat{y})$与对应的激活函数和权值组合，以计算每一层权值的梯度，被反向传播。这就是反向传播算法名称的由来。

1.4 卷积神经网络

卷积神经网络（Convolutional Neural Network，CNN）利用卷积计算从带有拓扑结构的数据中提取有用信息。它对图像和音频数据的处理效果最好。输入的图像经过一个卷积层时，会产生多个输出图像，它们被称为输出特征图，用于检测特征。初始的卷积层中的输出特征图可以学习检测基本特征，例如边缘和颜色组成变换。

第二个卷积层可以检测更复杂的特征，例如正方形、圆形或者其他几何形状。神经网络的层数越深，卷积层可以学习的特征越复杂。例如，如果一个 CNN 可以将图像分类为猫或者狗，那么神经网络底部的卷积层也许可以学会检测诸如头或者腿之类的特征。

图 1-11 展示了一个可以分类狗和猫图像的 CNN 架构。图像被传入一个卷积层中，该层可以帮助检测相关特征，例如边缘和颜色组成。ReLU 激活单元添加了非线性成分。激活层后面的池化层汇总局部邻接信息，以便提供平移不变性（translational invariance）。在一个理想的 CNN 中，这种卷积 – 激活 – 池化的操作会被重复多次，直到网络成功进入密集连接，如图 1-11 所示。

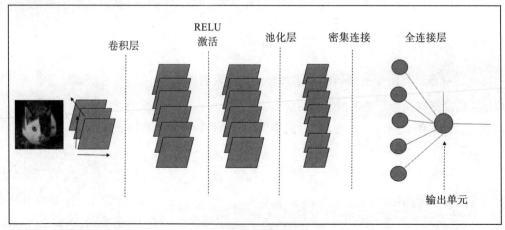

图 1-11　CNN 架构

经过多个卷积 – 激活 – 池化的操作，图像的空间分辨率降低，然而每一层的输出特征图的个数一直在增加。卷积层的每个输出特征图都有一个对应的滤波核函数（filter kernel），它的权重通过 CNN 的训练过程学习得到。

在卷积操作中，核函数的翻转版本被覆盖在整张图像或者特征图上面，针对输入图像或特征图上面的每个位置，核函数的输入值与对应的图像像素值或特征图值进行点积（dot product）计算。已经对传统图像处理有所了解的读者，也许已经使用过不同的滤波核函数，例如高斯滤波器（Gaussian filter）、Sobel 边缘检测滤波器（Sobel edge detection filter）等，这种滤波器的权值是预先定义的。卷积神经网络的优势是，不同滤波器的权值是在训练的过程中得到的。这就意味着，滤波器可以更好地适应卷积神经网络所面对的问题。

当卷积操作需要将滤波核函数放在输入的每个位置上时，我们称这个卷积操作的步幅（stride）为 1。如果我们选择跳过一个位置来放置滤波核函数，那么卷积的步幅为 2。通常来说，如果滤波核函数跳过了 n 个位置，那么卷积操作的步长就是 $(n+1)$。超过 1 的步幅会减少卷积输出的空间维度。

通常来说，一个卷积层后面跟着一个池化层，后者基本上汇总由池的可接收字段决定的邻域的输出特征图的激活情况。例如，一个 2×2 的区域可以获得 4 个邻域特征图信息。对于最大池化（max-pooling）操作，4 个特征数值中的最大值被选为输出。对于均值池化（average pooling），以 4 个特征数值中的平均值作为输出。池化减少了特征的空间维度。例如，对一个 224×224 大小的特征进行 2×2 区域的池化操作，那么输出的特征维度被减少至 112×112。

值得注意的是，卷积操作减少了每一层需要学习的权重数量。例如，大小为 224×224 的输入图像输出到下一层的维度应该是 224×224。那么对于一个传统的全连接神经网络，需要学习的权重个数为 $224 \times 224 \times 224 \times 224$。对于一个拥有同样输入和输出维度的卷积层，我们只需学习滤波核函数的权重。因此，如果我们使用一个 3×3 的滤波核函数，则只需学习 9 个权重，而不是 $224 \times 224 \times 224 \times 224$ 个权重。因为图像和音频的结构在局部空间中有高度相关性，这个简化操作的效果很好。

输入图像会经过多层卷积和池化操作。随着网络层数的加深，特征图的个数不断增加，同时图像的空间分辨率不断减小。在卷积-池化层的最后，特征图被传入全连接网络，最后是输出层。

输出单元依赖于具体的任务。如果是回归问题，输出单元的激活函数是线性的。如果是二元分类问题，输出单元是 sigmoid。对于多分类问题，输出层是 sotfmax 单元。

本书中所有图像处理项目都将使用不同形式的卷积神经网络。

1.5 循环神经网络

循环神经网络（Recurrent Neural Network，RNN）在处理顺序或时间数据时十分有效，在特定时间或位置的这些数据与上一个时间或者位置的数据强烈相关。RNN 在处理文本数据方面非常成功，因为给定位置的单词与它前一个单词有很大的相关性。在 RNN 中，在网络每一个时间步（time step）都执行相同的处理操作，因此以循环对其命名。图 1-12 展示了一个 RNN 架构。

在每个给定的时间步 t，根据之前在第 $(t-1)$ 步的状态 h_{t-1} 和输入 x_t 计算得出记忆状态 h_t。新的状态 h_t 用来预测第 t 步的输出 o_t。RNN 的核心公式如下所示：

$$h_t = f_1(W_{hh}h_{t-1} + W_{xh}x_t + b^{(1)}) \tag{1-4}$$

$$o_t = f_2(W_{ho}h_t + b^{(2)}) \tag{1-5}$$

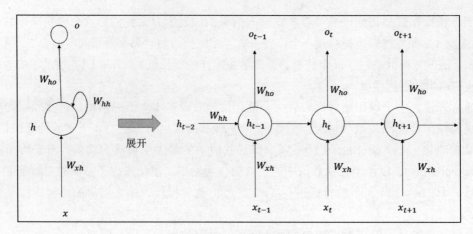

图1-12 RNN架构

如果预测一个句子的下一个单词,那么函数 f_2 通常是针对词汇表中所有单词的一个 softmax 函数。函数 f_1 可以是任意的激活函数。

在 RNN 中,第 t 步的输出误差试图通过传播前几步 $k \in 1, 2, \cdots, t-1$ 的误差来修正前一步的预测。这有助于 RNN 学习距离较远的单词之间的长依赖关系。在现实中,由于梯度消失和梯度爆炸问题,很难通过 RNN 学习这么长的依赖关系。

我们已经知道,神经网络通过梯度下降进行学习,对于在第 t 个时间步的单词与在之前第 k 步的单词之间的关系,可以通过记忆状态 $h_t^{(i)}$ 相对于记忆状态 $h_t^{(i)} \forall i$ 的梯度来学习,如式(1-6)所示:

$$\frac{\partial h_t^{(i)}}{\partial h_k^{(i)}} = \prod_{g=k+1}^{t} \frac{\partial h_g^{(i)}}{\partial h_{g-1}^{(i)}} = \frac{\partial h_{k+1}^{(i)}}{\partial h_k^{(i)}} \frac{\partial h_{k+2}^{(i)}}{\partial h_{k+1}^{(i)}} \cdots \frac{\partial h_t^{(i)}}{\partial h_{t-1}^{(i)}} \tag{1-6}$$

对于连接第 k 步记忆状态 $h_k^{(i)}$ 和第 $(k+1)$ 步记忆状态 $h_{k+1}^{(i)}$ 的权值 $u_{ii} \in W_{hh}$,下面的等式成立:

$$\frac{\partial h_{k+1}^{(i)}}{\partial h_k^{(i)}} = u_{ii} \frac{\partial f_2(s_{k+1}^{(i)})}{\partial s_{k+1}^{(i)}} \tag{1-7}$$

在上面的公式中,$s_{k+1}^{(i)}$ 是记忆状态 i 在第 $(k+1)$ 步的总输入,如下面的公式所示:

$$s_{k+1}^{(i)} = W_{hh}[i,:]h_k + W_{xh}[i,:]x_{t+1} = u_{ii}h_k^{(i)} + \sum_{j \neq i} u_{ij}h_k^{(j)} + W_{xh}[i,:]x_{t+1}$$

$$f_2(s_{k+1}^{(i)}) = h_{k+1}^{(i)}$$

现在我们万事俱备,很容易看出为什么梯度消失问题会发生在一个 CNN 里面。从之前的式(1-6)和式(1-7)我们可以得出:

$$\frac{\partial h_t^{(i)}}{\partial h_k^{(i)}} = (u_{ii})^{t-k} \prod_{k=k}^{t-1} \frac{\partial f_2(s_{k+1}^{(i)})}{\partial s_{k+1}^{(i)}}$$

对于 RNN 而言,函数 f_2 通常是 sigmoid 或 tanh,这两个函数的输入在超过一定范围之后会有很低的梯度,即饱和问题。现在,由于 f_2 的导数相乘,如果激活函数的输入在饱和区,即便($t-k$)的值不大,梯度 $\frac{\partial h_t^{(i)}}{\partial h_k^{(i)}}$ 也可能会变成零。即使函数 f_2 不在饱和区之内,函数 f_2 对 sigmoid 的梯度也会总是小于 1,因此很难学习到一个序列中单词之间的远距离依赖关系。相似地,因子 $u_{ii}^{(t-k)}$ 可能会引起梯度爆炸问题。假设第 t 步和第 k 步之间的距离大约是 10,而权值 u_{ii} 的值大约是 2,在这种情况下,梯度会被放大($2^{10}=1024$),从而导致梯度爆炸问题。

长短期记忆单元

梯度消失问题在一定程度上可以通过一个改进版本的 RNN 解决,它叫作长短期记忆(Long Short-Term Memory,LSTM)单元。长短期记忆单元的架构如图 1-13 所示。

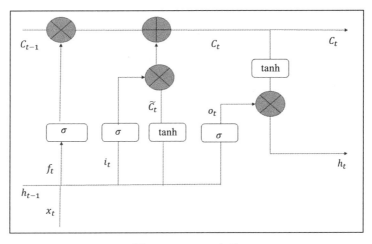

图 1-13 LSTM 架构

除了你在学习 RNN 时知道的记忆状态 h_t,LSTM 还引入了单元状态 C_t。单元状态由三个门控制:遗忘门、更新门和输出门。遗忘门决定了从之前的单元状态 C_{t-1} 保留多少信息,它的输出如下表示:

$$f_t = \sigma(U_f h_{t-1} + W_f x_t) \tag{1-8}$$

更新门的输出如下所示:

$$i_t = \sigma(U_i h_{t-1} + W_i x_t) \tag{1-9}$$

潜在的候选新单元状态 $\widetilde{C}_t$ 可以表达为:

$$\widetilde{C}_t = \tanh(U_c h_{t-1} + W_c x_t) \tag{1-10}$$

根据之前的单元状态和当前的潜在单元状态，更新后的单元状态输出可以从下面的公式得到：

$$C_t = f_t * C_{t-1} + i_t * \tilde{C}_t \tag{1-11}$$

单元状态的所有信息不会全部被传递至下一步，而由输出门决定单元状态的多少信息可以输出到下一步。输出门的输出如下所示：

$$o_t = \sigma(U_o h_{t-1} + W_o x_t) \tag{1-12}$$

基于当前的单元状态和输出门，更新后的记忆状态被传递至下一步：

$$h_t = o_t * \tanh(C_t) \tag{1-13}$$

现在有一个大问题：LSTM 如何避免梯度消失问题？在 LSTM 中，$\frac{\partial h_t^{(i)}}{\partial h_k^{(i)}}$ 等价于 $\frac{\partial C_t^{(i)}}{\partial C_k^{(i)}}$，后者可以用以下的乘积形式表达：

$$\frac{\partial C_t^{(i)}}{\partial C_k^{(i)}} = \prod_{g=k+1}^{t} \frac{\partial C_g^{(i)}}{\partial C_{g-1}^{(i)}} = \frac{\partial C_{k+1}^{(i)}}{\partial C_k^{(i)}} \frac{\partial C_{k+2}^{(i)}}{\partial C_{k+1}^{(i)}} \cdots \frac{\partial C_t^{(i)}}{\partial C_{t-1}^{(i)}} \tag{1-14}$$

现在，单元状态中的循环如下所示：

$$C_t^{(i)} = f_t^{(i)} C_{t-1}^{(i)} + i_t^{(i)} \tilde{C}_t^{(i)} \tag{1-15}$$

从上面的公式我们可以得到：

$$\frac{\partial C_t^{(i)}}{\partial C_{t-1}^{(i)}} = f_t^{(i)}$$

结果，梯度表达式 $\frac{\partial C_t^{(i)}}{\partial C_k^{(i)}}$ 变成下面的公式：

$$\frac{\partial C_t^{(i)}}{\partial C_k^{(i)}} = \prod_{g=k+1}^{t} \frac{\partial C_g^{(i)}}{\partial C_{g-1}^{(i)}} = \prod_{g=k+1}^{t} f_g^{(i)} \tag{1-16}$$

可以看到，如果我们保持遗忘单元状态接近 1，那么梯度将几乎没有衰减，因此 LSTM 不会导致梯度消失问题。

本书中的大多数文字处理应用都将采用 LSTM 版本的 RNN。

1.6 生成对抗网络

生成对抗网络（Generative Adversarial Network，通常称为 GAN）是通过生成器 G 来学习特定概率分布的生成模型。生成器 G 与判别器 D 玩一个零和极小极大博弈，同时二者均随着时间进化，直到达到纳什均衡（Nash equilibrium）。生成器尝试产生与给定的概率分布 $P(x)$ 相似的样例，判别器 D 试图从原始的分布中区分出生成器 G 产生的假样例。生成器 G

尝试转换从一个噪声分布 $P(z)$ 中提取的样例 z，来产生与 $P(x)$ 相似的样例。判别器 D 学习标记生成器 G 生成的假样本为 $G(z)$，将真样本标记为 $P(x)$。在极小极大博弈的均衡中，生成器会学习产生与 $P(x)$ 相似的样例，因此下面的表达式成立：

$$P(G(z)) \sim P(x)$$

图 1-14 展示了一个学习 MNIST 数字概率分布的 GAN 网络：

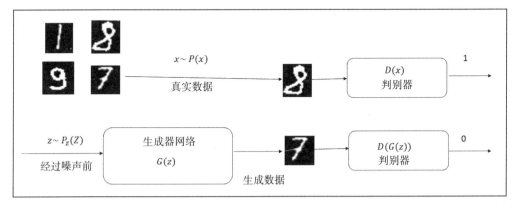

图 1-14　GAN 架构

判别器最小化的损失函数是二元分类问题的交叉熵，用于区分概率分布 $P(x)$ 中的真实数据和生成器（即 $G(z)$）产生的假数据：

$$U(G,D) = -\mathbb{E}_{x \sim P(x)}[\log D(x)] - \mathbb{E}_{G(z) \sim P(G(z))}[\log(1-D(G(z)))] \quad (1\text{-}17)$$

生成器将尝试最大化由（1）给出的同一个损失函数。这意味着，这个最优化问题可以通过效用函数（utility function）$U(G,D)$ 表示成一个极小极大博弈：

$$\min_D \max_G U(G,D) = \min_D \max_G -\mathbb{E}_{x \sim P(x)}[\log D(x)] - \mathbb{E}_{G(z) \sim P(G(z))}[\log(1-D(G(z)))] \quad (1\text{-}18)$$

通常来说，可以用 f 散度（f-divergence）来计算两个概率分布的距离，例如 Kullback-Leibler（KL）散度、Jensen Shannon 散度以及 Bhattacharyya 散度。例如，可以通过以下公式表示两个概率分布 P 和 Q 相对于 P 的 KL 散度：

$$KL(P\|Q) = \mathbb{E}_P \log \frac{P}{Q}$$

相似地，P 和 Q 之间的 Jensen Shannon 散度如下所示：

$$JSD(P\|Q) = \mathbb{E}_P \log \frac{P}{\frac{P+Q}{2}} + \mathbb{E}_Q \log \frac{Q}{\frac{P+Q}{2}}$$

现在，式（1-18）可以被改写为：

$$-\mathbb{E}_{x\sim P(x)}[\log D(x)] - \mathbb{E}_{x\sim G(x)}[\log(1-D(x))] \quad (1\text{-}19)$$

这里，$G(x)$ 是生成器的概率分布。通过将它的期望结果展开为积分形式，我们可以得到：

$$U(G,D) = -\int_{x\sim P(x)} P(x)[\log D(x)] - \int_{x\sim G(x)}[\log(1-D(x))] \quad (1\text{-}20)$$

对于固定的生成器分布 $G(x)$，当下面的公式为真时，效用函数的值最小：

$$D(x) = \hat{D}(x) = \frac{P(x)}{P(x)+G(x)} \quad (1\text{-}21)$$

将式（1-21）中的 $D(x)$ 替换至式（1-19），我们可以得到：

$$V(G,\hat{D}) = -\mathbb{E}_{x\sim P(x)} \log\frac{P(x)}{P(x)+G(x)} - \mathbb{E}_{x\sim G(x)} \log\frac{G(x)}{P(x)+G(x)} \quad (1\text{-}22)$$

现在，生成器的任务是最大化效用 $V(G,\hat{D})$，或最小化效用 $-V(G,\hat{D})$，后者的表达式可以被整理为：

$$-V(G,\hat{D}) = \mathbb{E}_{x\sim P(x)} \log\frac{P(x)}{P(x)+G(x)} + \mathbb{E}_{x\sim G(x)} \log\frac{G(x)}{P(x)+G(x)}$$

$$= -\log 4 + \mathbb{E}_{x\sim P(x)} \log\frac{P(x)}{\frac{P(x)+G(x)}{2}} + \mathbb{E}_{x\sim G(x)} \log\frac{G(x)}{\frac{P(x)+G(x)}{2}}$$

$$-\log 4 + \mathrm{JSD}(P\|G)$$

因此，生成器最小化 $-V(G,\hat{D})$ 等价于真实分布 $P(x)$ 和生成器 G（即 $G(x)$）产生的样例的分布之间的 Jensen Shannon 散度的最小化。

训练 GAN 并不是一个直接的过程，在训练这样的网络时，有几个技术问题需要考虑。在第 4 章中，我们会使用一个高级 GAN 来建立一个交叉领域风格的转移应用。

1.7 强化学习

强化学习（reinforcement learning）是机器学习的一个分支，它可以让机器或者机器人在特定的情景下通过执行特定的动作来最大化某种形式的奖励。强化学习与监督学习和非监督学习不同，强化学习在博弈论、控制系统、机器人和其他新兴的人工智能领域中被广泛使用。图 1-15 描绘了强化学习问题中机器人和环境的交互：

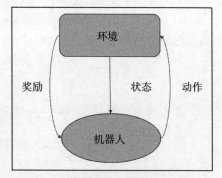

图 1-15　强化学习模型中机器人和环境的交互

1.7.1 Q 学习

现在，我们来看一下强化学习领域中的常用学习算法，称为 Q 学习（Q-learning）。Q 学习用于在一个给定的有限马尔科夫决策过程中得到最优的动作选择策略。一个马尔科夫决策过程（Markov decision process）由以下几项定义：状态空间 S、动作空间 A、立即奖励集合 R、从当前状态 $S^{(t)}$ 到下一个状态 $S^{(t+1)}$ 的概率、当前的动作 $a^{(t)}$、$P(S^{(t+1)}/S^{(t)}; r^{(t)})$ 和一个折扣因子 γ。图 1-16 描述了一个马尔科夫决策过程，其中下一个状态依赖于当前状态和当前状态采取的动作。

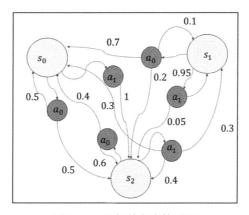

图 1-16 马尔科夫决策过程

假设我们有一系列状态、动作和对应的奖励，如下所示：

$$s^{(1)}, a^{(1)}, r^{(1)}, s^{(2)}, a^{(2)}, r^{(2)}, \cdots, s^{(t)}, a^{(t)}, r^{(t)}, s^{(t+1)}\cdots s^{(T)}, a^{(T)}, r^{(T)}$$

如果我们考虑到长期奖励，即在第 t 步的奖励 R_t，那么它等于从第 t 步到最后每一步的立即奖励之和，如下所示：

$$R_t = r_t + r_{t+1} + \cdots + r_T$$

现在，由于马尔科夫决策过程是一个随机过程，根据每次的状态 $S^{(t)}$ 和奖励 $a^{(t)}$ 无法得到相同的下一步状态 $S^{(t+1)}$，因此，我们对未来的奖励使用一个折扣因子 γ。这意味着，长期奖励最好表示为：

$$R_t = r_t + \gamma r_{t+1} + \gamma^2 r_{t+2} \cdots + \gamma^{(T-t)} r_T = r_t + \gamma(r_{t+1} + \gamma r_{t+2} \cdots + \gamma^{(T-t-1)} r_T) = r_t + \gamma R_{t+1}$$

由于在第 t 步的立即奖励已经被实现，因此为了最大化长期奖励，我们需要在 $t+1$ 步选择最优的动作来最大化长期奖励（即 R_{t+1}）。在状态 $S^{(t)}$ 执行动作 $a^{(t)}$ 所期望的最大化长期奖励可以通过下面的 Q 函数（Q-function）来表示：

$$Q(s^{(t)}, a^{(t)}) = \max R_t = r_t + \gamma \max R_{t+1} = r_t + \gamma \max_a Q(s^{(t+1)}, a) \qquad (1\text{-}23)$$

在每个状态 $s \in S$，Q 学习中的机器人都会尝试通过执行动作 $a \in A$ 来最大化它的长期奖励。Q 学习算法是一个迭代的过程，其更新规则如下所示：

$$Q(s^{(t)}, a^{(t)}) = (1-\alpha)Q(s^{(t)}, a^{(t)}) + \alpha(r^{(t)} + \gamma \max_{a} Q(s^{(t+1)}, a))$$

（1-24）

可以看到，这个算法受到式（1-23）中提到的长期奖励的启发。

在状态 $s^{(t)}$ 时执行动作 $a^{(t)}$ 的全部累积奖励 $Q(s^{(t)}, a^{(t)})$ 依赖于立即奖励 $r^{(t)}$ 和我们希望在新状态 $s^{(t+1)}$ 时最大化的长期奖励。在马尔科夫决策过程中，新状态 $s^{(t+1)}$ 随机地依赖于当前状态 $s^{(t)}$ 和依据概率密度函数 $P(S^{(t+1)}/S^{(t)}; r^{(t)})$ 执行的动作 $a^{(t)}$。

该算法根据值 α 计算旧的期望和新的长期奖励的加权平均值，来持续更新期望的长期积累奖励。

一旦我们通过这个迭代算法构建出函数 $Q(s, a)$，那么在根据状态 s 玩这个游戏时，我们就能执行最优的动作 $\hat{a}$ 来最大化 Q 函数：

$$\pi(s) = \hat{a} = \underset{a}{\arg\max}\, Q(s, a)$$

（1-25）

1.7.2 深度 Q 学习

在 Q 学习中，通常状态和动作是有限的。这意味着，表格足以保存 Q 值和奖励。但是在实际应用中，状态和适用的动作通常是无限的，因此我们需要更好的 Q 函数近似表达方式来表示和学习 Q 函数。由于深度神经网络是通用的函数近似表达，因此它们可以来帮助解决问题。我们可以将 Q 函数表示为一个神经网络，输入是状态和动作，输出是对应的 Q 值。或者，可以训练一个神经网络只使用状态作为输入，而输出与所有动作对应的 Q 值。两种情况都由图 1-17 展示。由于 Q 值是奖励，这两个网络处理的都是回归问题。

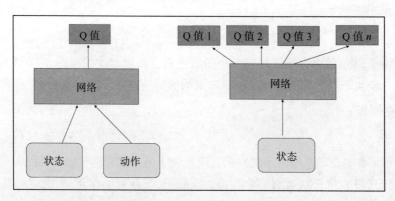

图 1-17 深度 Q 学习近似网络

本书中，我们将使用强化学习中的深度 Q 学习来训练一辆自动驾驶的汽车。

1.8 迁移学习

通俗地说，迁移学习（transfer learning）是指使用已经在一个领域学习到的知识来解决另一个领域中的相关问题。在深度学习中，它特指复用一个为特定任务训练的神经网络来解决另一个领域中的相似问题。新任务采用在之前的任务中学习到的特征检测器，因此我们不需要训练模型来学习它们。

由于不同层的单元之间的相连关系，深度学习模型存在大量的参数。为了训练这样的大型模型，需要大量的数据，否则，模型会存在过拟合问题，而大量需要深度学习来解决的问题，无法得到大量的数据。例如，对于图像处理领域的物体识别任务，深度学习模型提供了最先进的解决方法。在这种情况下，可以通过已训练好的深度学习模型中的特征检测器，使用迁移学习来创造新的特征。然后，可以用这些特征来构建一个简单的模型，利用现有的数据来解决新的问题。所以，新模型只需学习与构建简单模型相关的参数，从而减少过拟合的概率。预先训练好的模型是在一个大型数据集上训练过的，因此它们有可靠的参数，可以作为通用的特征检测器。

当我们在 CNN 中处理图像时，网络的前几层学习检测非常简单的特征，例如卷曲、边缘、颜色构成等。随着网络逐步加深，更深层的卷积层将学习特定数据集中更加复杂的特征。对于一个训练好的网络，在新的数据上可以不再训练网络的前几层，因为它们学习的是通用的特征，而只训练最后几层的参数，因为它们学习当前问题中更复杂的特征。这样，只需训练更少的参数，就可以更明智地利用数据只训练所需的复杂特征，而不用训练通用特征。

迁移学习在基于 CNN 的图像处理中被广泛应用，其中滤波器作为特征检测器。迁移学习中最常用的预训练的 CNN 包括 AlexNet、VGG16、VGG19、Inception V3、ResNet 等。图 1-18 展示了用于迁移学习的 VGG16 网络。

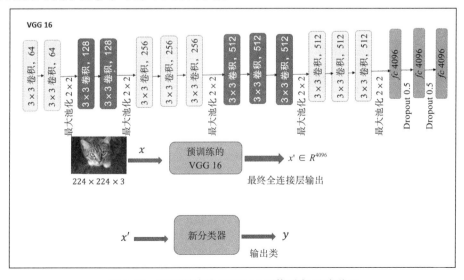

图 1-18　用预训练的 VGG 16 网络进行迁移学习

由 x 表示的输入图像被传入预训练的 VGG 16 网络,最终的全连接层提取出 4096 维度的输出特征向量 x'。提取的特征 x' 和对应的类别标签 y 一起被用来训练一个简单的分类网络,从而减少解决问题需要的数据。

我们会在第 2 章中通过使用迁移学习来解决健康领域中的图像分类问题。

1.9 受限玻尔兹曼机

受限玻尔兹曼机(Restricted Boltzmann Machine,RBM)是非监督的机器学习算法,用于学习数据的内部表达。一个 RBM 包含一个可见层 $v \in R^m$ 和一个隐藏层 $h \in R^n$。RBM 学习将可见层中的输入表达为隐藏层中的低维表示。在给定可见层输入的情况下,所有隐藏层的单元都是有条件独立的。同样,给定隐藏层的输入,所有可见层都是有条件独立的。这样,RBM 就可以在给定隐藏层输入的情况下,对可见单元的输出进行独立采样,反过来依然成立。

图 1-19 展示一个 RBM 的架构:

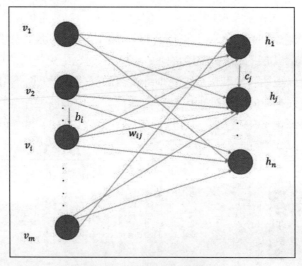

图 1-19 受限玻尔兹曼机

权值 $w_{ij} \in W$ 连接可见单元 i 和隐藏单元 j,其中 $W \in R^{m \times n}$ 是从可见层到隐藏层的所有这些权重的集合。可见单元中的偏置为 $b_i \in b$,隐藏单元中的偏置为 $c_i \in c$。

受到统计物理学中玻尔兹曼分布(Boltzmann distribution)的启发,可见层的向量 v 和隐藏层的向量 h 组成的联合分布,与配置的负能量的指数成正比:

$$P(v, h) \propto e^{-E}(v, h) \tag{1-26}$$

其中,配置的能量如下所示:

$$E(v, h) = v^T W h + b^T v + c^T h \tag{1-27}$$

给定可见层向量 v，隐藏单元 j 的概率如下所示：

$$P(h_j / v) = \sigma\left(\sum_i v_i w_{ij} + b_j\right) = \sigma(v^T W[:, j] + c_j) \tag{1-28}$$

同样，给定隐藏层向量 h，可见单元 i 的概率如下：

$$P(v_i / h) = \sigma\left(\sum_j h_i w_{ij} + c_i\right) = \sigma(h^T W^T[:, i] + c_j) \tag{1-29}$$

因此，一旦我们通过训练学习到 RBM 的权值和偏置，那么在给定隐藏状态的情况下，可见表达可以被采样；而在给定可见状态的情况下，隐藏状态可以被采样。

与主成分分析（Principal Component Analysis，PCA）相似，RBM 是一种表示数据的方法，它可以将在一个维度的可见层 v 映射到隐藏层 h 提供的另一个维度。当隐藏层的维度小于可见层时，RBM 相当于降维操作。RBM 通常使用二维数据进行训练。

RBM 通过最大化训练数据的相似性进行训练。在每一轮损失函数针对权值和偏置的梯度下降中，采样导致了训练过程的昂贵和一定程度上的难以计算。有一种更聪明的采样方法，叫作对比分歧（contrastive divergence），它通过 Gibbs 采样来训练 RBM。

在第 6 章中，我们将使用 RBM 来构建推荐系统。

1.10 自编码器

与 RBM 十分相似，自编码器（autoencoder）是一种非监督学习算法，旨在发掘数据中的隐藏结构。在主成分分析中，我们试图获取输入参数中的线性关系，并尝试通过（输入参数的）线性组合，用更少的维度来表示数据中差异比较大的部分。然而，主成分分析无法捕捉输入参数之间的非线性关系。

自编码器是神经网络，它可以在隐藏层的不同维度表达输入，还可以捕捉输入参数之间的非线性关系。大多数情况下，隐藏层的维度数小于输入。我们略过了这一点，而假设高维数据具有一个固有的低维结构。例如，高维的图像可以被低维的复制版本表示，自编码器通常用于发掘这样的结构。图 1-20 展示了自编码器的神经架构。

一个自编码器由两部分组成：一个编码器和一个解码器。编码器试图将输入数据 x 映射到一个隐藏层 h 中，解码器试图从隐藏层 h 中重建输入。网络中的权值通过最小化重建误差来训练，这个误差是解码器重建的输入 $\tilde{x}$ 与原始输入的差别。如果输入是连续的，那么为了学习自编码器的权值，我们将最小化重建误差的平方和。

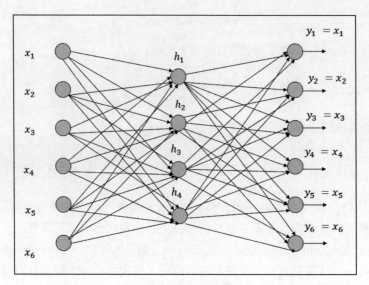

图 1-20　自编码器架构

如果用函数 $f_W(x)$ 来表示编码器，用 $f_U(x)$ 表示解码器，其中 W 和 U 是与解码器和编码器关联的权重矩阵，如下所示：

$$h = f_W(x) \tag{1-30}$$

$$\tilde{x} = f_U(h) \tag{1-31}$$

在训练集 $x_i(i = 1, 2, 3, \cdots m)$ 上，上述的重建误差 C 可以如下表示：

$$C(W, U) = \frac{1}{m} \sum_{i=1}^{m} \| x_i - \tilde{x}_i \|_2^2 \tag{1-32}$$

自编码器的最优权值 $(\hat{W}, \hat{U})$ 可以通过最小化式（1-32）中的损失函数得到，如下所示：

$$\hat{W}, \hat{U} = \underset{W, U}{\arg\min}\, C(W, U) \tag{1-33}$$

自编码器可以用于多种目标，例如学习数据的潜在表达、去噪声和特征提取。去噪声的自编码器可以将带有噪声的实际输入作为输入，试图重建实际输入。相似地，自编码器可以用作生成模型。有一种可以用于生成模型的自编码器，叫作变分自动编码器。当前，变分自动编码器和 GAN 是图像处理领域非常流行的生成模型。

1.11　总结

现在到了本章的末尾。我们介绍了几种人工神经网络的几种变形，包括图像处理领域的 CNN 以及自然语言处理领域的 RNN。同时，我们还介绍了作为生成模型的 RBM 和

GAN 和作为非监督方法的自编码器，它们适合解决很多问题，例如去噪声和解码数据的内部结构。此处，我们介绍了强化学习，它在机器人和 AI 领域有很大的影响。

你现在应该熟悉我们在以后几章用来构建智能 AI 应用的核心技术。在构建这些应用的同时，我们会根据需求进行小规模的技术深究。建议新接触深度学习的读者进一步探索本章中触及的核心技术，以便更彻底地理解它们。

在接下来的几章中，我们会讨论实际的 AI 项目，并使用本章中讨论的技术来实现它们。在第 2 章中，我们会使用迁移学习来实现一个医疗领域的应用，并进行医疗图像分析。

CHAPTER 2

第 2 章

迁移学习

迁移学习（transfer learning）是将在特定领域的一个任务中获得的知识迁移到另一个相似领域的相关项目的过程。在深度学习范式中，迁移学习通常是指在问题中使用在另一个问题中预训练的模型作为起点。计算机视觉和自然语言处理中的问题通常需要大量的数据和计算资源来训练一个有意义的深度学习模型，而迁移学习可以减少对大量训练数据和训练时间的要求，因此在视觉和文本领域中非常重要。在本章中，我们将使用迁移学习来解决医疗问题。

本章所涉及的与迁移学习有关的一些关键主题如下：
- 利用迁移学习检测人眼糖尿病视网膜病变，并确定视网膜病变的严重程度。
- 探索将预训练的卷积神经架构用于训练能够检测人眼图像中的糖尿病视网膜病变的卷积神经网络（Convolutional Neural Network，CNN）。
- 介绍 CNN 所需的不同图像预处理步骤。
- 学习定义适合手头问题的损失函数。
- 定义用于衡量训练后的模型性能的指标。
- 使用仿射变换生成额外的数据。
- 了解不同学习率的复杂性，选择合适的优化器等。
- 讨论端到端的 Python 实现。

2.1 技术要求

你将需要具备 Python 3、TensorFlow、Keras 和 OpenCV 的基本知识。

本章的代码文件可以在 GitHub 上下载：

https://github.com/PacktPublishing/Intelligent-Projects-using-Python/tree/master/Chapter02。

2.2 迁移学习简介

在传统的机器学习范式中（参见图 2-1），每个用例或任务都是根据手头的数据独立建模。在迁移习中，我们使用从特定任务中获得的知识（以结构和模型参数的形式）来处理不同（但是相关）的任务，如图 2-1 所示。

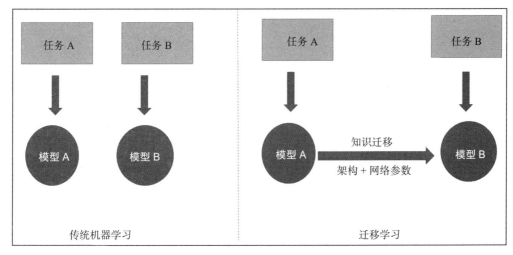

图 2-1 传统的机器学习与迁移学习

Andrew Ng 在其 2016 年 NIPS 的教程中指出，迁移学习将是下一个（即监督学习之后）驱动机器学习商业成功的重要因素，这个说法的真实性与日俱增。迁移学习现在被广泛用于各种需要用人工神经网络解决的困难问题。因此，最大的问题是为什么会出现这种情况。

从头开始训练人工神经网络是一项艰巨的任务，这主要有以下两个原因：

❑ 人工神经网络的损失面是非凸的。因此，它需要一组良好的初始权重才能得到合理的收敛。

❑ 人工神经网络有很多参数，因此需要大量的数据进行训练。遗憾的是，对于许多项目而言，可以被用于训练神经网络的特定数据并不够，但同时项目要解决的问题又非常复杂，需要依赖于神经网络的解决方案。

迁移学习有效地弥补了这两方面的问题。如果我们使用通过大量标记数据集（如 ImageNet 或 CIFAR）预训练的模型，涉及迁移学习的问题将具有一组良好的初始权重来开始训练，进而可以根据手头的数据微调这些权重。同样，为了避免在较少量的数据上训练复杂模型，我们可以从预训练的神经网络中提取复杂特征，然后使用这些特征来训练相对简单的模型，例如 SVM 或逻辑回归模型。举一个例子，如果我们正在处理一个图像分类问题，并且我们已经有一个预训练的模型（比如在 ImageNet 上训练的具有 1000 个类别的 VGG16 网络），那么我们就可以将训练数据传入 VGG16 网络，并从最后一个池化层中提取特征。如果我们有 m 个训练数据点，我们可以使用方程式 $(x^{(i)}, y^{(i)})_{i=1}^{m}$，其中 x 是特征向量，

y 是输出的类别。然后，我们可以从预训练的 VGG16 网络中导出复杂的特征（比如向量 h）如下所示：

$$h = f_W(x) \tag{2-1}$$

这里，W 是预训练的 VGG16 网络直到最后池化层的权重集。

之后，我们可以使用转换后的训练数据集 $(h^{(i)}, y^{(i)})_{i=1}^{m}$ 来构建一个相对简单的模型。

2.3 迁移学习和糖尿病视网膜病变检测

在本章中，我们将使用迁移学习建立一个用于检测人眼中的糖尿病视网膜病变的模型。糖尿病视网膜病变通常在糖尿病患者中发现，病人的高血糖会对其视网膜中的血管造成损害。图 2-2 的左侧是正常的视网膜，右侧是糖尿病病变的视网膜。

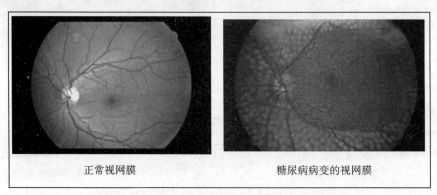

图 2-2 正常人视网膜与糖尿病病变的视网膜

在医疗领域，糖尿病视网膜病变的检测通常是手动检测，即由经验丰富的医生通过检查彩色的眼底视网膜图像来完成。这样的诊断过程通过会引入一定程度的延迟，进而导致治疗的延误。作为我们项目的一部分，我们将建立一个强大的人工智能系统，通过输入彩色视网膜眼底图像来检测是否存在糖尿病视网膜病变，并根据病变的严重程度进行分类。

我们将视网膜图像根据如下不同的条件进行分类：

1. 0：没有糖尿病视网膜病变
2. 1：轻度糖尿病视网膜病变
3. 2：中度糖尿病视网膜病变
4. 3：严重的糖尿病视网膜病变
5. 4：增生性糖尿病视网膜病变

2.4 糖尿病视网膜病变数据集

构建糖尿病视网膜病变检测程序的数据集可从 Kaggle 获得，可以从如下链接下载：https://www.kaggle.com/c/classroom-diabetic-retinopathy-detection-competition/data。

训练数据集和保留测试数据集都保存在 train_dataset.zip 文件中，可在上面的链接中找到。

我们将进行交叉验证，使用标记的训练数据构建模型，并在保留数据集上验证模型。

由于我们正在处理分类问题，因此准确度是一个有用的验证指标。准确度定义如下：

$$a_c = \frac{c}{N}$$

这里，c 是被正确分类的样本的数量，N 是用于评估的样本总数。

我们还将使用二次加权 kappa（quadratic weighted kappa）统计量来定义模型的质量，并与 Kaggle 标准相比，看我们建立的模型相较于基准是否有提升。二次加权 kappa 定义如下：

$$\kappa = 1 - \frac{\sum_{i,j} w_{i,j} O_{i,j}}{\sum_{i,j} w_{i,j} E_{i,j}}$$

二次加权 kappa 表达式中的权重 $(w_{i,j})$ 定义如下：

$$w_{i,j} = \frac{(i-j)^2}{N-1}$$

上述公式中包括以下内容：

- N 表示类别的数量。
- $O_{i,j}$ 表示被预测为类别 i 且实际类别为 j 的图像的数量。
- $E_{i,j}$ 表示被预测为类别 i 且实际类别为 j 的图像的期望数量，并假设预测类别与实际类之间相互独立。

为了更好地理解 kappa 指标的内容，让我们看一下苹果和橙子的二元分类问题。假设预测类别和实际类别的混淆矩阵如图 2-3 所示。

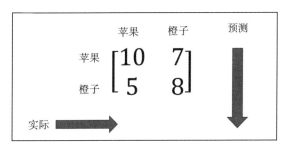

图 2-3　Kappa 指标术语

假设标签之间相互独立，当真实标签为橙子时，被预测为苹果的期望值可以由以下公式给出：

$$E[i = "Apple", j = "Orange"]$$
$$= P(i = "Apple")P(j = "Orange")*(\text{Total of "Apple" and "Orange"})$$
$$= \frac{(10+7)}{30} \frac{(5+8)}{30} 30 = \frac{(17*13)}{30} = 11.05$$

如果没有模型，这个期望值是你可以得到的最差结果。

如果你熟悉两个类别变量之间的独立性卡方检验（chi-square test for independence），假设类别变量之间相互独立，则列联表（contingency table）中每个单元格的期望值可以用同样的公式计算。

真实标签为橙子但却被预测为苹果的样本数可以直接从混淆矩阵中获取，即数量为5，如下所示：

$$O[i = "Apple", j = "Orange"] = 5$$

因此，我们可以看到，模型将橙子误判作为苹果的错误数小于在不使用模型时得到的错误数。Kappa通常用于衡量与没有模型的预测相比模型的表现。

如果我们观察二次权重的表达式（$w_{i,j}$），我们可以看到，当实际标签和预测标签之间的差异更大时，权重的值更高。基于类别的序数性（ordinal nature），这样是有道理的。例如，让我们用标签0表示完美状态眼睛的类别，标签1表示轻度的糖尿病视网膜病变，标签2表示中度的糖尿病视网膜病变，标签3表示严重的糖尿病视网膜病变。当轻度糖尿病视网膜病变被错误地归类为严重糖尿病视网膜病变，而非中度糖尿病视网膜病变时，它的二次项权重（$w_{i,j}$）将会更高。这是有道理的，因为即使没有得到正确的类别，我们也希望得到尽可能接近实际类别的预测结果。

我们将使用sklearn.metrics.cohen_kappa_score和weights="quadratic"来计算kappa得分。权重越高，kappa得分就会越低。

2.5 定义损失函数

在本章示例中，数据有五个类别，即没有糖尿病视网膜病变、轻度糖尿病视网膜病变、中度糖尿病视网膜病变、严重的糖尿病视网膜病变和增生性糖尿病视网膜病变。因此，我们可以将其视为分类问题。对于我们的分类问题，输出标签需要进行独热编码，如下所示：

- 无糖尿病视网膜病变：$[1\ 0\ 0\ 0\ 0]^T$
- 轻度糖尿病视网膜病变：$[0\ 1\ 0\ 0\ 0]^T$
- 中度糖尿病视网膜病变：$[0\ 0\ 1\ 0\ 0]^T$
- 严重糖尿病视网膜病变：$[0\ 0\ 0\ 1\ 0]^T$
- 增生性糖尿病视网膜病变：$[0\ 0\ 0\ 0\ 1]^T$

Softmax 是用于在输出层中呈现不同类别的概率的最佳激活函数，而每个数据点的类别交叉熵损失之和是要优化的最佳损失。对于具有输出标签向量 y 和预测概率 p 的单个数据点，交叉熵损失由以下公式给出：

$$L = -\sum_{j=1}^{5} y_j \log p_j \tag{2-2}$$

这里，$y = [y_1 \cdots y_j \cdots y_5]^T$，且 $p = [p_1 \cdots p_j \cdots p_5]^T$。

同样地，M 个训练数据点的平均损失可以表示为：

$$L = \frac{1}{M} \sum_{i=1}^{M} \sum_{j=1}^{5} [y_j^{(i)} \log p_j^{(i)}] \tag{2-3}$$

在训练过程中，基于式（2-3）得到的平均对数损失（average log loss）来产生小批量的梯度，其中 M 是所选的批量的大小。对于我们将结合验证准确度监视的验证对数损失，M 是验证集数据点数。由于我们将在 K 折交叉验证（K-fold cross-validation）的每一折进行验证，因此我们将在每个折中使用不同的验证数据集。

现在我们已经定义好训练方法、损失函数和验证度量，让我们来继续进行数据探索和建模。

请注意，输出中的类别具有序数性，并且严重性逐类递增。因此回归也可能是不错的解决方法。我们将尝试用回归来代替分类，看看它是否合理。回归的挑战之一是将原始得分转换为类别。我们将使用一个简单的方案，并将得分散列到最接近的整数严重性类别。

2.6 考虑类别不平衡问题

类别不平衡是分类问题中的一个主要挑战。图 2-4 描绘了 5 个严重性类的类密度：

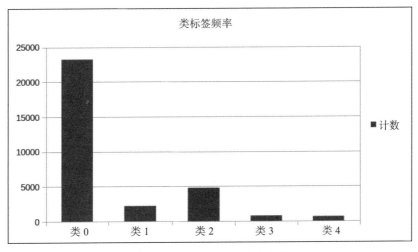

图 2-4　5 个严重性类的类密度

从图 2-4 中可以看出，接近 73% 的训练数据属于类 0，即没有糖尿病视网膜病变。因此，如果我们碰巧将所有数据都标记为类 0，那么我们的准确度将达到 73%。但这对于患者的健康而言显然是不可取的。实际生活中，我们宁愿在患者实际没有某种健康问题的情况下误判为有问题（假阳性），而不是在有某种健康问题的情况下误判为没有问题（假阴性）。如果模型能学会将所有数据归类为类 0，那么 73% 的准确度可能毫无意义。

检测更高的严重性类别比检测不严重类别更为重要。使用对数损失或交叉熵损失函数的分类模型的问题在于它的结果通常会有利于数据量大的类别。这是因为交叉熵误差在最大相似性原则上更倾向于为数量更多的类别分配更高的概率。针对这个问题，我们可以做两件事：

- 从具有更多样本的类别中丢弃数据或者对类别进行低频率采样以保持样本之间的均匀分布。
- 在损失函数中，为类别赋予与其密度成反比的权重。这可以保证当模型未能对它们进行分类时，损失函数对低频类别赋予更高的惩罚。

我们将使用方案二，因为它不涉及生成更多的数据或者丢弃现有数据。如果我们使用类频率的倒数作为权重，我们将得到表 2-1 所示的类别权重：

表 2-1

严重性类别	类别权重
类 0	0.0120353863
类 1	0.1271350558
类 2	0.0586961973
类 3	0.3640234214
类 4	0.4381974727

我们将在训练分类网络时使用这些权重。

2.7 预处理图像

不同类别的图像将存储在不同的文件夹中，因此可以很容易地标记它们的类别。我们使用 OpenCV 函数读取图像，并调整它们的尺寸，如 224×224×3。我们将参照 ImageNet 数据集从每个图像中逐通道减去平均像素强度。这样可以保证在模型上训练之前，糖尿病视网膜病变的图像强度与所处理的 ImageNet 图像具有相同的强度范围。一旦完成预处理，图像将被存储在一个 numpy 数组中。图像预处理函数可以定义如下：

```
def get_im_cv2(path,dim=224):
    img = cv2.imread(path)
    resized = cv2.resize(img, (dim,dim), cv2.INTER_LINEAR)
    return resized
```

```
def pre_process(img):
    img[:,:,0] =    img[:,:,0] - 103.939
    img[:,:,1] =    img[:,:,0] - 116.779
    img[:,:,2] =    img[:,:,0] - 123.68
    return img
```

我们通过 OpenCV 的 imread 函数读取图像，然后通过行间插值的方法将其大小调整为（224,224,3）或其他任意指定维度。ImageNet 图像的红色、绿色和蓝色通道的平均像素强度分别为 103.939、116.779 和 123.68。预训练模型是在从图像中减去这些平均值之后进行训练的。这种减去平均值的方法是为了使数据特征标准化，将数据集中在 0 附近有助于避免梯度消失和梯度爆炸问题，进而有助于模型更快地收敛。此外，每个通道标准化有助于保持梯度流均匀地进入每个通道。由于我们在这个项目中使用预训练模型，因此合理的做法是在将图像输入预训练网络之前，每个通道也基于同样的方式进行标准化。然而，使用基于预训练网络 ImageNet 的平均值来校正项目中的图像并非强制要求，也可以通过项目中训练集图像的平均像素强度来进行标准化。

同样，还可以选择对整个图像进行均值归一化，而不是分别对每个通道进行均值归一化。这需要从图像自身中减去每个图像的平均值。想象一下，CNN 中识别的物体可能来自不同的光照条件（如白天和夜晚）。而我们希望无论何种光照条件，都能正确地对物体进行分类，然而，不同的像素强度将不同程度地激活神经网络的神经元，这会增加对象被错误分类的可能性。然而，如果从图像中减去每个图像的平均值，则该图像对象将不再受到不同照明条件的影响。因此，根据具体图像的性质，我们需要自己选择最佳的图像标准化方案，不过任何默认的标准化性能都不错。

2.8 使用仿射变换生成额外数据

我们将使用 keras 的 ImageDataGenerator 在图像像素坐标上进行仿射变换（affine transformation）来生成额外的数据。我们主要使用的仿射变换是旋转、平移和缩放。如果像素空间坐标由 $x=[x_1\ x_2]^T \in R^2$ 定义，那么变换得到的新像素坐标为：

$$x' = Mx + b$$

这里，$M = R^{2 \times 2}$ 是仿射变换矩阵，$b = [b_1\ b_2]^T \in R^2$ 是平移向量。

b_1 指定沿着一个空间方向的平移，而 b_2 提供沿着另一个空间维度的平移。

这些变换是必需的，因为神经网络通常都有平移、旋转或者尺度变化。池化操作确实提供了一些平移不变性，但通常是不够的。神经网络不会将图像中特定位置的一个对象和另一个图像中的不同位置的同一对象视为相同的对象，这就是为什么我们需要神经网络学习图像在不同平移位置下的多个实例。类似地，也需要网络学习不同的旋转和缩放。

2.8.1 旋转

以下是旋转的仿射变换矩阵，θ 表示旋转角度：

$$M = \begin{bmatrix} \cos\theta & -\sin\theta \\ \sin\theta & \cos\theta \end{bmatrix}$$

在这种情况下，平移向量 b 为零。我们可以通过使用非零 b 在旋转之后进行平移。例如，图 2-5 显示视网膜的图像，然后是同一张图像旋转 90º 之后的图像。

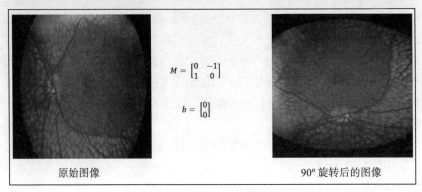

图 2-5 旋转的视网膜图像

2.8.2 平移

对于平移，仿射变换矩阵是单位矩阵，平移向量 b 具有非零值：

$$M = I = \begin{bmatrix} 1 & 0 \\ 0 & 1 \end{bmatrix}$$
$$b \neq 0$$

例如，我们可以使用 M 作为单位矩阵，$b = [5\ 3]^T$，得到沿垂直方向的平移 5 个像素位置和沿水平方向平移 3 个像素位置的变换。

图 2-6 是沿着图像的宽度和高度平移 24 个像素位置的视网膜图像。

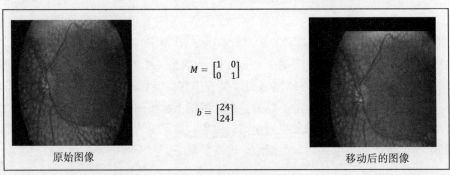

图 2-6 平移的视网膜图像

2.8.3 缩放

缩放可以通过对角矩阵 $M \in R^{2 \times 2}$ 来执行，如下所示：

$$M = \begin{bmatrix} s_v & 0 \\ 0 & s_h \end{bmatrix}$$

这里，s_v 表示沿垂直方向的缩放因子，s_h 表示沿水平方向的缩放因子（见图 2-7）。我们还可以通过使用非零平移向量 b，在缩放之后进行平移：

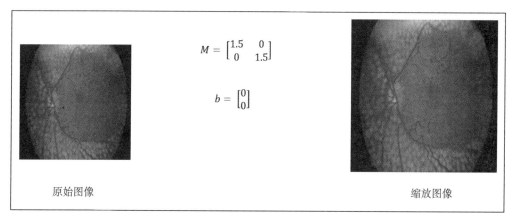

图 2-7 缩放的视网膜图像

2.8.4 反射

通过变换矩阵 $T \in R^{2 \times 2}$ 可以获得与水平线 L 成 θ 角的反射图像：

$$T = \begin{bmatrix} \cos 2\theta & \sin 2\theta \\ \sin 2\theta & -\cos 2\theta \end{bmatrix}$$

图 2-8 显示水平翻转后的视网膜图像。

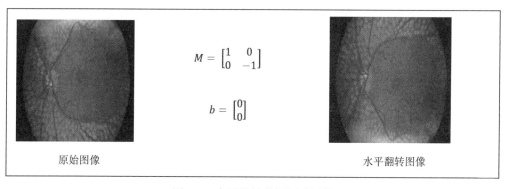

图 2-8 水平翻转的视网膜图像

2.8.5 通过仿射变换生成额外的图像

可以通过使用 keras 图像生成器类来完成我们的任务：

```
datagen = ImageDataGenerator(
            horizontal_flip = True,
            vertical_flip = True,
            width_shift_range = 0.1,
            height_shift_range = 0.1,
            channel_shift_range=0,
            zoom_range = 0.2,
            rotation_range = 20)
```

从定义的生成器中可以看出，我们已经启用了水平和垂直翻转，这会生成分别沿水平轴和垂直轴反射得到的图像。类似地，我们还让图像沿宽度和高度方向平移 10% 像素位置。旋转范围限制在 20 度的角度范围内，而缩放因子则定义在原始图像的 0.8～1.2 以内。

2.9 网络架构

我们现在将使用预训练的 ResNet50、InceptionV3 和 VGG16 网络进行实验，并找出能够获得最佳结果的网络。每个预训练模型的权重都基于 ImageNet。我在下面提供了 ResNet、InceptionV3 和 VGG16 架构的原始论文链接以供参考。建议读者阅读这些文章，深入了解这些网络架构以及它们之间细微的差别。

以下是 VGG 论文的链接：

❏ 论文题目：Very Deep Convolutional Networks for Large-Scale Image Recognition
❏ 链接：https://arxiv.org/abs/1409.1556

以下是 ResNet 论文的链接：

❏ 论文题目：Deep Residual Learning for Image Recognition
❏ 链接：https://arxiv.org/abs/1512.03385

以下是 InceptionV3 论文的链接：

❏ 论文题目：Rethinking the Inception Architecture for Computer Vision
❏ 链接：https://arxiv.org/abs/1512.00567

简而言之，VGG16 是一个 16 层的 CNN，它使用 3x3 的滤波器和 2x2 感受野（receptive field）进行卷积。整个网络中使用的激活函数都是 ReLU。VGG 架构是由 Simonyan 和 Zisserman 开发的，它是 2014 年 ILSVRC 比赛的亚军。VGG16 网络由于其简单性而获得了广泛的普及，而且它是用于从图像中提取特征的最流行的网络。

ResNet50 是一个深度 CNN，它实现了残差块（residual block）的概念，与 VGG16 网络非常不同。在一系列卷积 - 激活 - 池化操作之后，块的输入再次反馈到输出。ResNet 架构由 Kaiming He 等人开发，虽然它有 152 层，但其实并没有 VGG 网络复杂。该架构以

3.57%的前五错误率赢得了 2015 年 ILSVRC 竞赛,这比竞赛数据集的人工标注成绩还要好。前五错误率是通过检查目标是否在最高概率的五个预测类别中得到的。实际上,ResNet 网络尝试学习残差映射,而不是直接从输出映射到输入,如图 2-9 所示。

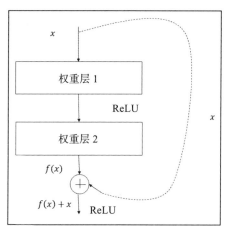

图 2-9 ResNet 模型的残差块

InceptionV3 是来自谷歌的最先进的 CNN。InceptionV3 架构不是在每层使用固定大小的卷积滤波器,而是使用不同大小的滤波器来提取不同粒度级别的特征。InceptionV3 层的卷积块如图 2-10 所示。

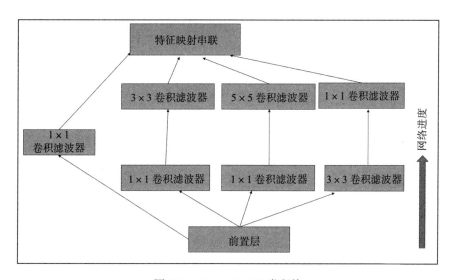

图 2-10 InceptionV3 卷积块

Inception V1(GoogleNet)是 2014 年 ILSVRC 竞赛的获胜者。它的前五错误率为 6.67%,非常接近人类的表现。

2.9.1　VGG16 迁移学习网络

我们将使用预训练的 VGG16 网络中最后一个池化层的输出，并添加每层有 512 个单元的几个全连接层，然后添加一个输出层。最后一个池化层的输出在全连接层之前进行全局平均池化操作。我们也可以简单地展平池化层的输出，而不是执行全局平均池化，目的是确保池的输出是一维数组格式，而不是二维点阵格式，它很像一个全连接层。图 2-11 说明了基于预训练 VGG16 的新 VGG16 的架构。

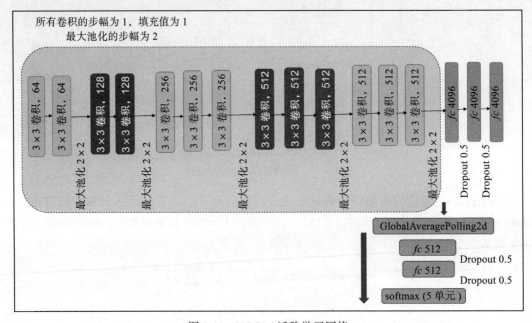

图 2-11　VGG16 迁移学习网络

如图 2-11 所示，我们将从预训练的网络中提取最后一个最大池化层的输出，并在最终输出层之前连接两个全连接层。基于前面的架构，我们可以使用 keras 定义 VGG 函数，如下面的代码块所示：

```
def VGG16_pseudo(dim=224,freeze_layers=10,full_freeze='N'):
    # model_save_dest = {}
    model = VGG16(weights='imagenet',include_top=False)
    x = model.output
    x = GlobalAveragePooling2D()(x)
    x = Dense(512, activation='relu')(x)
    x = Dropout(0.5)(x)
    x = Dense(512, activation='relu')(x)
    x = Dropout(0.5)(x)
    out = Dense(5,activation='softmax')(x)
    model_final = Model(input = model.input,outputs=out)
    if full_freeze != 'N':
        for layer in model.layers[0:freeze_layers]:
            layer.trainable = False
    return model_final
```

我们将使用在 ImageNet 上预训练的 VGG16 的权重作为模型的初始权重，然后对模型进行微调。我们还冻结了前几个层（默认为 10 层）的权重，因为在 CNN 中，前几层会学习检测通用的特征，如边缘、颜色构成等。因此，不同领域图像的通用特征不会有很大差异。冻结层是指不训练特定于该层的权重。我们可以尝试不同的冻结层数量，并采用提供最佳验证结果的冻结层数量。由于我们现在面临的是多分类任务，因此最终输出层选择了 softmax 激活函数。

2.9.2　InceptionV3 迁移学习网络

我们的任务中使用的 InceptionV3 网络被定义在后面的代码块中。需要注意的一点是，由于 InceptionV3 是一个更深的网络，因此可以拥有更多的初始层。在数据有限的情况下，不需要训练模型中的所有层是一个优势。如果我们使用较少的训练数据，则整个网络的权重可能会导致过拟合。而冻结层可以减少需要训练的权重数量，因此提供了某种形式的正则化。

由于初始层学习与问题领域无关的通用特征，因此它们是最适合冻结的层。我们还在完全连接层中使用了 dropout，以防止过拟合：

```
def inception_pseudo(dim=224,freeze_layers=30,full_freeze='N'):
    model = InceptionV3(weights='imagenet',include_top=False)
    x = model.output
    x = GlobalAveragePooling2D()(x)
    x = Dense(512, activation='relu')(x)
    x = Dropout(0.5)(x)
    x = Dense(512, activation='relu')(x)
    x = Dropout(0.5)(x)
    out = Dense(5,activation='softmax')(x)
    model_final = Model(input = model.input,outputs=out)
    if full_freeze != 'N':
        for layer in model.layers[0:freeze_layers]:
          layer.trainable = False
    return model_final
```

2.9.3　ResNet50 迁移学习网络

用于迁移学习的 ResNet50 模型与 VGG16 和 InceptionV3 网络的定义类似，如下所示：

```
def resnet_pseudo(dim=224,freeze_layers=10,full_freeze='N'):
    # model_save_dest = {}
    model = ResNet50(weights='imagenet',include_top=False)
    x = model.output
    x = GlobalAveragePooling2D()(x)
    x = Dense(512, activation='relu')(x)
    x = Dropout(0.5)(x)
    x = Dense(512, activation='relu')(x)
    x = Dropout(0.5)(x)
    out = Dense(5,activation='softmax')(x)
    model_final = Model(input = model.input,outputs=out)
```

```
if full_freeze != 'N':
    for layer in model.layers[0:freeze_layers]:
        layer.trainable = False
return model_final
```

2.10 优化器和初始学习率

在训练中，我们使用 Adam 优化器（自适应矩估计器，adaptive moment estimator），它实现了随机梯度下降的高级版。Adam 优化器可以处理损失函数中的曲率，同时它使用动量（momentum）来保证学习向较好的局部最小值方向稳定进展。对于手头的问题，由于我们正在使用迁移学习，并希望尽可能多地使用来自预训练网络的预先学习的特征，我们将使用较小的初始学习率 0.00001。这将确保网络不会丢失预训练网络中已学习到的有用特征，并根据手头问题的新数据，保守地调整到最佳点。Adam 优化器可以定义为：

```
adam = optimizers.Adam(lr=0.00001, beta_1=0.9, beta_2=0.999, epsilon=1e-08, decay=0.0)
```

参数 beta_1 控制当前梯度在动量计算中的贡献率，而参数 beta_2 控制梯度平方在梯度归一化中的贡献率，这有助于处理损失函数中的曲率。

2.11 交叉验证

由于训练数据集比较小，我们将执行 5 折交叉验证，以便更好地了解模型推广到新数据的能力。我们还将在训练中使用在不同折交叉验证中构建的所有 5 个模型来进行推断。一个测试数据属于某个类别标签的概率将是所有 5 个模型预测的平均概率，其表示如下：

$$\hat{p} = \frac{1}{5}\sum_{i=1}^{5} p_i$$

由于目标是预测实际的类别而不是概率，因此我们将选择具有最大概率的类别。这种方法通常被用在基于分类的网络和损失函数中。如果我们将问题视为回归问题，那么这个过程就会有些变化，我们将在后面讨论这一点。

2.12 基于验证对数损失的模型检查点

一个好的习惯是，一旦为评估选择的验证分数得到改善时就保存当前模型。对于我们的项目，我们将记录验证对数损失，并在一旦验证分数得到改善的任何时刻，就保存模型。这样，在训练之后，我们将得到保存下来的具有最佳验证分数的模型权重，而不是停止训练时的最终模型权重。训练将一直持续，直到达到定义的训练最大轮数，或者直到验证对数损失连续 10 轮都没有减少。当验证对数损失连续 3 轮都没有改善时，我们还将降低学习率。

以下代码用于执行学习率降低和检查点操作：

```
reduce_lr = keras.callbacks.ReduceLROnPlateau(monitor='val_loss',
factor=0.50,
 patience=3, min_lr=0.000001)

callbacks = [
EarlyStopping(monitor='val_loss', patience=10, mode='min', verbose=1),
CSVLogger('keras-5fold-run-01-v1-epochs_ib.log', separator=',',
append=False),reduce_lr,
ModelCheckpoint(
 'kera1-5fold-run-01-v1-fold-' + str('%02d' % (k + 1)) + '-run-' +
str('%02d' % (1 + 1)) + '.check',
 monitor='val_loss', mode='min', # mode must be set to max or keras will be
confused
 save_best_only=True,
 verbose=1)
]
```

正如在前面的代码中所看到的，如果连续 3 轮（patience=3）验证损失都没有改善，则学习率会被降低一半（0.50）。同样，如果验证损失在 10 轮（patience=10）内都没有减少，我们就停止训练（执行 EarlyStopping）。每当验证对数损失减少时都会保存模型，代码如下：

```
'kera1-5fold-run-01-v1-fold-' + str('%02d' % (k + 1)) + '-run-' +
str('%02d' % (1 + 1)) + '.check'
```

在 keras-5fold-run-01-v1-epochs_ib.log 日志文件中记录有每一轮训练过程的验证对数损失，如果验证对数损失得到改善，就会引用它以便保存模型，或者将其用于决定何时减小学习率或者终止训练。

每个折的模型通过使用 keras 的 save 函数被保存在用户预定义的路径中，而在推断期间，则通过 keras.load_model 函数将模型加载到内存中。

2.13 训练过程的 Python 实现

以下 Python 代码显示了训练过程的端到端实现，它由前面几节讨论的所有功能块组成。首先导入所有必需的 Python 包：

```
import numpy as np
np.random.seed(1000)

import os
import glob
import cv2
import datetime
import pandas as pd
import time
import warnings
warnings.filterwarnings("ignore")
```

```python
from sklearn.model_selection import KFold
from sklearn.metrics import cohen_kappa_score
from keras.models import Sequential,Model
from keras.layers.core import Dense, Dropout, Flatten
from keras.layers.convolutional import Convolution2D, MaxPooling2D, ZeroPadding2D
from keras.layers import GlobalMaxPooling2D,GlobalAveragePooling2D
from keras.optimizers import SGD
from keras.callbacks import EarlyStopping
from keras.utils import np_utils
from sklearn.metrics import log_loss
import keras
from keras import __version__ as keras_version
from keras.applications.inception_v3 import InceptionV3
from keras.applications.resnet50 import ResNet50
from keras.applications.vgg16 import VGG16
from keras.preprocessing.image import ImageDataGenerator
from keras import optimizers
from keras.callbacks import EarlyStopping, ModelCheckpoint, CSVLogger, Callback
from keras.applications.resnet50 import preprocess_input
import h5py
import argparse
from sklearn.externals import joblib
import json
```

导入所需的全部库之后，我们就可以定义 TransferLearning 类：

```python
class TransferLearning:
    def __init__(self):
        parser = argparse.ArgumentParser(description='Process the inputs')
        parser.add_argument('--path',help='image directory')
        parser.add_argument('--class_folders',help='class images folder
                            names')
        parser.add_argument('--dim',type=int,help='Image dimensions to
                            process')
        parser.add_argument('--lr',type=float,help='learning
                            rate',default=1e-4)
        parser.add_argument('--batch_size',type=int,help='batch size')
        parser.add_argument('--epochs',type=int,help='no of epochs to
                            train')
        parser.add_argument('--initial_layers_to_freeze',type=int,help='the
                            initial layers to freeze')
        parser.add_argument('--model',help='Standard Model to
                            load',default='InceptionV3')
        parser.add_argument('--folds',type=int,help='num of cross
                            validation folds',default=5)
        parser.add_argument('--outdir',help='output directory')
        args = parser.parse_args()
        self.path = args.path
        self.class_folders = json.loads(args.class_folders)
        self.dim = int(args.dim)
        self.lr = float(args.lr)
        self.batch_size = int(args.batch_size)
        self.epochs = int(args.epochs)
        self.initial_layers_to_freeze = int(args.initial_layers_to_freeze)
```

```
    self.model = args.model
    self.folds = int(args.folds)
    self.outdir = args.outdir
```

接下来，让我们定义读取图像的函数并将图像调整到合适尺寸：

```
def get_im_cv2(self,path,dim=224):
    img = cv2.imread(path)
    resized = cv2.resize(img, (dim,dim), cv2.INTER_LINEAR)
    return resized

# Pre Process the Images based on the ImageNet pre-trained model
    Image transformation
def pre_process(self,img):
    img[:,:,0] = img[:,:,0] - 103.939
    img[:,:,1] = img[:,:,1] - 116.779
    img[:,:,2] = img[:,:,2] - 123.68
    return img
# Function to build X, y in numpy format based on the
  train/validation datasets
def read_data(self,class_folders,path,num_class,dim,train_val='train'):
    print(train_val)
    train_X,train_y = [],[]
    for c in class_folders:
        path_class = path + str(train_val) + '/' + str(c)
        file_list = os.listdir(path_class)
        for f in file_list:
            img = self.get_im_cv2(path_class + '/' + f)
            img = self.pre_process(img)
            train_X.append(img)
            train_y.append(int(c.split('class')[1]))
    train_y = 
keras.utils.np_utils.to_categorical(np.array(train_y),num_class)
    return np.array(train_X),train_y
```

接下来，我们将定义迁移学习的三个模型，首先是 InceptionV3：

```
def inception_pseudo(self,dim=224,freeze_layers=30,full_freeze='N'):
    model = InceptionV3(weights='imagenet',include_top=False)
    x = model.output
    x = GlobalAveragePooling2D()(x)
    x = Dense(512, activation='relu')(x)
    x = Dropout(0.5)(x)
    x = Dense(512, activation='relu')(x)
    x = Dropout(0.5)(x)
    out = Dense(5,activation='softmax')(x)
    model_final = Model(input = model.input,outputs=out)
    if full_freeze != 'N':
        for layer in model.layers[0:freeze_layers]:
            layer.trainable = False
    return model_final
```

然后定义 ResNet50 迁移学习模型：

```
def resnet_pseudo(self,dim=224,freeze_layers=10,full_freeze='N'):
    model = ResNet50(weights='imagenet',include_top=False)
```

```
    x = model.output
    x = GlobalAveragePooling2D()(x)
    x = Dense(512, activation='relu')(x)
    x = Dropout(0.5)(x)
    x = Dense(512, activation='relu')(x)
    x = Dropout(0.5)(x)
    out = Dense(5,activation='softmax')(x)
    model_final = Model(input = model.input,outputs=out)
    if full_freeze != 'N':
      for layer in model.layers[0:freeze_layers]:
        layer.trainable = False
    return model_final
```

最后定义 VGG16 模型:

```
def VGG16_pseudo(self,dim=224,freeze_layers=10,full_freeze='N'):
    model = VGG16(weights='imagenet',include_top=False)
    x = model.output
    x = GlobalAveragePooling2D()(x)
    x = Dense(512, activation='relu')(x)
    x = Dropout(0.5)(x)
    x = Dense(512, activation='relu')(x)
    x = Dropout(0.5)(x)
    out = Dense(5,activation='softmax')(x)
    model_final = Model(input = model.input,outputs=out)
    if full_freeze != 'N':
      for layer in model.layers[0:freeze_layers]:
        layer.trainable = False
    return model_final
```

现在，让我们定义训练函数，代码如下所示:

```
def train_model(self,train_X,train_y,n_fold=5,batch_size=16,epochs=40,
dim=224,lr=1e-5,model='ResNet50'):
    model_save_dest = {}
    k = 0
    kf = KFold(n_splits=n_fold, random_state=0, shuffle=True)

    for train_index, test_index in kf.split(train_X):
      k += 1
      X_train,X_test = train_X[train_index],train_X[test_index]
      y_train, y_test = train_y[train_index],train_y[test_index]
      if model == 'Resnet50':
        model_final =
        self.resnet_pseudo(dim=224,freeze_layers=10,full_freeze='N')
      if model == 'VGG16':
        model_final =
        self.VGG16_pseudo(dim=224,freeze_layers=10,full_freeze='N')
      if model == 'InceptionV3':
        model_final =
self.inception_pseudo(dim=224,freeze_layers=10,full_freeze='N')
    datagen = ImageDataGenerator(
        horizontal_flip = True,
        vertical_flip = True,
        width_shift_range = 0.1,
```

```
            height_shift_range = 0.1,
            channel_shift_range=0,
            zoom_range = 0.2,
            rotation_range = 20)
        adam = optimizers.Adam(lr=lr, beta_1=0.9, beta_2=0.999,
           epsilon=1e-08, decay=0.0)
        model_final.compile(optimizer=adam,
         loss= ["categorical_crossentropy"],metrics=['accuracy'])
        reduce_lr = keras.callbacks.ReduceLROnPlateau(monitor='val_loss',
            factor=0.50, patience=3, min_lr=0.000001)
        callbacks = [
                EarlyStopping(monitor='val_loss', patience=10, mode='min',
                  verbose=1),
                CSVLogger('keras-5fold-run-01-v1-epochs_ib.log',
                separator=',', append=False),reduce_lr,
                ModelCheckpoint(
                    'kera1-5fold-run-01-v1-fold-' + str('%02d' % (k + 1)) +
                    '-run-' + str('%02d' % (1 + 1)) + '.check',
                    monitor='val_loss', mode='min',
                    save_best_only=True,
                    verbose=1)
            ]
        model_final.fit_generator(datagen.flow(X_train,y_train,
                                batch_size=batch_size),
            steps_per_epoch=X_train.shape[0]/batch_size, epochs=epochs,
              verbose=1, validation_data= (X_test,y_test),
              callbacks=callbacks, class_weight=
              {0:0.012,1:0.12,2:0.058,3:0.36,4:0.43})

        model_name = 'kera1-5fold-run-01-v1-fold-' + str('%02d' % (k +
                    1)) + '-run-' + str('%02d' % (1 + 1)) + '.check'
        del model_final
        f = h5py.File(model_name, 'r+')
        del f['optimizer_weights']
        f.close()
        model_final = keras.models.load_model(model_name)
        model_name1 = self.outdir + str(model) + '___' + str(k)
        model_final.save(model_name1)
        model_save_dest[k] = model_name1
    return model_save_dest
```

我们还将为保留数据集定义推断函数，如下所示：

```
def inference_validation(self,test_X,test_y,model_save_dest,
  n_class=5,folds=5):
    pred = np.zeros((len(test_X),n_class))

    for k in range(1,folds + 1):
      model = keras.models.load_model(model_save_dest[k])
      pred = pred + model.predict(test_X)
    pred = pred/(1.0*folds)
    pred_class = np.argmax(pred,axis=1)
    act_class = np.argmax(test_y,axis=1)
    accuracy = np.sum([pred_class == act_class])*1.0/len(test_X)
    kappa = cohen_kappa_score(pred_class,act_class,weights='quadratic')
    return pred_class,accuracy,kappa
```

现在，让我们调用 main 函数来触发训练过程：

```
def main(self):
    start_time = time.time()
    self.num_class = len(self.class_folders)
  if self.mode == 'train':
        print("Data Processing..")
        file_list,labels=
        self.read_data(self.class_folders,self.path,self.num_class,
                       self.dim,train_val='train')
        print(len(file_list),len(labels))
        print(labels[0],labels[-1])
        self.model_save_dest =
        self.train_model(file_list,labels,n_fold=self.folds,
                         batch_size=self.batch_size,
                         epochs=self.epochs,dim=self.dim,
                         lr=self.lr,model=self.model)
        joblib.dump(self.model_save_dest,f'{self.outdir}/model_dict.pkl')
        print("Model saved to dest:",self.model_save_dest)
    else:
        model_save_dest = joblib.load(self.model_save_dest)
        print('Models loaded from:',model_save_dest)
            # Do inference/validation
        test_files,test_y =
        self.read_data(self.class_folders,self.path,self.num_class,
                       self.dim,train_val='validation')
    test_X = []
    for f in test_files:
        img = self.get_im_cv2(f)
        img = self.pre_process(img)
        test_X.append(img)
    test_X = np.array(test_X)
    test_y = np.array(test_y)
    print(test_X.shape)
    print(len(test_y))
    pred_class,accuracy,kappa =
    self.inference_validation(test_X,test_y,model_save_dest,
                              n_class=self.num_class,folds=self.folds)
    results_df = pd.DataFrame()
    results_df['file_name'] = test_files
    results_df['target'] = test_y
    results_df['prediction'] = pred_class
    results_df.to_csv(f'{self.outdir}/val_resusts_reg.csv',index=False)
    print("----------------------------------------------------")
    print("Kappa score:", kappa)
    print("accuracy:", accuracy)
    print("End of training")
    print("----------------------------------------------------")
    print("Processing Time",time.time() - start_time,' secs')
```

我们可以进行尝试更改几个参数，例如学习率、批量大小、图像大小等，来得到一个不错的模型。

在训练阶段，模型位置保存在写入 dict_model 文件的 model_save_dest 目录中。

在推断阶段，模型仅基于训练的结果对新测试数据进行预测。迁移学习的脚本

TransferLearning.py 可以通过如下方式进行调用：

```
python TransferLearning.py --path '/media/santanu/9eb9b6dc-b380-486e-b4fd-
c424a325b976/book AI/Diabetic Retinopathy/Extra/assignment2_train_dataset/'
--class_folders '["class0","class1","class2","class3","class4"]' --dim 224
--lr 1e-4 --batch_size 16 --epochs 20 --initial_layers_to_freeze 10 --model
InceptionV3 --folds 5 --outdir '/home/santanu/ML_DS_Catalog-
/Transfer_Learning_DR/'
```

脚本的输出日志如下：

```
Model saved to dest: {1: '/home/santanu/ML_DS_Catalog-
/Transfer_Learning_DR/categorical/InceptionV3___1', 2:
'/home/santanu/ML_DS_Catalog-
/Transfer_Learning_DR/categorical/InceptionV3___2', 3:
'/home/santanu/ML_DS_Catalog-
/Transfer_Learning_DR/categorical/InceptionV3___3', 4:
'/home/santanu/ML_DS_Catalog-
/Transfer_Learning_DR/categorical/InceptionV3___4', 5:
'/home/santanu/ML_DS_Catalog-
/Transfer_Learning_DR/categorical/InceptionV3___5'}
validation
-----------------------------------------------------
Kappa score: 0.42969781637876836
accuracy: 0.5553973227000855
End of training
-----------------------------------------------------
Processing Time 26009.3344039917 secs
```

正如我们从日志中看到的那样，我们实现了不错的交叉验证精度（约为 56%）和接近 0.43 的二次 Kappa。

在此脚本中，我们将所有数据加载到内存中，然后将通过 ImageDataGenerator 生成的增强图像输入模型进行训练。如果训练图像集合很少并且或者具有中等维度大小，将数据加载到内存中可能并没有问题。但是，如果图像数据集很大并且 / 或者我们的资源有限，那么将所有数据加载到内存中将是一个不可行的选择。由于运行这些实验的机器具有 64 GB RAM，我们能够训练这些模型，运行时没有遇到问题。但是，如果是 16 GB RAM 的机器，可能就无法将所有数据加载内存中来运行这些实验，这时可能会遇到内存错误。

问题是，我们是否真的需要一次性将所有数据加载到内存中？

由于神经网络使用小批量工作，我们每次只需让一个小批量的数据通过反向传播来训练模型。类似地，对于下一次反向传播，我们可以丢弃当前批量的数据并处理下一个批量。因此，在某种程度上，每个小批量的内存需求只是该批量的数据所需要的内存。因此，我们可以用较少内存的机器，通过在训练时动态创建批量来训练深度学习模型。keras 具有在训练时动态创建批量的很好的函数，我们将在下一节讨论它。

在训练期间动态创建小批量

在训练时只加载小批量数据的方式之一是通过随机地处理不同位置的图像来动态地创建小批量。每个小批量中处理的图像数量等于我们指定的小批量大小。当然，在训练期间动态地创建小批量会有一些性能瓶颈，但这些瓶颈可以忽略不计，特别是诸如 keras 之类的包具有高效的动态批量创建机制。我们将利用 keras 中的 flow_from_directory 函数在训练期间动态创建小批量，以减少训练过程需要的内存。我们仍将继续使用 ImageDataGenerator 进行图像增强。训练生成器和验证生成器在后面进行定义。

通过将 pre_process 函数作为输入传递给 ImageDataGenerator 的 preprocessing_function 参数，可以完成从三个通道中减去平均图像像素强度的图像预处理步骤：

```python
def pre_process(img):
    img[:,:,0] = img[:,:,0] - 103.939
    img[:,:,1] = img[:,:,0] - 116.779
    img[:,:,2] = img[:,:,0] - 123.68
    return img


train_file_names = glob.glob(f'{train_dir}/*/*')
val_file_names = glob.glob(f'{val_dir}/*/*')
train_steps_per_epoch = len(train_file_names)/float(batch_size)
val_steps_per_epoch = len(val_file_names)/float(batch_size)
train_datagen =
ImageDataGenerator(horizontal_flip =
                   True,vertical_flip =
                   True,width_shift_range =
                   0.1,height_shift_range = 0.1,
                   channel_shift_range=0,zoom_range = 0.2,
                   rotation_range = 20,
                   preprocessing_function=pre_process)
val_datagen =
ImageDataGenerator(preprocessing_function=pre_process)
train_generator =
train_datagen.flow_from_directory(train_dir,
                                  target_size=(dim,dim),
                                  batch_size=batch_size,
                                  class_mode='categorical')
val_generator =
val_datagen.flow_from_directory(val_dir,
                                target_size=(dim,dim),
                                batch_size=batch_size,
                                class_mode='categorical')
print(train_generator.class_indices)
joblib.dump(train_generator.class_indices,
f'{self.outdir}/class_indices.pkl')
```

flow_from_directory 函数接收图像路径作为输入，并且期望它是图像目录中某个类别对应的文件夹，然后它会从该文件夹的名称中提取类别标签。如果图像目录具有目录结构 class0、class1、class2、class3 和 class4，那么函数会得到类别标签 0、1、2、3 和 4。

flow_from_directory 函数的其他重要输入是 batch_size、target_size 和 class_mode。target_ size 用于指定要提供给神经网络的图像的维度，而 class_mode 用于指定要处理的问题。对于二元分类，class_mode 设置为 binary，而对于多类别分类，则将其设置为 categorical。

接下来我们将通过动态创建批量来训练相同的模型，而不是一次性将所有的数据都加载到内存中。我们只需使用 flow_from_directory 选项创建一个生成器，并将其与数据增强对象绑定。可以按照如下方式生成数据生成器对象：

```python
# Pre processing for channel wise mean pixel subtraction
def pre_process(img):
    img[:,:,0] = img[:,:,0] - 103.939
    img[:,:,1] = img[:,:,0] - 116.779
    img[:,:,2] = img[:,:,0] - 123.68
    return img


# Add the pre_process function at the end of the ImageDataGenerator,
#rest all of the data augmentation options
# remain the same.

train_datagen =
ImageDataGenerator(horizontal_flip = True,vertical_flip = True,
                    width_shift_range = 0.1,height_shift_range = 0.1,
                    channel_shift_range=0,zoom_range =
                    0.2,rotation_range = 20,
                    preprocessing_function=pre_process)

 # For validation no data augmentation on image mean subtraction
preprocessing
val_datagen = ImageDataGenerator(preprocessing_function=pre_process)


# We build the train generator using flow_from_directory
train_generator = train_datagen.flow_from_directory(train_dir,
        target_size=(dim,dim),
        batch_size=batch_size,
        class_mode='categorical')

# We build the validation generator using flow_from_directory
val_generator = val_datagen.flow_from_directory(val_dir,
        target_size=(dim,dim),
        batch_size=batch_size,
        class_mode='categorical')
```

在上面的代码中，我们通过 pre_process 函数给 ImageDataGenerator 类传递了一个额外的任务，即减去平均像素，因为我们不能直接将图像数据加载到内存中。在 preprocessing_function 选项中，我们可以传递任意自定义的函数来指定特定的预处理任务。

通过 train_dir 和 val_dir，我们将训练路径和验证路径传递给 flow_with_directory 选项。生成器通过查看传入的训练数据目录（此处为 train_dir）中的类别文件夹数来识别类别的数量。在训练期间，基于 target_size 的图像被读入由 batch_size 指定的内存中。

class_mode 帮助生成器识别它是二元分类还是类别（'categotical'）分类。

详细的实现代码在 GitHub 上 https://github.com/PacktPublishing/Python-Artificial-Intelligence-

Projects/tree/master/Chapter02 的 TransferLearning_ffd.py 文件中。可以通过如下的方式调用 TransferLearning_ffd.py：

```
python TransferLearning_ffd.py  --path '/media/santanu/9eb9b6dc-b380-486e-
b4fd-c424a325b976/book AI/Diabetic
Retinopathy/Extra/assignment2_train_dataset/' --class_folders
'["class0","class1","class2","class3","class4"]' --dim 224  --lr 1e-4 --
batch_size 32 --epochs 50 --initial_layers_to_freeze 10 --model InceptionV3
--outdir '/home/santanu/ML_DS_Catalog-/Transfer_Learning_DR/'
```

作业运行结束后输出的日志如下：

```
Validation results saved at : /home/santanu/ML_DS_Catalog-
/Transfer_Learning_DR/val_results.csv
[0 0 0 ... 4 2 2]
[0 0 0 ... 4 4 4]
Validation Accuracy: 0.5183708345200797
Validation Quadratic Kappa Score: 0.44422008110380984
```

正如我们从结果中看到的，通过重用现有网络并在它上面进行迁移学习，我们能够获得不错的二次 Kappa，约为 0.44。

2.14　类别分类结果

我们使用所有三种神经网络架构 VGG16、ResNet50 和 InceptionV3 来执行分类任务。对于糖尿病视网膜病变的用例，使用 InceptionV3 版本的迁移学习网络得到了最佳结果。在类别分类的情况下，我们只是将具有最大预测概率的类别转换为严重性标签。然而，由于问题中的类别具有序数性，一种利用 softmax 概率的方法是取得类别严重性关于 softmax 概率的期望值，并得到期望得分如下：

$$\hat{y} = 0p_0 + 1p_1 + 2p_2 + 3p_3 = p_1 + 2p_2 + 3p_3$$

我们可以对得分进行排序，并通过三个阈值来确定图像属于哪个类别。可以通过将这些期望得分作为特征来训练一个二级模型以选择这些阈值。建议读者参考这里介绍的方法进行试验，看它是否能提升现有的结果。

作为本章项目的一部分，我们使用迁移学习来解决这个困难的分类问题。但其实在给定数据集上从头开始训练网络，模型性能可能会更好。

2.15　在测试期间进行推断

下面的代码用于对未标记的测试数据执行推断：

```python
import keras
import numpy as np
import pandas as pd
import cv2
import os
import time
from sklearn.externals import joblib
import argparse

# Read the Image and resize to the suitable dimension size
def get_im_cv2(path,dim=224):
    img = cv2.imread(path)
    resized = cv2.resize(img, (dim,dim), cv2.INTER_LINEAR)
    return resized
# Pre Process the Images based on the ImageNet pre-trained model Image
transformation
def pre_process(img):
    img[:,:,0] = img[:,:,0] - 103.939
    img[:,:,1] = img[:,:,0] - 116.779
    img[:,:,2] = img[:,:,0] - 123.68
    return img

# Function to build test input data
def read_data_test(path,dim):
    test_X = []
    test_files = []
    file_list = os.listdir(path)
    for f in file_list:
        img = get_im_cv2(path + '/' + f)
        img = pre_process(img)
        test_X.append(img)
        f_name = f.split('_')[0]
        test_files.append(f_name)
    return np.array(test_X),test_files
```

让我们来定义推断函数：

```python
def inference_test(test_X,model_save_dest,n_class):
    folds = len(list(model_save_dest.keys()))
    pred = np.zeros((len(test_X),n_class))
    for k in range(1,folds + 1):
        model = keras.models.load_model(model_save_dest[k])
        pred = pred + model.predict(test_X)
    pred = pred/(1.0*folds)
    pred_class = np.argmax(pred,axis=1)
    return pred_class

def main(path,dim,model_save_dest,outdir,n_class):
    test_X,test_files = read_data_test(path,dim)
    pred_class = inference_test(test_X,model_save_dest,n_class)
    out = pd.DataFrame()
    out['id'] = test_files
    out['class'] = pred_class
    out['class'] = out['class'].apply(lambda x:'class' + str(x))
    out.to_csv(outdir + "results.csv",index=False)

if __name__ == '__main__':
```

```
parser = argparse.ArgumentParser(description='arguments')
parser.add_argument('--path',help='path of images to run inference on')
parser.add_argument('--dim',type=int,help='Image dimension size to
                    process',default=224)
parser.add_argument('--model_save_dest',
                    help='location of the trained models')
parser.add_argument('--n_class',type=int,help='No of classes')
parser.add_argument('--outdir',help='Output DIrectory')
args = parser.parse_args()
path = args.path
dim = args.dim
model_save_dest = joblib.load(args.model_save_dest)
n_class = args.n_class
outdir = args.outdir
main(path,dim,model_save_dest,outdir,n_class)
```

2.16 使用回归而非类别分类

我们在 2.5 节中讨论过的事情之一是，糖尿病视网膜病变病情严重程度的类别标签不是独立的分类，而是具有序数性。因此，可以尝试使用回归而非分类的迁移学习网络，来看看回归产生的结果如何。使用回归，我们唯一需要改变的是输出单元，即从 softmax 改为线性单元。事实上，我们会将其改为 ReLU，因为我们希望避免得到负数的分数。以下代码显示了基于回归版本的 InceptionV3 网络：

```
def inception_pseudo(dim=224,freeze_layers=30,full_freeze='N'):
    model = InceptionV3(weights='imagenet',include_top=False)
    x = model.output
    x = GlobalAveragePooling2D()(x)
    x = Dense(512, activation='relu')(x)
    x = Dropout(0.5)(x)
    x = Dense(512, activation='relu')(x)
    x = Dropout(0.5)(x)
    out = Dense(1,activation='relu')(x)
    model_final = Model(input = model.input,outputs=out)
    if full_freeze != 'N':
        for layer in model.layers[0:freeze_layers]:
            layer.trainable = False
    return model_final
```

与分类网络中的最小化分类交叉熵（对数损失）不同，我们将最小化回归网络的均方误差。针对回归问题最小化的损失函数如下，其中 $\hat{y}$ 是预测标签：

$$L = \frac{1}{M}\sum_{i=1}^{M}(y^i - \hat{y}^{(i)})^2$$

一旦得到预测的回归分数，就可以将分数四舍五入到最接近的严重性等级（0～4）。

2.17　使用 keras sequential 工具类生成器

keras 有一个很好的批量生成器，名为 keras.utils.sequence()，它可以帮助你灵活地自定义创建批量。实际上，使用 keras.utils.sequence() 可以设计整个轮次管道（epoch pipeline）。我们将在回归中使用这个工具集。对于迁移学习问题，我们可以使用 keras.utils.sequence() 设计一个生成器类，如下所示：

```
class DataGenerator(keras.utils.Sequence):
    'Generates data for Keras'
    def __init__(self,files,labels,batch_size=32,n_classes=5,dim=(224,224,3),shuffle=True):
        'Initialization'
        self.labels = labels
        self.files = files
        self.batch_size = batch_size
        self.n_classes = n_classes
        self.dim = dim
        self.shuffle = shuffle
        self.on_epoch_end()

    def __len__(self):
        'Denotes the number of batches per epoch'
        return int(np.floor(len(self.files) / self.batch_size))

    def __getitem__(self, index):
        'Generate one batch of data'
        # Generate indexes of the batch
        indexes = self.indexes[index*self.batch_size:
                            (index+1)*self.batch_size]

        # Find list of files to be processed in the batch
        list_files = [self.files[k] for k in indexes]
        labels = [self.labels[k] for k in indexes]

        # Generate data
        X, y = self.__data_generation(list_files,labels)

        return X, y

    def on_epoch_end(self):
        'Updates indexes after each epoch'
        self.indexes = np.arange(len(self.files))
        if self.shuffle == True:
            np.random.shuffle(self.indexes)

    def __data_generation(self,list_files,labels):
        'Generates data containing batch_size samples' # X : (n_samples,
                                                    *dim, n_channels)
        # Initialization

        X = np.empty((len(list_files),self.dim[0],self.dim[1],self.dim[2]))
        y = np.empty((len(list_files)),dtype=int)
        # print(X.shape,y.shape)
```

```
            # Generate data
            k = -1
            for i,f in enumerate(list_files):
                # print(f)
                img = get_im_cv2(f,dim=self.dim[0])
                img = pre_process(img)
                label = labels[i]
                #label =
                 keras.utils.np_utils.to_categorical(label,self.n_classes)
                X[i,] = img
                y[i,] = label
        # print(X.shape,y.shape)
            return X,y
```

在上面的代码中,我们使用 keras.utils.Sequence 定义 DataGenerator 类。

我们定义数据生成器接收图像文件名、标签、批量大小、类别数量和我们希望调整的图像大小维度作为输入。此外,我们还指定了是否希望对要在一个轮次中被处理的图像顺序进行洗牌(shuffle)。

我们指定的函数继承自 keras.utils.Sequence,因此不能在其他地方指定这些函数的特定活动。len 函数用于计算一个轮次中的批量数。

类似地,在 on_epoch_end 函数中,我们可以指定在轮次结束时要执行的活动,例如打乱在轮次中处理输入的顺序。我们可以在每个轮次中创建一组不同的数据集来进行处理。通常,当我们拥有大量数据但并不想在每个轮次都处理所有数据时,就可以进行这样的处理。__getitem__ 函数可以从特定于批量的数据点索引提取相对应的数据来创建批量。如果数据创建过程更复杂,则可以利用 __data_generation 函数来指定特定的批量数据提取逻辑。例如,我们将批量数据点索引所对应的文件名传递给 __data_generation 函数,该函数使用 opencv 读取每个图像,并通过 preprocess 函数对必须执行平均像素减法的图像进行预处理。

基于回归的迁移学习的训练函数可以编码如下:

```
def train_model(self,file_list,labels,n_fold=5,batch_size=16,
epochs=40,dim=224,lr=1e-5,model='ResNet50'):
        model_save_dest = {}
        k = 0
        kf = KFold(n_splits=n_fold, random_state=0, shuffle=True)

        for train_index,test_index in kf.split(file_list):

            k += 1
            file_list = np.array(file_list)
            labels = np.array(labels)
            train_files,train_labels =
            file_list[train_index],labels[train_index]
            val_files,val_labels =
            file_list[test_index],labels[test_index]

            if model == 'Resnet50':
                model_final =
self.resnet_pseudo(dim=224,freeze_layers=10,full_freeze='N')
```

```python
            if model == 'VGG16':
                model_final =
                    self.VGG16_pseudo(dim=224,freeze_layers=10,full_freeze='N')

            if model == 'InceptionV3':
                model_final =
self.inception_pseudo(dim=224,freeze_layers=10,full_freeze='N')
            adam =
                optimizers.Adam(lr=lr, beta_1=0.9, beta_2=0.999, epsilon=1e-08,
                        decay=0.0)
            model_final.compile(optimizer=adam,
loss=["mse"],metrics=['mse'])
            reduce_lr =
                keras.callbacks.ReduceLROnPlateau(monitor='val_loss',
                                        factor=0.50,patience=3,
                                        min_lr=0.000001)
            early =
                EarlyStopping(monitor='val_loss', patience=10, mode='min',
                        verbose=1)
            logger =
                CSVLogger('keras-5fold-run-01-v1-epochs_ib.log', separator=',',
                        append=False)
            checkpoint =
                ModelCheckpoint('kera1-5fold-run-01-v1-fold-'
                            + str('%02d' % (k + 1))
                            + '-run-' + str('%02d' % (1 + 1)) + '.check',
                            monitor='val_loss', mode='min',
                            save_best_only=True,
                            verbose=1)
            callbacks = [reduce_lr,early,checkpoint,logger]
            train_gen =
                DataGenerator(train_files,train_labels,batch_size=32,
                    n_classes=
                len(self.class_folders),dim=(self.dim,self.dim,3),shuffle=True)
            val_gen =
                DataGenerator(val_files,val_labels,batch_size=32,
                            n_classes=len(self.class_folders),
                            dim=(self.dim,self.dim,3),shuffle=True)
            model_final.fit_generator(train_gen,epochs=epochs,verbose=1,
validation_data=(val_gen),callbacks=callbacks)
            model_name =
                'kera1-5fold-run-01-v1-fold-' + str('%02d' % (k + 1)) + '-run-
                                        ' + str('%02d' % (1 + 1)) +
'.check'
            del model_final
            f = h5py.File(model_name, 'r+')
            del f['optimizer_weights']
            f.close()
            model_final = keras.models.load_model(model_name)
            model_name1 = self.outdir + str(model) + '___' + str(k)
            model_final.save(model_name1)
            model_save_dest[k] = model_name1

        return model_save_dest
```

正如我们从上面的代码中看到的，训练生成器和验证生成器是使用 DataGenerator 创建的，它继承自 keras.utils.sequence 类。推断函数可以编码如下：

```
def inference_validation(self,test_X,test_y,model_save_dest,n_class=5,
folds=5):
        print(test_X.shape,test_y.shape)
        pred = np.zeros(test_X.shape[0])
        for k in range(1,folds + 1):
            print(f'running inference on fold: {k}')
            model = keras.models.load_model(model_save_dest[k])
            pred = pred + model.predict(test_X)[:,0]
            pred = pred
            print(pred.shape)
            print(pred)
    pred = pred/float(folds)
    pred_class = np.round(pred)
    pred_class = np.array(pred_class,dtype=int)
    pred_class = list(map(lambda x:4 if x > 4 else x,pred_class))
    pred_class = list(map(lambda x:0 if x < 0 else x,pred_class))
    act_class = test_y
    accuracy = np.sum([pred_class == act_class])*1.0/len(test_X)
    kappa = cohen_kappa_score(pred_class,act_class,weights='quadratic')
    return pred_class,accuracy,kappa
```

正如我们从上面的代码中可以看到的，先计算每个折的预测平均值，然后将它四舍五入被转换为最接近的严重性类别。回归的 Python 脚本位于如下 GitHub 位置：https://github.com/PacktPublishing/Python-Artificial-Intelligence-Projects/tree/master/Chapter02/TransferLearning_reg.py。可以运行以下命令可以调用脚本：

```
python TransferLearning_reg.py --path '/media/santanu/9eb9b6dc-b380-486e-
b4fd-c424a325b976/book AI/Diabetic
Retinopathy/Extra/assignment2_train_dataset/' --class_folders
'["class0","class1","class2","class3","class4"]' --dim 224 --lr 1e-4 --
batch_size 32 --epochs 5 --initial_layers_to_freeze 10 --model InceptionV3
--folds 5 --outdir '/home/santanu/ML_DS_Catalog-
/Transfer_Learning_DR/Regression/'
```

训练的输出日志如下：

```
Model saved to dest: {1: '/home/santanu/ML_DS_Catalog-
/Transfer_Learning_DR/Regression/InceptionV3___1', 2:
'/home/santanu/ML_DS_Catalog-
/Transfer_Learning_DR/Regression/InceptionV3___2', 3:
'/home/santanu/ML_DS_Catalog-
/Transfer_Learning_DR/Regression/InceptionV3___3', 4:
'/home/santanu/ML_DS_Catalog-
/Transfer_Learning_DR/Regression/InceptionV3___4', 5:
'/home/santanu/ML_DS_Catalog-
/Transfer_Learning_DR/Regression/InceptionV3___5'}
```

可以看到，对应于 5 个折的 5 个模型已经被保存在我们指定的 Regression 文件夹中。接下来，可以在验证数据集上执行推断，并查看回归模型的表现。可以按如下方式调用相同的 Python 脚本：

```
python TransferLearning_reg.py  --path '/media/santanu/9eb9b6dc-b380-486e-
b4fd-c424a325b976/book AI/Diabetic
Retinopathy/Extra/assignment2_train_dataset/' --class_folders
'["class0","class1","class2","class3","class4"]' --dim 224  --lr 1e-4 --
batch_size 32 --model InceptionV3  --outdir '/home/santanu/ML_DS_Catalog-
/Transfer_Learning_DR/Regression/' --mode validation  --model_save_dest --
'/home/santanu/ML_DS_Catalog-
/Transfer_Learning_DR/Regression/model_dict.pkl' --folds 5
```

推断结果如下：

```
Models loaded from: {1: '/home/santanu/ML_DS_Catalog-
/Transfer_Learning_DR/Regression/InceptionV3___1', 2:
'/home/santanu/ML_DS_Catalog-
/Transfer_Learning_DR/Regression/InceptionV3___2', 3:
'/home/santanu/ML_DS_Catalog-
/Transfer_Learning_DR/Regression/InceptionV3___3', 4:
'/home/santanu/ML_DS_Catalog-
/Transfer_Learning_DR/Regression/InceptionV3___4', 5:
'/home/santanu/ML_DS_Catalog-
/Transfer_Learning_DR/Regression/InceptionV3___5'}


-----------------------------------------------------
Kappa score: 0.4662660860310418
accuracy: 0.661350042722871
End of training
-----------------------------------------------------
Processing Time 138.52878069877625 secs
```

从上面的日志中可以看到，通过将回归得分映射到最接近的严重性标签，模型实现了接近 66% 的验证准确度和约为 0.466 的二次 Kappa 得分。建议读者试验基于预测得分的二级模型，看看无论左眼还是右眼是否都能比映射到最近严重性类别的原始得分获得更好的结果。

2.18　总结

在本章中，我们讨论了实现迁移学习的各个实际方面，以及如何运用迁移学习解决医疗领域的现实问题。希望读者可以尽可能地尝试修改和定制这些示例，来进一步完善和理解这些概念。

基于分类和回归的神经网络所实现的准确度和 kappa 得分都已经足够好，能够应用于生产实践中。在第 3 章中，我们将尝试实现智能机器翻译系统，这是一个比本章介绍的内容更高级的主题。

CHAPTER 3

第 3 章

神经机器翻译

机器翻译（machine translation）简单来说就是使用计算机将文本从一种语言翻译成另外一种语言。它是计算机语言学的一个分支，已经有几年的研究历史。目前在美国，翻译是一个价值 400 亿美元的产业，而同时在欧洲和亚洲，翻译的市场也在快速增长。翻译在社会、政府、经济等方面都有巨大的商业需求，并被诸如 Google、Facebook、eBay 等众多公司广泛使用。Google 的神经机器翻译是众多翻译系统中最为先进的，能够仅使用一种模型执行多种语言的翻译。

早期的机器翻译系统始于单纯地将文本中的单词和短语翻译成目标语言的相关替代词语。然而，这些简单的技术有诸多限制，难以获得较高的翻译质量，原因如下：

- 从源语言到目标语言的单词到单词映射并不总是可行的。
- 即使源语言和目标语言之间确实存在确切的单词到单词映射，但两种语言的句法结构通常不会相互对应。这个问题在机器翻译中通常被称为错位（misalignment）。

然而，随着循环神经网络（Recurrent Neural Network, RNN）架构的最新进展，诸如长短期记忆(Long Short-Term Memory，LSTM)、门控循环单元（Gated Recurrent Unit, GRU）等新技术的出现，不仅改进了机器翻译的质量，并且翻译系统的复杂性也比传统技术大幅降低。

机器翻译系统可以大致分为三类：基于规则的机器翻译、统计机器翻译和神经机器翻译。在本章中，我们将介绍以下主题：

- 基于规则的机器翻译
- 统计机器学习系统
- 神经机器翻译
- 序列到序列的神经翻译
- 神经翻译的损失函数

3.1 技术要求

你需要具备 Python 3、TensorFlow 和 Keras 的基本知识。

本章的代码文件可以在 GitHub 上找到：

https://github.com/PacktPublishing/Intelligent-Projects-using-Python/tree/master/Chapter03

3.2 基于规则的机器翻译

经典的基于规则的机器翻译系统严重依赖于文本转换规则进行从源语言到目标语言的翻译。这些规则通常由语言学家创建，在句法、语义和词汇层面工作。经典的基于规则的机器翻译系统通常有三个阶段：

- 分析阶段
- 词汇转换阶段
- 生成阶段

图 3-1 是典型的基于规则的机器翻译系统的流程图。

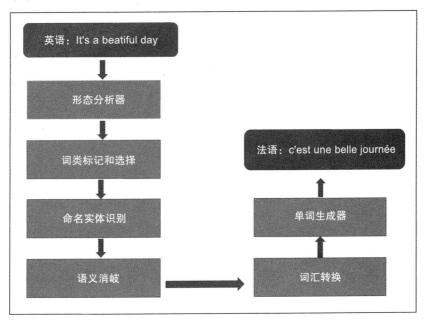

图 3-1 基于规则的翻译系统的流程图

3.2.1 分析阶段

基于规则的机器翻译的第一阶段是分析阶段，在这个阶段，会分析翻译源文本以提取与词语形态、词性、命名实体识别以及词义消歧相关的信息。形态信息涉及单词的结构、单词词干如何导出以及词根检测等。词性标注器给文本中的每个单词标注一个可能的词性标签，如名词、动词、副词、形容词等。接下来是名为命名实体识别（Named Entry Recognition, NER）的任务，它试图将命名实体分类为预定义的桶，例如人名、地点、组织名称等。命名实体识别之后是词义消歧，它试图识别某个单词在句子中的具体使用方式。

3.2.2 词汇转换阶段

词汇转换阶段在分析阶段之后，具体有两部分工作：
- 单词翻译：单词翻译是指将源语言在分析阶段得到的词根使用双语翻译词典转换为相应的目标语言的词根。
- 语法翻译：语法翻译，进行语法修改，如翻译后缀等。

3.2.3 生成阶段

在生成阶段，翻译的文本在成为最终输出文本之前会被验证和更正，以保证其使用正确的词性、性别以及主语、谓语和宾语的一致性。在每一个步骤中，机器翻译系统都使用预定义的词典。即使是一个基于规则的机器翻译系统的最小化实现，如下的词典也是必需的：
- 源语言形态分析词典
- 包含源语言单词到目标语言单词映射的双语词典
- 包含生成目标单词所需的目标语言形态信息的词典

3.3 统计机器学习系统

统计机器翻译系统可以基于给定的源文本通过最大化其条件概率来选择目标文本。例如，假设我们有源文本 s，并且我们想要导出目标语言中最好的等价文本 t，这个过程可以推导为如下的公式：

$$\hat{t} = \underset{t}{\arg\max}\, P(t/s) \tag{3-1}$$

式（3-1）中 $P(t/s)$ 的公式可以使用贝叶斯定理扩展为：

$$\hat{t} = \underset{t}{\arg\max}\, \frac{P(s/t)P(t)}{P(s)} \tag{3-2}$$

对于给定的源句子，$P(s)$ 是固定的，因此寻找最优目标文本的过程可以归结为：

$$\hat{t} = \underset{t}{\arg\max}\, P(s/t)P(t) \tag{3-3}$$

你可能会好奇为什么不直接优化 $P(t/s)$，而是求 $P(s/t)P(t)$ 的最大值，这样做的优势在哪里？通常，求解 $P(t/s)$ 的最大值很容易得到病态的句子，而将问题分为两个部分，即前面列

出的公式中的 $P(s/t)$ 和 $P(t)$，就能很好地避免这个问题，如图 3-2 所示。

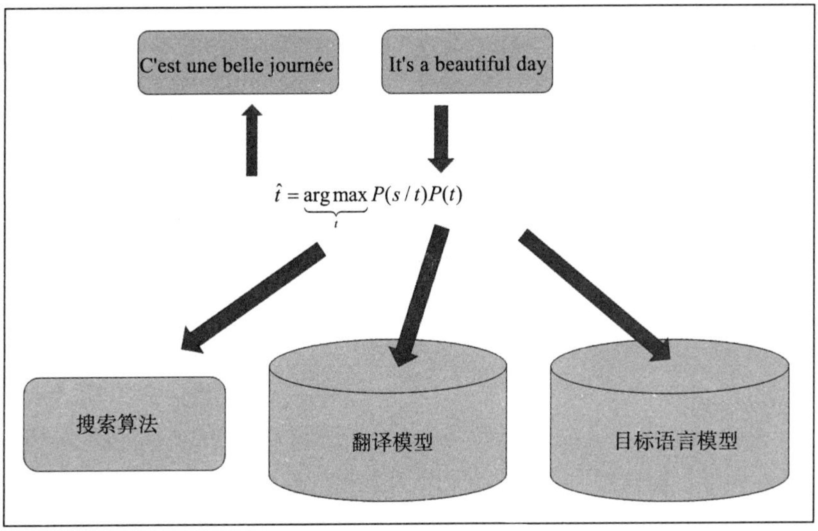

图 3-2 统计机器翻译架构

从上图可以看出，统计机器翻译问题已经被分解为前文提到的三个不同的子问题：
- 构建目标语言模型，使我们能够估计 $P(t)$。
- 构建从目标语言到源语言的翻译模型，使得我们可以估计 $P(s/t)$。
- 对可能的目标翻译进行搜索并选择一个最大化 $P(s/t)P(t)$ 的结果。

接下来，我们将分别讨论这三个主题，因为这些函数是任何机器翻译问题都要处理的。

3.3.1 语言模型

在语言模型中，句子的概率被表示为句子中每个单词或者短语的条件概率的乘积。例如，句子 t 包含 $t_1, t_2, t_3, \cdots, t_n$ 等单词。根据概率的链式法则，句子 t 的概率可以表示为如下的公式：

$$P(t) = P(t_1 t_2 \cdots t_n) = P(t_1)P(t_2/t_1)P(t_3/t_1 t_2) \cdots P(t_n/t_1 t_2 \cdots t_{n-1}) = \prod_{i=1}^{n} P(t_i/t_1 \cdots t_{n-1}) \quad (3\text{-}4)$$

如果基于上面的公式建立语言模型，将需要我们估计几种顺序的条件概率，这实际上是不可能的。为了使得这个问题在计算上变得可行，一个简单的假设是仅基于前一个单词来调整当前的单词，而不是基于之前所有的单词。这个假设也被称作马尔可夫假设，该模型被称为二元模型（bigram model）。调整后的基于前一个单词的二元模型的条件概率可表示为：

$$\hat{P}(t_n/t_1 t_2 \cdots t_{n-1}) = P(t_n/t_{n-1}) \quad (3\text{-}5)$$

为了进一步改进结果，我们可以使用三元模型（trigram model），即将句子中某个单词前面的两个单词作为条件，如下所示：

$$P(t_n/t_1t_2\cdots t_{n-1}) = P(t_n/t_{n-1}t_{n-2}) \quad (3\text{-}6)$$

对于二元模型，给定当前单词 t_1，下一个单词为 t_2 的条件概率可以通过计算得到，即计算训练集中所有 (t_1, t_2) 的组合数，并使用单词 t_1 在语料库中的总出现次数来进行标准化：

$$P(t_2/t_1) = \frac{P(t_1, t_2)}{P(t_1)} = \frac{\text{count}(t_1, t_2)}{\text{count}(t_1)} \quad (3\text{-}7)$$

对于三元模型，给定当前单词 t_3 之前的两个单词 t_1 和 t_2，则它的条件概率可以估算如下：

$$P(t_3/t_1t_2) = \frac{\text{count}(t_1, t_2, t_3)}{\text{count}(t_1, t_2)} \quad (3\text{-}8)$$

超出三元模型，通常会导致稀疏性。即使对于二元模型，我们也可能会因为一些二元组合没有出现在训练语料库中而丢失它们的条件概率。然而，那些丢失的二元单词组可能非常相关，而且估计它们的条件概率是非常重要的。毋庸置疑，n 元模型（n-gram model）倾向于对出现在训练数据中的单词对给出较高的条件概率估计，而忽略那些未出现在其中的单词组。

语言模型的困惑度

困惑度（perplexity）用于评估语言模型的有用性。让我们假设已经在训练语料库中训练了一个语言模型，并且假设学习到的句子或文本的概率模型为 $P(.)$。模型 $P(.)$ 的困惑度是在从与测试集语料库相同的人群中抽取的测试集语料库上进行评估得到的。如果我们用 M 个单词表示测试集语料库，如 $(w_1, w_2, w_3, \cdots, w_M)$，那么模型在测试集序列上的困惑度可以由以下公式表示：

$$PP = 2^H = 2^{-\frac{1}{M}\log_2 P(w_1, w_2, \cdots, w_M)} \quad (3\text{-}9)$$

公式中的 H 用于衡量每个单词的不确定性：

$$H = -\frac{1}{M}\log_2 P(w_1, w_2, \cdots w_M) \quad (3\text{-}10)$$

对于语言模型中测试语料库的概率，我们可以拆解为如下公式：

$$P(w_1, w_2, \cdots w_M) = P(w_1)P(w_2/w_1)P(w_3/w_1w_2)\cdots P(w_M/w_1w_2\cdots w_{M-1}) \quad (3\text{-}11)$$

如果根据前面的单词将测试集中第 i 个单词的概率表示为 $p(s_i)$，则测试语料库的概率如下：

$$P(w_1, w_2, \cdots w_M) = \prod_{i=1}^{M} \log_2 P(s_i) \quad (3\text{-}12)$$

这里，$p(s_i) = p(w_i/w_1w_2\cdots w_{i-1})$。结合式（3-9）和式（3-12），困惑度可以表示如下：

$$PP = 2^H = 2^{-\frac{1}{M}\prod_{i=1}^{M}P(s_i)} \tag{3-13}$$

假设有一个语言模型 $P(.)$ 和一个用来评估的测试集 "I love Machine Learning"。根据语言模型，测试集的概率可以表示为如下公式：

$P(\text{"I love Machine Learning"}) = P(\text{"I"})P(\text{"love"}/\text{"I"})P(\text{"Machine"}/\text{"I love"})$
$P(\text{"Learning"}/\text{"I love Machine"})$

如果语言模型的训练语料库也是 "I love Machine Learning"，那么测试集的概率就是 1，导致对数概率为 0，且困惑度为 1。这意味着模型可以完全确定地生成下一个单词。

另一方面，如果有一个更加接近真实世界的训练集，语料库的大小为 $N = 20\,000$，并且训练模型在测试数据集上的困惑度为 100，那么，平均来说，为了预测序列中的下一个词，我们把搜索空间从 20 000 个单词缩小到 100 个单词。

让我们看一下最糟糕的情况：我们设法建立了一个模型，每个单词与序列中的排其前面的单词都相互独立（independent）：

$$P(w_i / w_1w_2w_3\cdots w_{i-1}) = P(w_i) = \frac{1}{N}$$

对于 M 个单词的测试集，使用式（3-13）的困惑度如下：

$$PP = 2^H = 2^{-\frac{1}{M}\prod_{i=1}^{M}\log_2 P(s_i)} = 2^{-\frac{1}{M}\prod_{i=1}^{M}\log_2 \frac{1}{N}} = 2^{\frac{1}{M}\log_2 N^M} = N$$

如果我们像前面一样有大小为 $N = 20\,000$ 的训练集，那么要预测序列中的任何单词，所有的 N 个单词都需要被考虑进去，因为它们有相同的可能性。在这种情况下，我们无法通过减少平均的单词搜索空间来预测序列中的下一个单词。

3.3.2 翻译模型

翻译模型可以被认为是机器翻译模型的核心。在翻译模型中，我们需要估计概率 $P(s/t)$，其中 s 是源语言句子，t 是目标语言句子。这里源语言的句子已经给出，而我们的目标是希望找到目标语言的句子。因此，该概率可以定义为对于给定的目标句子源句子的可能性。例如，假设我们正在将源文本从法语翻译成英语。所以，在 $P(s/t)$ 的上下文中，目标语言是法语，源语言是英语。然而，在实际的翻译语境中进行翻译时，即 $P(s/t)P(t)$，源语言是法语，而目标语言是英语。

翻译主要包括三个部分：
- 繁殖能力（fertility）：并非源语言中的所有单词在目标语言中都有相应的单词。例如，英语句子："Santanu loves math" 翻译成法语为 "Santanu aim les maths"。我们可以看到，英语单词 "math" 已被翻译成法语中的两个单词，即 "les maths"。从形式上看，繁殖能力定义为由源语言翻译成目标语言的单词数量的概率分布，并且可以表示为 $P(n/w_s)$，其中 w_s 代表源语言的单词。这里使用概率分布，而不是一个硬编码的数字常量 n，是因为相同的单词可能会根据上下文生成不同长度的翻译。

- 失真（distortion）：源语言和目标语言的句子中，单词到单词之间的对应关系对于任何机器翻译系统都十分重要。但是，源语言句子中每个单词的位置并不总是能完全同步地对应到目标语言句子中的相应位置。失真通过概率函数 $P(p_t/p_s, l)$ 涵盖了对齐的概念，其中 p_t 和 p_s 分别表示单词在目标句子和源句子中的位置，l 表示目标句子的长度。如果源语言是英语，而目标语言是法语，那么 $P(p_t/p_s, l)$ 表示给定长度为 l 的法语句子在位置 p_s 处的英文单词对应于法语句子中 p_t 处的单词的概率。

- 单词到单词的翻译：最后，我们来看单词到单词的翻译，这通常由给出源语言单词的目标语言单词的概率分布表示。对于给定的源语言单词 w_s，概率可以表示为 $P(w_t, w_s)$，其中 w_t 代表目标语言单词。

对于一个语言模型，繁殖概率、失真概率以及单词到单词的翻译概率都需要在训练过程中被估算。

现在，让我们回到估算概率 $P(s/t)$ 的原始问题上。假设用 E 表示英语句子，用 F 表示法语句子，那么我们需要计算概率 $P(F/E)$。为了将单词的对齐考虑在内，修改概率为 $P(F, a/E)$，其中 a 代表目标法语句子中对齐的单词。这种对齐有助于我们将失真以及繁殖能力有关的信息考虑在内。

现在，让我们通过一个例子来计算概率 $P(F, a/E)$。假设一个特定的英语句子由 5 个单词组成，即 $e = (e_1, e_2, e_3, e_4, e_5)$，它实际上是实际的法语句子 $f = (f_1, f_2, f_3, f_4, f_5, f_6)$ 的正确翻译。并且，相应的单词对齐方式如下：

- $e_1 \rightarrow f_6$
- $e_2 \rightarrow$ 在法语中没有任何对应的单词
- $e_3 \rightarrow f_3, f_4$
- $e_4 \rightarrow f_1$
- $e_4 \rightarrow f_2$
- $f_5 \rightarrow$ 在英语中没有任何对应的单词

由于这是一个概率模型，算法将尝试将不同对齐情况下的不同英语句子进行对比，在其中，对于给定的法语句子，正确的英语单词与正确的对齐应该具有最高概率。

让我们考虑第一个英语单词 e_1（它与法语单词 f_6 对齐）并可能得到一个法语单词的概率，如下：

$$P(f_6, a/e_1) = P(f_6/e_1)P(a/e_1, f_6) \qquad (3\text{-}14)$$

现在，让我们将失真 a_d 以及繁殖能力 f_d 与对齐一同考虑，式（3-14）可以被改写如下：

$$P(f_6, a/e_1) = P(f_6/e_1)P(a/e_1, f_5) = P(f_6/e_1)P(a_d, a_f/e_1, f_6) \qquad (3\text{-}15)$$
$$= P(f_5/e_1)P(a_f/e_1)P(a_d/e_1, f_5)$$

如果仔细观察，可以发现 $P(f_s/e_1)$ 是翻译概率，$P(a_f/e_1)$ 是繁殖概率，而 $P(a_d/e_1, f_s)$ 是失真概率。我们需要为英语句子中给定的英语单词与给定的法语句子的对齐按同样的方式计算概率，从而得到 $P(F, a/E)$。最后，我们通过最大化概率 $P(F, a/E)$ 得到最佳的英语句子。如下面的公式所示：

$$\hat{E}, \hat{a} = \underset{E, a}{\arg\max} P(F, a/E)P(E)$$

这里需要注意的一件事是，如果为了寻找最佳翻译而尝试所有不同的对齐和不同的可能单词，可能会在计算上变得难以处理，因此，需要实现更聪明的算法以便能在最短的时间内找到最好的翻译。

3.4 神经机器翻译

神经机器翻译（Neural Machine Translation，NMT）使用深度神经网络执行从源语言到目标语言的机器翻译。神经翻译机接收源语言文本作为输入序列，并将这些文本编码为隐藏的表示，然后将其解码回来以产生翻译成目标语言的文本序列。神经机器翻译系统最主要的优点之一是整个翻译系统可以从端到端一起训练，这点不同于基于规则和统计机器学习的翻译系统。通常，神经翻译机器采用 RNN 架构，如长期短期记忆（Long Short Term Memory，LSTM）和 / 或门控循环单元（Gated Recurrent Unit，GRU）。

与其他传统方法相比，NMT 有如下一些优点：
- NMT 模型的所有参数都是基于损失函数由端到端进行训练的，从而降低了模型的复杂性。
- 这些 NMT 模型使用比传统方法大得多的上下文，因此能产生更准确的翻译。
- NMT 模型能更好地利用单词和短语相似性。
- RNN 允许生成更高质量的文本，因此翻译文本的语法更为准确。

3.4.1 编码器 – 解码器模型

下图展示了一个使用 LSTM 作为编码器的神经翻译机的架构，其中 LSTM 编码器将输入的源语言序列编码为最终隐藏状态 h_f 和最终记忆单元状态 c_f。最终隐藏状态和单元状态 $[h_f, c_f]$ 将捕获整个输入序列的上下文。因此 $[h_f, c_f]$ 成为一个可以调节解码器网络的很好的候选项。

该隐藏和单元状态信息 $[h_f, c_f]$ 作为初始隐藏和单元状态被输送到解码器网络中，然后在目标序列上训练解码器，同时，输入序列相对于输出目标序列滞后一个单元。对于解码器，输入序列的第一个单词是虚拟（dummy）单词 [START]，而输出标签是单词 c'est。解码器网络被训练成生成语言模型，在任何时间步 t，输出标签只是相对于下一个单词的输入，即 $y_t = x_{t+1}$。唯一的新变化是，解码器的最终隐藏状态和单元状态（即 $[h_f, c_f]$）被输入到解码器的初始隐藏和单元状态，以提供翻译内容。

这意味着训练过程可以被视为以表示源语言的编码器的隐藏状态为条件，为目标语言（由解码器表示）构建一个语言模型的过程，如图 3-3 所示。

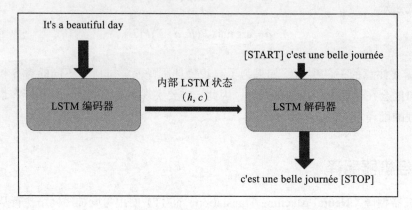

图 3-3　神经机器翻译系统的编码器 – 解码器架构

如果 T 是与源语言文本 S 对应的目标语言文本，那么训练就是试图最大化相对于 W 的对数概率 $P_w(T_{t+1}/S, T)$，其 T_{t+1} 表示下一个时间步的目标语言文本，W 表示编码器 – 解码器架构的模型参数。

我们已经讨论了使用编码器 – 解码器模型训练 NMT 的过程，下面介绍如何在推断中使用训练好的模型。

3.4.2　使用编码器 – 解码器模型进行推断

在 NMT（神经翻译机）上运行推断的架构流程与训练 NMT 的流程略有不同。图 3-4 是使用 NMT 执行推断的架构流程。

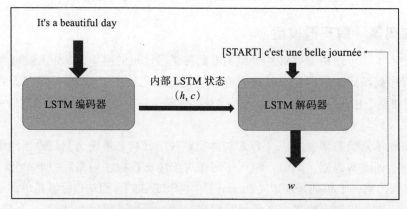

图 3-4　基于编码器 / 解码器的神经机器翻译的推断流程

在推断期间,源语言输入序列被输入到编码器网络,所产生的最终隐藏和单元状态 [h_f, c_f] 被输入到解码器隐藏和单元状态。该解码器被转换成单个时间步,第一个输入到解码器的输入是虚拟单词 [START]。因此,基于 [h_f, c_f] 和初始虚拟单词 [START],解码器将输出一个单词 w 以及新的隐藏和单元状态 [h_d, c_d]。这个单词 w 又以新的隐藏和单元状态 [h_d, c_d] 被再次输入到解码器,以生成下一个单词。此过程重复,直到遇到序列结束字符。

3.5 实现序列到序列的神经机器翻译

我们将建立一个神经机器翻译系统,学习将简短英语句子翻译成法语。为此,我们将使用英语到法语的文本语料库(fra-eng/fra.txt),它位于 http://www.manythings.org/anki/ 网站。

3.5.1 处理输入数据

由于神经网络只能理解数字,因此不能将文本数据直接输入到神经网络中。我们将每个单词转换为训练语料库向量的独热编码,编码长度等于语料库中存在的唯一单词数量。如果英语语料库包含 1000 个单词,独热编码向量 v_e 的维数就是 1000,即 $v_e \in R^{1000 \times 1}$。

我们将读入英语和法语语料库分别确定其中唯一单词的数量。我们还将通过索引表示单词,对于独热编码的单词,对应于该单词的索引将被设置为 1,而其余索引将设为 0。例如,让我们假设在英语语料库中有 4 个单词:Global warming is real,那么可以定义每个单词的索引为:

单词	索引
Global	0
warming	1
is	2
real	3

在这种情况下,我们可以将单词 Global 的编码向量定义为 $[1, 0, 0, 0]^T$。类似地,real 的独热编码向量可以表示为 $[0, 0, 0, 1]^T$。

现在,转向源语言输入的每个句子或记录,我们将用一个独热编码向量的序列来代表单词序列。下一个很明显的问题是如何管理序列长度,因为它们的长度可能不尽相同。通常采用的方法是使用固定序列长度,该值可以是语料库中最大序列长度,也可以是一个合理的预定序列长度。我们将两次使用目标语句,一次作为解码器的翻译输出序列,另一次作为解码器的输入,唯一的区别在于输出序列比输入序列提前一个时间步。所以,输入目标序列中的第一个单词将是虚拟单词 [START],而输出目标序列中的最后一个单词将是虚拟单词 [END],用以表示句子序列的结尾。

如果目标法语句子是"Je m'appelle Santanu",则输入目标和解码器中的输出目标序列如下:

```
[START],[Je],[m'appelle] [Santanu]
[Je],[m'appelle] [Santanu][END]
```

我们选择用制表符(TAB)表示 [START],用换行符(\n)表示 [END]。

我们将数据创建活动分为三个部分:

❏ 读取源语言(英语)和目标语言(法语)文本的输入文件。

❏ 根据源语言和目标语言文本构建词汇表。

❏ 将输入的英语和法语语料库处理为其数字表示,这样它们就可以用在神经翻译机器网络中。

这里列出的 read_input_file 函数可用于读取源语言和目标语言的文本:

```
def read_input_file(self,path,num_samples=10e13):
    input_texts = []
    target_texts = []
    input_words = set()
    target_words = set()

    with codecs.open(path, 'r', encoding='utf-8') as f:
        lines = f.read().split('\n')

    for line in lines[: min(num_samples, len(lines) - 1)]:
        input_text, target_text = line.split('\t')
          # \t as the start of sequence
        target_text = '\t ' + target_text + ' \n'
          # \n as the end of sequence
        input_texts.append(input_text)
        target_texts.append(target_text)
        for word in input_text.split(" "):
            if word not in input_words:
                input_words.add(word)
        for word in target_text.split(" "):
            if word not in target_words:
                target_words.add(word)

    return input_texts,target_texts,input_words,target_words
```

vocab_generation 函数可用于构建源语言和目标语言的语料库:

```
def vocab_generation(self,path,num_samples,verbose=True):

    input_texts,target_texts,input_words,target_words =
    self.read_input_file(path,num_samples)
    input_words = sorted(list(input_words))
    target_words = sorted(list(target_words))
    self.num_encoder_words = len(input_words)
    self.num_decoder_words = len(target_words)
    self.max_encoder_seq_length =
```

```
max([len(txt.split(" ")) for txt in input_texts])
self.max_decoder_seq_length =
max([len(txt.split(" ")) for txt in target_texts])

if verbose == True:
    print('Number of samples:', len(input_texts))
    print('Number of unique input tokens:',
          self.num_encoder_words)
    print('Number of unique output tokens:',
          self.num_decoder_words)
    print('Max sequence length for inputs:',
          self.max_encoder_seq_length)
    print('Max sequence length for outputs:',
          self.max_decoder_seq_length)
self.input_word_index =
dict([(word, i) for i, word in enumerate(input_words)])
self.target_word_index =
dict([(word, i) for i, word in enumerate(target_words)])
self.reverse_input_word_dict =
dict((i, word) for word, i in self.input_word_index.items())
self.reverse_target_word_dict =
dict((i, word) for word, i in self.target_word_index.items())
```

输入文本、目标文本以及由之前函数所构建的词汇表被输入 process_input 函数中，以便将文本数据转换为可以由神经翻译机器使用的数字表示。process_input 函数的代码如下：

```
def process_input(self,input_texts,target_texts=None,verbose=True):

encoder_input_data =
np.zeros((len(input_texts), self.max_encoder_seq_length,
          self.num_encoder_words), dtype='float32')
decoder_input_data =
 np.zeros((len(input_texts), self.max_decoder_seq_length,
           self.num_decoder_words), dtype='float32')

decoder_target_data =
np.zeros((len(input_texts), self.max_decoder_seq_length,
          self.num_decoder_words), dtype='float32')
if self.mode == 'train':
    for i, (input_text, target_text) in
        enumerate(zip(input_texts,target_texts)):
        for t, word in enumerate(input_text.split(" ")):
            try:
                encoder_input_data[i, t,
                                   self.input_word_index[word]] = 1.
            except:
                print(f'word {word}
                    encoutered for the 1st time, skipped')
        for t, word in enumerate(target_text.split(" ")):
            # decoder_target_data is ahead of decoder_input_data
              by one timestep
                decoder_input_data[i, t,
                self.target_word_index[word]] = 1.
```

```
            if t > 0:
            # decoder_target_data will be ahead by one timestep
            #and will not include the start character.
                try:
                    decoder_target_data[i, t - 1,
                    self.target_word_index[word]] = 1.
                except:
                    print(f'word {word}
                        encoutered for the 1st time,skipped')

    return
    encoder_input_data,decoder_input_data,decoder_target_data,
    np.array(input_texts),np.array(target_texts)

else:
    for i, input_text in enumerate(input_texts):
        for t, word in enumerate(input_text.split(" ")):
            try:
                encoder_input_data[i, t,
                        self.input_word_index[word]] = 1.
            except:
                print(f'word {word}
                encoutered for the 1st time, skipped')


    return encoder_input_data,None,None,np.array(input_texts),None
```

encoder_input_data 变量会包含输入源数据,并且是一个三维数组,包含记录数、时间步数以及每个独热编码向量的维度。同样地,decoder_input_data 会包含输入目标数据,而 decoder_target_data 包含目标标签。执行完上述函数后,将生成训练神经翻译机器所需的所有相关输入和输出。以下代码块包含对 40 000 个样本执行 vocab_generation 函数得到的统计信息:

```
('Number of samples:', 40000)
('Number of unique input tokens:', 8658)
('Number of unique output tokens:', 16297)
('Max sequence length for inputs:', 7)
('Max sequence length for outputs:', 16)
```

从上面的统计数据我们可以看到,语料库中输入的英文单词的数量为 40 000,文本单词数为 8658,而相应的法语单词数为 16 297。这表明每一个英语单词平均对应两个法语单词。同样,我们可以看到,英语句子中最长的句子的单词数是 7,而在法语句子中,如果排除为了训练而必须添加的 [START] 和 [END] 字符,最长的句子单词数是 14。这也证实了平均每个英语将被翻译成两个法语单词的推论。让我们看一下神经翻译机器的输入和目标的形状:

```
('Shape of Source Input Tensor:',(40000, 7, 8658))
('Shape of Target Input Tensor:',(40000, 16, 16297))
(Shape of Target Output Tensor:',(40000, 16, 16297))
```

编码器数据的形状为（40000, 7, 8658），其中第一个维度为源语言句子的数量，第二维度为时间步数，最后的维度是独热编码向量的大小，即 8658，对应于英语词汇表中的 8658 个源语言单词。同样，对于目标输入和输出向量，独热编码向量的大小为 16297，对应于法语词汇表中的 16297 个单词。法语句子中时间步数是 16。

3.5.2 定义神经翻译机器的模型

如前所述，编码器将通过 LSTM 处理源输入序列，并将源文本编码为有意义的摘要（summary）。有意义的摘要会存储在序列最后步骤的隐藏和单元状态 h_f 和 c_f 中。这些向量（即 $[h_f; c_f]$）一起提供了有关源文本的有意义的上下文，并训练解码器，以隐藏和单元状态为条件产生它自己的目标序列 $[h_f; c_f]$。

图 3-5 是英语到法语的翻译训练过程的详细流程图。英语句子"It's a beautiful day"通过 LSTM 转换为有意义的摘要，然后将其存储在隐藏和单元状态向量 $[h_f; c_f]$ 中。之后解码器基于输入源句子中隐藏在 $[h_f; c_f]$ 中的信息生成自己的目标序列。在时间步 t，解码器基于源句子预测下一个目标词，即在时间步 $t+1$ 的单词。这也是目标输入单词和目标输出单词之间存在一个时间步滞后的原因。对于第一个时间步，解码器在目标文本语句中没有任何先前的单词，因为唯一可以用来预测目标单词的信息编码在 $[h_f; c_f]$ 中，而后者是初始隐藏和单元状态向量。与编码器一样，解码器也使用 LSTM，并且正如所讨论的那样，输出目标序列比输入目标序列提前一个时间步，如图 3-5 所示。

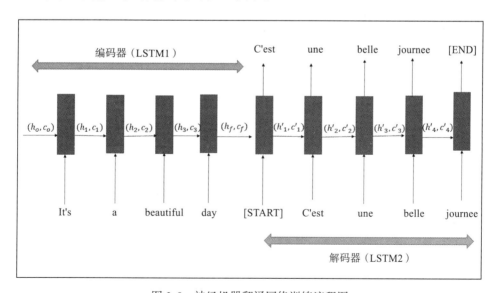

图 3-5 神经机器翻译网络训练流程图

基于图 3-5 所示的架构，我们在函数 model_enc_dec 中定义了用于训练的编码器–解码器端到端模型。其中，编码器（LSTM1）按顺序接收源语言文本单词，并在编码器

（LSTM1）的最终步骤中捕获源语言序列或文本的全部上下文。该上下文从编码器作为初始状态被输入到解码器（LSTM2），解码器基于当前单词预测下一个单词，因为在训练期间我们有目标语言的句子/文本，因此解码器可以让它的输入只移动一个时间步以形成目标：

```python
def model_enc_dec(self):
    #Encoder Model
    encoder_inp = Input(shape=(None,self.num_encoder_words),name='encoder_inp')
    encoder = LSTM(self.latent_dim, return_state=True,name='encoder')
    encoder_out,state_h, state_c = encoder(encoder_inp)
    encoder_states = [state_h, state_c]

    #Decoder Model
    decoder_inp = Input(shape=(None,self.num_decoder_words),name='decoder_inp')
    decoder_lstm = LSTM(self.latent_dim, return_sequences=True, return_state=True,name='decoder_lstm')
    decoder_out, _, _ = decoder_lstm(decoder_inp, initial_state=encoder_states)
    decoder_dense = Dense(self.num_decoder_words, activation='softmax',name='decoder_dense')
    decoder_out = decoder_dense(decoder_out)
    print(np.shape(decoder_out))
    #Combined Encoder Decoder Model
    model = Model([encoder_inp, decoder_inp], decoder_out)
    #Encoder Model
    encoder_model = Model(encoder_inp,encoder_states)
    #Decoder Model
    decoder_inp_h = Input(shape=(self.latent_dim,))
    decoder_inp_c = Input(shape=(self.latent_dim,))
    decoder_input = Input(shape=(None,self.num_decoder_words,))
    decoder_inp_state = [decoder_inp_h,decoder_inp_c]
    decoder_out,decoder_out_h,decoder_out_c = decoder_lstm(decoder_input,initial_state=decoder_inp_state)
    decoder_out = decoder_dense(decoder_out)
    decoder_out_state = [decoder_out_h,decoder_out_c]
    decoder_model = Model(inputs = [decoder_input] + decoder_inp_state,output= [decoder_out]+ decoder_out_state)
    plot_model(model,show_shapes=True, to_file=self.outdir +
            'encoder_decoder_training_model.png')
    plot_model(encoder_model,show_shapes=True, to_file=self.outdir +
            'encoder_model.png')
    plot_model(decoder_model,show_shapes=True, to_file=self.outdir +
            'decoder_model.png')

    return model,encoder_model,decoder_model
```

虽然训练模型是一个简单的端到端模型，但推断模型就不这么直观了，因为我们不知道每个时间步的解码器输入。我们将在 3.5.5 节更详细地讨论推断模型。

3.5.3 神经翻译机器的损失函数

神经翻译机器的损失函数是预测模型序列中的每个目标单词时的平均交叉熵损失。实际的目标单词和预测的目标单词可以是我们所拥有的法语语料库中 16 297 个单词中的任何一个。在时间步骤 t 的目标标签将是独热编码向量 $y_t \in \{0, 1\}^{16297}$,而预测目标单词的输出则是 16 297 个单词中的每个单词出现在法语词汇表中的概率表示。如果我们将预测的输出概率向量表示为 $p \in \{0, 1\}^{16297}$,则特定句子 s 在每个特定的时间步的平均分类损失可以表示为:

$$C_{t,s} = -\sum_{i=1}^{16297} y_t^{(i)} \log p_t^{(i)}$$

我们通过对所有序列时间步的损失求和得到整个句子的损失,如下所示:

$$C_s = \sum_t C_{t,s} = -\sum_t \sum_{i=1}^{16297} y_t^{(i)} \log p_t^{(i)}$$

由于我们使用小批量随机梯度下降,因此小批量的平均损失可以通过计算小批量中所有句子的平均损失来获得。如果小批量大小为 m,则每个小批量的平均损失如下:

$$C = \frac{1}{m} \sum_s C_s = -\frac{1}{m} \sum_s \sum_t \sum_{i=1}^{16297} y_{s,t}^{(i)} \log p_{s,t}^{(i)}$$

小批量损失用于计算随机梯度下降的梯度。

3.5.4 训练模型

我们首先运行 model_enc_dec 函数来定义用于训练的模型,以及用于推断的函数 encoder_model 和 decoder_model,然后用 categorical_crossentropy 损失以及 rmsprop 优化器编译该模型。我们可以试验其他的优化器,例如 Adam、使用 momentum 的 SDG 函数等,但是目前,我们仍将使用 rmsprop。train 函数可以定义为:

```
# Run training
    def train(self,encoder_input_data,decoder_input_data,
          decoder_target_data):
        print("Training...")
        model,encoder_model,decoder_model = self.model_enc_dec()

        model.compile(optimizer='rmsprop', loss='categorical_crossentropy')

        model.fit([encoder_input_data, decoder_input_data],
              decoder_target_data,
              batch_size=self.batch_size,
              epochs=self.epochs,
              validation_split=0.2)
# Save model
        model.save(self.outdir + 'eng_2_french_dumm.h5')
        return model,encoder_model,decoder_model
```

我们使用 80% 的数据训练模型，并用剩余的 20% 做验证。训练 / 测试数据用如下函数进行分组：

```
def train_test_split(self,num_recs,train_frac=0.8):
    rec_indices = np.arange(num_recs)
    np.random.shuffle(rec_indices)
    train_count = int(num_recs*0.8)
    train_indices = rec_indices[:train_count]
    test_indices = rec_indices[train_count:]
    return train_indices,test_indices
```

3.5.5　构建推断模型

让我们回忆一下推断模型的工作机制，并看看如何使用已经训练过的模型的组件来构建推断模型。模型的编码器部分应该通过将源语言中的文本句子作为输入进行工作，并提供最终隐藏和单元状态 [h_f; c_f] 作为输出。我们不能按原样使用解码器网络，因为目标语言输入单词不能再被输入到解码器中。与此不同，我们会收缩解码器网络为仅含单个时间步的网络，并提供该时间步的输出作为下一个时间步的输入。我们用虚拟单词 [START] 作为输入解码器的第一个单词，同时输入其初始隐藏和单元状态 [h_f; c_f]。由解码器以 [START] 和 [h_f; c_f] 作为输入生成的目标输出单词 w_1 与隐藏和单元状态 [h_f; c_f] 被再次输入到解码器中，以生成下一个单词，重复该过程直到解码器输出虚拟单词 [END]。图 3-6 逐步说明了推断的过程。

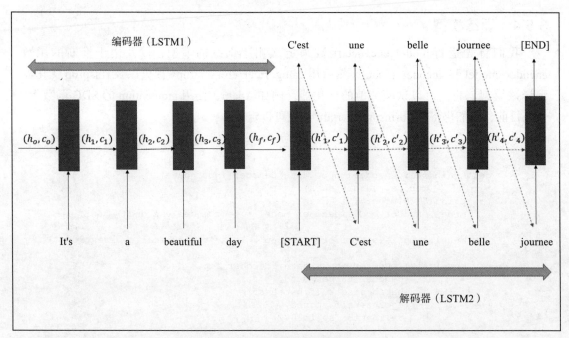

图 3-6　逐步说明推断过程

正如从上图中可以看到的，解码器的第一步输出是 C'est，而隐藏和单元状态是 $[h_1'; c_1']$。然后，它们被再次输入到解码器中生成下一个单词，以及下一组隐藏和单元状态。这一过程一直重复，直到解码器输出虚拟结束字符 [END] 为止。

为了进行推断，我们可以按原样使用网络的编码器部分，并修改解码器使其收缩为只包含一个时间步。回顾一下，无论 RNN 是由一个还是几个时间步组成，与 RNN 相关联的权重都不会改变，因为 RNN 的所有时间步共享相同的权重。

对于推断来说，我们可以看到函数 model_enc_dec 使用训练模型的编码器部分（encoder_model）。类似地，使用相同的 LSTM 解码器定义单独的 decoder_model，它的输入为隐藏状态、单元状态和输入单词，输出为目标单词和更新的隐藏和单元状态。为清楚起见，我们再次重复定义函数 model_enc_dec，其中包含推断模型 encoder_model 和 decoder_model 的定义：

```
def model_enc_dec(self):
    #Encoder Model
    encoder_inp = Input(shape=(None,self.num_encoder_words),name='encoder_inp')
    encoder = LSTM(self.latent_dim, return_state=True,name='encoder')
    encoder_out,state_h, state_c = encoder(encoder_inp)
    encoder_states = [state_h, state_c]

    #Decoder Model
    decoder_inp = Input(shape=(None,self.num_decoder_words),name='decoder_inp')
    decoder_lstm = LSTM(self.latent_dim, return_sequences=True, return_state=True,name='decoder_lstm')
    decoder_out, _, _ = decoder_lstm(decoder_inp, initial_state=encoder_states)
    decoder_dense = Dense(self.num_decoder_words, activation='softmax',name='decoder_dense')
    decoder_out = decoder_dense(decoder_out)
    print(np.shape(decoder_out))
    #Combined Encoder Decoder Model
    model = Model([encoder_inp, decoder_inp], decoder_out)
    #Encoder Model
    encoder_model = Model(encoder_inp,encoder_states)
    #Decoder Model
    decoder_inp_h = Input(shape=(self.latent_dim,))
    decoder_inp_c = Input(shape=(self.latent_dim,))
    decoder_input = Input(shape=(None,self.num_decoder_words,))
    decoder_inp_state = [decoder_inp_h,decoder_inp_c]
    decoder_out,decoder_out_h,decoder_out_c = decoder_lstm(decoder_input,initial_state=decoder_inp_state)
    decoder_out = decoder_dense(decoder_out)
    decoder_out_state = [decoder_out_h,decoder_out_c]
    decoder_model = Model(inputs = [decoder_input] + decoder_inp_state,output= [decoder_out]+ decoder_out_state)
    plot_model(model,to_file=self.outdir +
```

```
                               'encoder_decoder_training_model.png')
        plot_model(encoder_model,to_file=self.outdir + 'encoder_model.png')
        plot_model(decoder_model,to_file=self.outdir + 'decoder_model.png')

        return model,encoder_model,decoder_model
```

解码器一次操作一个时间步。在第一个实例中,它会从编码器获取隐藏和单元状态,并根据虚拟单词 [START] 猜测翻译的第一个单词。在第一步中预测的单词以及生成的隐藏和单元状态被再次馈送到解码器,以预测第二个单词,该过程继续,直到预测到表示句子结尾的虚拟单词 [END] 为止。

现在我们已经定义了将源句子/文本翻译成目标语言对应文件所需的所有函数,我们将它们组合起来构建一个函数。该函数在给定源语言输入序列或句子的情况下生成翻译序列:

```
    def decode_sequence(self,input_seq,encoder_model,decoder_model):
        # Encode the input as state vectors.
        states_value = encoder_model.predict(input_seq)

        # Generate empty target sequence of length 1.
        target_seq = np.zeros((1, 1, self.num_decoder_words))
        # Populate the first character of target sequence
          with the start character.
        target_seq[0, 0, self.target_word_index['\t']] = 1.

        # Sampling loop for a batch of sequences
        stop_condition = False
        decoded_sentence = ''

        while not stop_condition:
            output_word, h, c = decoder_model.predict(
                [target_seq] + states_value)

            # Sample a token
            sampled_word_index = np.argmax(output_word[0, -1, :])
            sampled_char =
            self.reverse_target_word_dict[sampled_word_index]
            decoded_sentence = decoded_sentence + ' ' + sampled_char

            # Exit condition: either hit max length
            # or find stop character.
            if (sampled_char == '\n' or
            len(decoded_sentence) > self.max_decoder_seq_length):
                stop_condition = True

            # Update the target sequence (of length 1).
            target_seq = np.zeros((1, 1, self.num_decoder_words))
            target_seq[0, 0, sampled_word_index] = 1.

            # Update states
            states_value = [h, c]

        return decoded_sentence
```

模型训练结束后,我们就可以在保留数据集上进行推断并验证翻译质量。推断函数可以编码如下：

```
def inference(self,model,data,encoder_model,decoder_model,in_text):
    in_list,out_list = [],[]
    for seq_index in range(data.shape[0]):

        input_seq = data[seq_index: seq_index + 1]
        decoded_sentence = 
        self.decode_sequence(input_seq,encoder_model,decoder_model)
        print('-')
        print('Input sentence:', in_text[seq_index])
        print('Decoded sentence:',decoded_sentence)
        in_list.append(in_text[seq_index])
        out_list.append(decoded_sentence)
    return in_list,out_list
```

通过如下方式调用 Python 脚本 MachineTranslation.py，可以在保留数据集上训练和验证机器翻译模型：

```
python MachineTranslation.py --path '/home/santanu/ML_DS_Catalog/Machine
Translation/fra-eng/fra.txt' --epochs 20 --batch_size 32 -latent_dim 128 --
num_samples 40000 --outdir '/home/santanu/ML_DS_Catalog/Machine
Translation/' --verbose 1 --mode train
```

我们的机器翻译模型的翻译质量很好，以下是保留数据集中几个英语句子的翻译结果：

```
('Input sentence:', u'Go.')
('Decoded sentence:', u' Va ! \n')
('Input sentence:', u'Wait!')
('Decoded sentence:', u' Attendez ! \n')
('Input sentence:', u'Call me.')
('Decoded sentence:', u' Appelle-moi ! \n')
('Input sentence:', u'Drop it!')
('Decoded sentence:', u' Laisse tomber ! \n')
('Input sentence:', u'Be nice.')
('Decoded sentence:', u' Soyez gentil ! \n')
('Input sentence:', u'Be fair.')
('Decoded sentence:', u' Soyez juste ! \n')
('Input sentence:', u"I'm OK.")
('Decoded sentence:', u' Je vais bien. \n')
('Input sentence:', u'I try.')
('Decoded sentence:', u' Je vais essayer.')
```

但是，在有些情况下机器翻译也会给出比较差的结果，如下所示：

```
('Input sentence:', u'Attack!')
('Decoded sentence:', u' ma ! \n')

('Input sentence:', u'Get up.')
('Decoded sentence:', u' un ! \n')
```

总结来说，前面介绍的神经翻译机器实现在将相对较短的英语句子翻译成法语时做得不错。我想强调的一件事是，我们使用独热编码向量来表示每种语言的输入单词。当我们使用相对较小的语料库（如只有 40 000 个单词）时，词汇表是可以接受的，因此，我们能够使用大小分别为 8658 和 16 297 的独热编码向量来处理英语和法语单词。当使用更大的语料库时，独热编码的单词向量的大小将进一步增加。而且，比较两个单词时，这种稀疏的高维向量不具有任何相似性的概念，因为即使两个单词具有几乎相同的含义，它们的余弦积也为零。在下一节中，我们将看到如何使用维度低得多的单词向量嵌入来解决这个问题。

3.5.6 单词向量嵌入

可以使用单词向量嵌入（word vector embedding）代替独热编码向量来表示密度远低于独热编码向量空间的单词。单词 w 的单词向量嵌入可以用 $v_w \in R^m$ 表示，其中 m 是单词向量嵌入的维数。正如我们所看到的，独热编码向量中每个元素只能使用二进制值 {0, 1} 表示，而单词嵌入向量中的元素可以使用任何实数表示，因此生成的表示更加密集。相似性和类比的概念也与单词向量嵌入有关。

单词向量嵌入通常通过诸如连续词袋模型（Continuous-Bag-of-Words）、skip-gram、GloVe 等技术进行训练。这里，我们不会深入地介绍它们的实现，但它们的中心思想都是以相似单词在 m 维欧几里得空间中位置很接近的方式来定义单词向量嵌入。

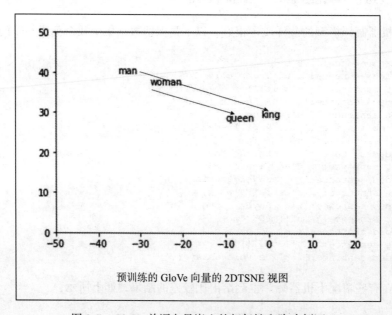

预训练的 GloVe 向量的 2DTSNE 视图

图 3-7　GloVe 单词向量嵌入的相似性和隐喻例证

在图 3-7 中，我们绘制了 GloVe 单词向量嵌入的 2D TSNE 视图，其中有 man、woman、king 和 queen 4 个英文单词。我们可以看到，man 和 woman 有内在的联系，就像 king 和 queen 一样。另外，我们可以看到 king 和 man 的向量差几乎与 queen 和 women 的向量差相同，可能代表王族成员的概念。正如我们所看到的，除了表达单词之间的相似性以外，诸如

man:king 以及 woman:queen 之类的比喻可以通过单词向量嵌入表示出来。在下一节，我们将讨论在 RNN 中使用嵌入层来将输入单词表示为单词向量嵌入，而不是独热编码向量。

3.5.7 嵌入层

嵌入层将输入字的索引作为输入，并为这个单词提供单词向量嵌入作为输出。嵌入层的维度为 $R^{d \times V}$，其中 d 是单词向量嵌入的维数，V 是单词向量嵌入的词汇表大小。嵌入层可以基于输入它的问题来学习嵌入，或者你可以提供预先训练好的嵌入层。在我们的例子中，我们会让神经翻译机器自己判断什么样的嵌入向量可以同时用于源语言和目标语言，以提供良好的翻译。最终，我们定义的每个函数都应该适当修改以适应嵌入层。

3.5.8 实现基于嵌入的 NMT

我们需要对现有函数进行一些修改以满足输入嵌入层的要求。首先，process_input 将处理输入以得到不同时间步的单词索引，而不是独热编码向量，修改的代码如下：

```
def process_input(self,input_texts,target_texts=None,verbose=True):
    encoder_input_data = np.zeros(
        (len(input_texts), self.max_encoder_seq_length),
        dtype='float32')

    decoder_input_data = np.zeros(
        (len(input_texts), self.max_decoder_seq_length),
        dtype='float32')

    decoder_target_data = np.zeros(
        (len(input_texts), self.max_decoder_seq_length,1),
        dtype='float32')

    if self.mode == 'train':
        for i, (input_text, target_text) in
                enumerate(zip(input_texts,target_texts)):
            for t, word in enumerate(input_text.split(" ")):
                try:
                    encoder_input_data[i, t] =
                    self.input_word_index[word]
                except:
                    encoder_input_data[i, t] =
                    self.num_encoder_words

            for t, word in enumerate(target_text.split(" ")):
            # decoder_target_data is ahead of decoder_input_data
                by one timestep
                try:
                    decoder_input_data[i, t] =
                    self.target_word_index[word]
                except:
                    decoder_input_data[i, t] =
                    self.num_decoder_words
```

```
                        if t > 0:
                            # decoder_target_data will be ahead by one timestep
                            #and will not include the start character.
                            try:
                                decoder_target_data[i, t - 1] =
                                self.target_word_index[word]
                            except:
                                decoder_target_data[i, t - 1] =
                                self.num_decoder_words
            print(self.num_encoder_words)
            print(self.num_decoder_words)
            print(self.embedding_dim)
            self.english_emb = np.zeros((self.num_encoder_words + 1,
                                        self.embedding_dim))
            self.french_emb = np.zeros((self.num_decoder_words + 1,
                                       self.embedding_dim))
            return
encoder_input_data,decoder_input_data,decoder_target_data,np.array(input_te
xts),
np.array(target_texts)
        else:
            for i, input_text in enumerate(input_texts):
                for t, word in enumerate(input_text.split(" ")):
                    try:
                        encoder_input_data[i, t] =
self.input_word_index[word]
```

与先前版本的 process_input 函数相比，唯一的变化是不再使用独热编码向量表示单词，而是使用单词的索引。另外，你是否注意到，我们为词汇表中不存在的单词添加了额外的索引的理想情况下，这不会发生在训练数据上，但是在测试过程中，可能会出现不在词汇表中的全新单词。

以下是输入处理的统计信息：

```
Number of samples: 40000
Number of unique input tokens: 8658
Number of unique output tokens: 16297
Max sequence length for inputs: 7
Max sequence length for outputs: 16
('Shape of Source Input Tensor:', (40000, 7))
('Shape of Target Input Tensor:', (40000, 16))
('Shape of Target Output Tensor:', (40000, 16, 1))
```

可以看到，源输入和目标输入现在有 7 和 16 个时间步，但是没有独热编码向量的维度。每个时间步都有单词的索引。

下一个修改涉及编码器和解码器网络，以便适应 LSTM 层之前的嵌入层：

```
def model_enc_dec(self):
    #Encoder Model
    encoder_inp = Input(shape=(None,),name='encoder_inp')
    encoder_inp1 =
    Embedding(self.num_encoder_words + 1,
             self.embedding_dim,weights=[self.english_emb])
```

```
            (encoder_inp)
encoder = LSTM(self.latent_dim, return_state=True,name='encoder')
encoder_out,state_h, state_c = encoder(encoder_inp1)
encoder_states = [state_h, state_c]

#Decoder Model
decoder_inp = Input(shape=(None,),name='decoder_inp')
decoder_inp1 =
Embedding(self.num_decoder_words+1,self.embedding_dim,weights=
          [self.french_emb])(decoder_inp)
decoder_lstm =
LSTM(self.latent_dim, return_sequences=True,
     return_state=True,name='decoder_lstm')
decoder_out, _, _ =
decoder_lstm(decoder_inp1,initial_state=encoder_states)
decoder_dense = Dense(self.num_decoder_words+1,
                activation='softmax',name='decoder_dense')
decoder_out = decoder_dense(decoder_out)
print(np.shape(decoder_out))
#Combined Encoder Decoder Model
model = Model([encoder_inp, decoder_inp], decoder_out)
#Encoder Model
encoder_model = Model(encoder_inp,encoder_states)
#Decoder Model
decoder_inp_h = Input(shape=(self.latent_dim,))
decoder_inp_c = Input(shape=(self.latent_dim,))
decoder_inp_state = [decoder_inp_h,decoder_inp_c]
decoder_out,decoder_out_h,decoder_out_c =
decoder_lstm(decoder_inp1,initial_state=decoder_inp_state)
decoder_out = decoder_dense(decoder_out)
decoder_out_state = [decoder_out_h,decoder_out_c]
decoder_model = Model(inputs =
              [decoder_inp] + decoder_inp_state,output=
              [decoder_out]+ decoder_out_state)

return model,encoder_model,decoder_model
```

因为输出目标标签表示为索引，而不是独热编码向量，因此训练模型需要使用sparse_categorical_crossentropy进行编译：

```
def train(self,encoder_input_data,decoder_input_data,
       decoder_target_data):
    print("Training...")

    model,encoder_model,decoder_model = self.model_enc_dec()

    model.compile(optimizer='rmsprop',
             loss='sparse_categorical_crossentropy')
    model.fit([encoder_input_data, decoder_input_data],
         decoder_target_data,
         batch_size=self.batch_size,
         epochs=self.epochs,
         validation_split=0.2)
    # Save model
    model.save(self.outdir + 'eng_2_french_dumm.h5')
    return model,encoder_model,decoder_model
```

接下来，需要修改与推断相关的函数，以适应与嵌入层相关的变化。用于推断的 encoder_model 和 decoder_model 现在分别使用针对英语词汇和法语词汇表的嵌入层。

最后，我们可以使用 decoder_model 和 encoder_model 创建序列生成器函数，如下所示：

```
def decode_sequence(self,input_seq,encoder_model,decoder_model):
    # Encode the input as state vectors.
    states_value = encoder_model.predict(input_seq)

    # Generate empty target sequence of length 1.
    target_seq = np.zeros((1, 1))
    # Populate the first character of target sequence
      with the start character.
    target_seq[0, 0] = self.target_word_index['\t']

    # Sampling loop for a batch of sequences
stop_condition = False
decoded_sentence = ''

while not stop_condition:
    output_word, h, c = decoder_model.predict(
        [target_seq] + states_value)

    # Sample a token
    sampled_word_index = np.argmax(output_word[0, -1, :])
    try:
        sampled_char = 
        self.reverse_target_word_dict[sampled_word_index]
    except:
        sampled_char = '<unknown>'
    decoded_sentence = decoded_sentence + ' ' + sampled_char

    # Exit condition: either hit max length
    # or find stop character.
    if (sampled_char == '\n' or
    len(decoded_sentence) > self.max_decoder_seq_length):
        stop_condition = True

    # Update the target sequence (of length 1).
    target_seq = np.zeros((1, 1))
    target_seq[0, 0] = sampled_word_index

    # Update states
    states_value = [h, c]

return decoded_sentence
```

可以通过运行脚本来训练模型，如下所示：

```
python MachineTranslation_word2vec.py --path '/home/santanu/ML_DS_Catalog-
/Machine Translation/fra-eng/fra.txt' --epochs 20 --batch_size 32 --
latent_dim 128 --num_samples 40000 --outdir '/home/santanu/ML_DS_Catalog-
/Machine Translation/' --verbose 1 --mode train --embedding_dim 128
```

该模型在 GeForce GTX 1070 GPU 上进行训练需要大约 9.434 分钟，包括在 32 000 条记录上训练并在 8000 条记录上运行推断。强烈建议用户使用 GPU，因为 RNN 计算量很大，如果在 CPU 上训练相同的模型可能需要几个小时。

我们可以通过运行下面的 python 脚本 MachineTranslation.py 训练机器翻译模型并在保留数据集上执行验证：

```
python MachineTranslation.py --path '/home/santanu/ML_DS_Catalog/Machine
Translation/fra-eng/fra.txt' --epochs 20 --batch_size 32 -latent_dim 128 --
num_samples 40000 --outdir '/home/santanu/ML_DS_Catalog/Machine
Translation/' --verbose 1 --mode train
```

通过单词嵌入向量方法获得的结果与独热编码单词向量的结果类似。这里提供一些来自保留数据集的推断翻译：

```
Input sentence: Where is my book?
Decoded sentence:  Où est mon Tom ?
-
Input sentence: He's a southpaw.
Decoded sentence:  Il est en train de
-
Input sentence: He's a very nice boy.
Decoded sentence:  C'est un très bon
-
Input sentence: We'll be working.
Decoded sentence:  Nous pouvons faire
-
Input sentence: May I have a program?
Decoded sentence:  Puis-je une ?
-
Input sentence: Can you make it safe?
Decoded sentence:  Peux-tu le faire
-
Input sentence: We walked to my room.
Decoded sentence:  Nous avons devons
-
Input sentence: Don't stand too close.
Decoded sentence:  Ne vous en prie.
-
Input sentence: Where's the dog?
Decoded sentence:  Où est le chien ?
-
Input sentence: He's a hopeless case.
Decoded sentence:  Il est un fait de
-
Input sentence: Where were we?
Decoded sentence:  Où fut ?
```

3.6 总结

读者现在应该对几种机器翻译方法有了很好的理解，知道了神经翻译机器与传统翻译机器的不同之处，并且掌握了如何从头开始构建神经机器翻译系统，以及如何从不同的地方扩展该系统。建议读者基于本章提供的信息和实践演示，探索利用其他语料库数据集来做些有意思的尝试。

在本章中，我们定义了嵌入层，但没有加载预训练的嵌入层，例如 GloVe、FastText 等。建议读者加载预训练的单词向量嵌入作为嵌入层，看看是否会得到更好的结果。在第 4 章中，我们将通过使用生成对抗网络来学习一个时尚产业风格变换项目，这是人工智能领域的现代革命。

第 4 章 基于 GAN 的时尚风格迁移

风格迁移（style transfer）这个概念意味着将一个产品的风格渲染至另一个产品上。想象一下一个热爱时尚的朋友买了一个蓝色的提包，希望能找到一双和它风格相似的鞋子来搭配。直到 2016 年，这都无法实现，除非他们是时尚设计师，并在鞋子生产之前就先设计好了。随着生成对抗网络（generative adversarial network）的最新发展，这种风格迁移可以很容易实现。

生成对抗网络是一个由生成器和判别器相互进行零和博弈（zero sum game）的网络。假如一个时尚设计师希望设计一种特定结构的提包，并且正在探索不同的印花，那么设计师可以先绘制出提包的轮廓结构，然后将手绘图片传入一个生成对抗网络，来针对这个提包产生不同的印花。风格迁移使得用户无须设计师的亲身指导，就可以自己组合产品的设计和风格，这会对时尚行业产生巨大影响。时尚设计师也可以通过推荐相似设计和风格的产品来配合用户已有的风格。

在这个项目中，我们会构建一个人工智能系统，它可以根据已有的手提包图像生成相同风格的鞋，反之亦然。我们之前提到的 vanilla GAN 不足以实现这个项目，我们需要定制化的 GAN，例如 DiscoGAN 或者 CycleGAN。

在本章中，我们会介绍以下主题：
- 讨论 DiscoGAN 背后的工作原理和数学基础。
- 对比 DiscoGAN 和 CycleGAN，它们有着十分相似的结构和工作原理。
- 训练一个 DiscoGAN，学习从已有提包的草图生成提包的图像。
- 讨论训练 DiscoGAN 所涉及的复杂原理。

4.1 技术要求

本章的内容，需要读者对 Python3 和人工智能有基本的了解。

本章的代码文件可以在 GitHub 上找到：

https://github.com/PacktPublishing/Intelligent-Projects-Using-Python/tree/master/Chapter04。

4.2 DiscoGAN

DiscoGAN 是一种生成对抗网络，它用领域 A 中的图像生成领域 B 中的图像。DiscoGAN 网络的架构如图 4-1 所示。

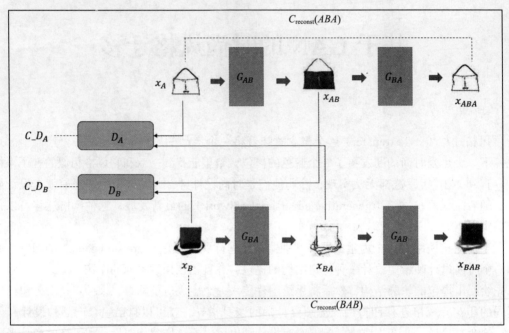

图 4-1　DiscoGAN 网络架构

领域 B 产生的图像模仿领域 A 中图像的风格和图案。这种关系可以被学习，在训练时，无须将两个领域中的图像进行配对。这是一个非常强大的功能，因为配对是一个花费大量时间的过程。从高层次来说，它试图学习两个神经网络形式的生成器函数 G_{AB} 和 G_{BA}，使得一个图像 x_A 在被传入生成器 G_{AB} 时产生图像 x_{AB}，并且后者看起来像是领域 B 中的图像。同时，当图像 x_{AB} 传入生成器网络 G_{BA} 时，会产生另一个图像 x_{ABA}，理想情况下，它应该和原始图像 x_A 相同。对于生成器函数，下面的关系应该成立：

$$G_{BA}G_{AB}(x_A) = x_A \tag{4-1}$$

但是在实际实现中，生成器函数 G_{AB} 和 G_{BA} 无法成为彼此的反面，因此我们尝试通过选择 L1 或者 L2 范式损失来最小化原始图像和生成图像之间的误差。L1 范式损失基本上是每个数据点的绝对误差之和，而 L2 范式损失是每个数据点的平方损失之和。单一图像的 L2 损失可以表示为：

$$C = \|x_A - x_{ABA}\|_2^2 = \|x_A - G_{BA}G_{AB}(x_A)\|_2^2 \tag{4-2}$$

仅最小化上述损失是不够的，我们需要保证生成的图像 x_B 看起来像是领域 B 的。例如，如果要将领域 A 中的衣服映射到领域 B 中的鞋子上，我们需要确定 x_B 看起来像是一双鞋子。如果它看起来不像是真实的鞋子，那么领域 B 中的判别器 D_B 会判断 x_B 为假，因此看起来是否真实的误差也要纳入考虑之中。通常情况下，在训练过程中，训练器会同时得到生成的图像 $x_{AB} = G_{AB}(x_A)$ 和领域 B 中的原始图像（由 y_B 表示），因此它可以学习如何区分真实图像和假图像。你可能还记得，在 GAN 中，生成器和判别器通过进行零和极大极小博弈来不断进化，直到达到平衡。如果生成的图像看起来不够真实，那么判别器就会惩罚假的图像，这意味着生成器不得不从输入图像 x_A 产生更好的图像 x_{AB}。考虑到所有的因素，我们可以将想要最小化的生成器的损失定义为重建损失和判断器判别 x_{AB} 为假的损失。第二种损失会尝试让生成器产生真实的领域 B 图像。生成器将领域 A 中的图像 x_A 映射到领域 B 的损失可以表示为：

$$C\_G_{AB} = C_{reconst(ABA)} + C_{D(AB)}$$

基于 L2 范式的重建损失如下所示：

$$C_{reconst(ABA)} = \|x_A - G_{BA}G_{AB}(x_A)\|_2^2 \tag{4-3}$$

由于我们处理的是图像，为了使用 L2 范式，可以假设 x_A 是所有像素的展开向量。如果假设 x_A 是矩阵，最好采用 $\|.\|_2^2$ 来表示 Frobenius 范式。但是，这些只是数学术语，本质上，我们只是计算了原始图像和重建图像之间像素值之差的平方和。

让我们想象一下，生成器为了使转换后的图像 x_{AB} 让判别器看起来真实而最小化的代价。判别器总是试图将一个图像标记为假图像，这样生成器 G_{AB} 在生成图像 x_{AB} 时，应该让它成为假图像的对数误差尽可能小。如果领域 B 中的判别器 D_B 将真实图像标记为 1，而将假图像标记为 0，并且图像为真的概率为 $D_B(.)$，那么生成器应该让 x_{AB} 在判别器网络中的可能性最大，因此 $D_B(x_B) = D_B(G_{AB}(x_A))$ 应该尽可能接近 1。在对数误差方面，生成器应该最小化上述概率的负对数误差，也就是下面所示的 $C_{D(AB)}$：

$$C_{D(AB)} = -\log(D_B(G_{AB}(x_A))) \tag{4-4}$$

结合式（4-3）和式（4-4），我们可以得到生成器将图像从领域 A 映射到领域 B 的总生成器代价 C_G_{AB}，如下所示：

$$C\_G_{AB} = C_{reconst(ABA)} + C_{D(AB)} = \|x_A - G_{BA}G_{AB}(x_A)\|_2^2 - \log(D_B(G_{AB}(x_A))) \tag{4-5}$$

问题是，我们应该到此为止吗？因为我们拥有两个领域的图像，为了得到更好的映射，我们可以使用生成器 G_{BA} 将领域 B 的图像映射到领域 A。如果我们用领域 B 中的图像 x_B，通过生成器 G_{BA} 将其转化为图像 x_{BA}，并且领域 A 中的判别器由 D_A 给出，那么这一转换过程的相关损失函数可以由下面的公式表示：

$$C\_G_{BA} = C_{reconst(BAB)} + C_{D(BA)} = \|x_B - G_{AB}G_{BA}(x_B)\|_2^2 - \log(D_A(G_{BA}(x_B))) \tag{4-6}$$

如果我们将两个领域中的所有图像都加起来，则生成器损失可以通过式（4-5）和式

（4-6）之和得到，如下所示：

$$C_G = \mathop{\mathbb{E}}_{x_A \sim P(x_A)}[C\_C_{AB}] + \mathop{\mathbb{E}}_{x_B \sim P(x_B)}[C\_G_{BA}]$$

$$= \mathop{\mathbb{E}}_{x_A \sim P(x_A)}[\|x_A - G_{BA}G_{AB}(x_A)\|_2^2 - \log(D_B(G_{AB}(x_A)))] \qquad (4\text{-}7)$$

$$+ \mathop{\mathbb{E}}_{y_B \sim P(x_B)}[\|x_B - G_{AB}G_{BA}(x_B)\|_2^2 - \log(D_A(G_{BA}(y_B)))]$$

现在，让我们来构建判别器尝试最小化的损失函数，进而开始零和极大/极小博弈。两个领域的判别器都试图从假图像中找出真图像，因此判别器 D_B 会尝试最小化代价 C_D_B：

$$C\_D_B = -\mathop{\mathbb{E}}_{x_B \sim P(x_B)}[\log(D_B(x_B))] - \mathop{\mathbb{E}}_{x_A \sim P(x_A)}[\log(1 - G_{AB}(x_A))] \qquad (4\text{-}8)$$

同样，判别器 D_A 会尝试最小化代价 C_D_A，如下所示：

$$C\_D_A = -\mathop{\mathbb{E}}_{x_A \sim P(x_A)}[\log(D_A(x_A))] - \mathop{\mathbb{E}}_{x_B \sim P(x_B)}[\log(1 - G_{BA}(x_B))] \qquad (4\text{-}9)$$

结合式（4-8）和式（4-9），总判别器代价 C_D 如下所示：

$$C_D = -\mathop{\mathbb{E}}_{y_B \sim P(x_B)}[\log(D_B(y_B))] - \mathop{\mathbb{E}}_{x_A \sim P(x_A)}[\log(1 - G_{AB}(x_A))]$$
$$- \mathop{\mathbb{E}}_{x_A \sim P(x_A)}[\log(D_B(x_A))] - \mathop{\mathbb{E}}_{x_B \sim P(y_B)}[\log(1 - G_{BA}(x_B))] \qquad (4\text{-}10)$$

如果我们将参数 G_{BA}、G_{BA}、D_A 和 D_B 分别表示为 θ_{GAB}、θ_{GBA}、θ_{DA} 和 θ_{DB}，那么网络的优化参数可以表示为：

$$\hat{\theta}_{GAB}, \hat{\theta}_{GBA} = \arg\min \theta_{GAB}, \theta_{GBA} \mathop{\mathbb{E}}_{x_A \sim P(x_A)}[\|x_A - G_{BA}G_{AB}(x_A)\|_2^2 - \log(D_B(G_{AB}(x_A)))]$$
$$+ \mathop{\mathbb{E}}_{x_B \sim P(x_B)}[\|x_B - G_{AB}G_{BA}(x_B)\|_2^2 - \log(D_A(G_{BA}(x_B)))] \qquad (4\text{-}11)$$

$$\hat{\theta}_{DA}, \hat{\theta}_{DB} = \arg\min \theta_{DA}, \theta_{DB} - \mathop{\mathbb{E}}_{x_B \sim P(x_B)}[\log(D_B(x_B))] - \mathop{\mathbb{E}}_{x_A \sim P(x_A)}[\log(1 - G_{AB}(x_A))]$$
$$- \mathop{\mathbb{E}}_{x_A \sim P(x_A)}[\log(D_B(x_A))] - \mathop{\mathbb{E}}_{x_B \sim P(x_B)}[\log(1 - G_{BA}(x_B))] \qquad (4\text{-}12)$$

我们可以对该损失函数使用随机梯度下降（例如 Adam）以找到最优解。值得注意的是，如我们之前所提到的，生成式对抗网络的解是损失函数优化时的一个鞍点（saddle point）。

4.3　CycleGAN

除了一处很小的差异外，CycleGAN 与 DiscoGAN 基本上是相似的。在 CycleGAN 中，我们可以灵活地决定重建损失所占 GAN 损失的权重，或者所占判别器误差的权重。这个参数根据当前的问题帮助以正确的比例平衡误差，让网络在训练时可以更快地收敛。除此之外，CycleGAN 其他部分的实现与 DiscoGAN 一样。

4.4　学习从手绘轮廓生成自然手提包

本章中，我们将使用 DiscoGAN，在无须精确配对的情况下，从手绘的轮廓生成手提包。我们将手绘图像标记为属于领域 A，自然的手提包图像属于领域 B。有两个生成器，一个将领域 A 中的图像映射为看起来像是领域 B 的图像，另一个相反，将领域 B 中的手提包图像映射为看起来像是领域 A 的图像。判别器会试图将生成器生成的图像从领域原始图像中识别出来。生成器和判别器会一起玩一场零和博弈。

为了训练这个网络，我们需要两组图像，即手绘手提包的轮廓图像，以及手提包的自然图像。这些图像可以通过以下链接下载：https://people.eecs.berkeley.edu/~tinghuiz/projects/pix2pix/datasets/edges2handbags.tar.gz。

在接下来的几节中，我们会详细介绍在 TensorFlow 中定义 DiscoGAN 网络的过程，然后训练它使用手提包轮廓作为图像边缘来生成真实的手提包图像。我们首先定义生成器网络的架构。

4.5　预处理图像

数据集 edges2handbags 文件夹中的每张图像，都包含了手提包图像和手提包边缘图像。为了训练这个网络，我们需要将它们分配到我们之前在学习 DiscoGAN 架构时提到的领域 A 和领域 B 中。通过以下代码（image_split.py），这些图像可以被分为领域 A 和领域 B 的图像：

```
# -*- coding: utf-8 -*-
"""
Created on Fri Apr 13 00:10:12 2018

@author: santanu
"""

import numpy as np
import os
from scipy.misc import imread
from scipy.misc import imsave
import fire
from elapsedtimer import ElapsedTimer
from pathlib import Path
import shutil
'''
Process the images in Domain A and Domain and resize appropriately
Inputs contain the Domain A and Domain B image in the same image
This program will break them up and store them in their respecective folder

'''

def process_data(path,_dir_):
```

```python
        os.chdir(path)
    try:
        os.makedirs('trainA')
    except:
        print(f'Folder trainA already present, cleaning up and recreating empty folder trainA')
        try:
            os.rmdir('trainA')
        except:
            shutil.rmtree('trainA')
        os.makedirs('trainA')

    try:
        os.makedirs('trainB')
    except:
        print(f'Folder trainA already present, cleaning up and recreating empty folder trainB')
        try:
            os.rmdir('trainB')
        except:
            shutil.rmtree('trainB')
        os.makedirs('trainB')
    path = Path(path)
    files = os.listdir(path /_dir_)
    print('Images to process:', len(files))
    i = 0
    for f in files:
        i+=1
        img = imread(path / _dir_ / str(f))
        w,h,d = img.shape
        h_ = int(h/2)
        img_A = img[:,:h_]
        img_B = img[:,h_:]
        imsave(f'{path}/trainA/{str(f)}_A.jpg',img_A)
        imsave(f'{path}/trainB/{str(f)}_B.jpg',img_A)
            if ((i % 10000) == 0 & (i >= 10000)):
                print(f'the number of input images processed : {i}')
        files_A = os.listdir(path / 'trainA')
        files_B = os.listdir(path / 'trainB')
        print(f'No of images written to {path}/trainA is {len(files_A)}')
        print(f'No of images written to {path}/trainA is {len(files_B)}')
    with ElapsedTimer('process Domain A and Domain B Images'):
        fire.Fire(process_data)
```

通过下面的命令可以运行代码 image_split.py:

```
python image_split.py --path /media/santanu/9eb9b6dc-b380-486e-b4fd-c424a325b976/edges2handbags/ --_dir_ train
```

输出日志如下所示:

```
Folder trainA already present, cleaning up and recreating empty folder trainA
Folder trainA already present, cleaning up and recreating empty folder trainB
```

```
Images to process: 138569
the number of input images processed : 10000
the number of input images processed : 20000
the number of input images processed : 30000

.....
```

4.6　DiscoGAN 的生成器

　　DiscoGAN 的生成器是前馈卷积神经网络，其输入和输出都是图像。在网络的第一部分，图像的空间维度被降低，随着层数的加深，输出特征图的个数逐渐增多。在网络的第二部分，图像的空间维度被增加，随着层数的加深，输出特征图的个数逐渐减少。在最终的输出层，将生成与输入空间维度相同的图像。如果用 G_{AB} 表示将领域 A 的图像 x_A 转换为领域 B 的图像 x_{AB} 的生成器，那么可以得到 $x_{AB} = G_{AB}(x_A)$。

　　下面是 build_generator 函数的代码，它可以用来构建 DiscoGAN 网络中的生成器：

```python
def build_generator(self,image,reuse=False,name='generator'):
    with tf.variable_scope(name):
        if reuse:
            tf.get_variable_scope().reuse_variables()
        else:
            assert tf.get_variable_scope().reuse is False
        """U-Net generator"""
        def lrelu(x, alpha,name='lrelu'):
            with tf.variable_scope(name):
                return tf.nn.relu(x) - alpha * tf.nn.relu(-x)
        """Layers used during downsampling"""
        def common_conv2d(layer_input,filters,f_size=4,
                          stride=2,padding='SAME',norm=True,
                          name='common_conv2d'):
            with tf.variable_scope(name):
                if reuse:
                    tf.get_variable_scope().reuse_variables()
                else:
                    assert tf.get_variable_scope().reuse is False
                d = 
                tf.contrib.layers.conv2d(layer_input,filters,
                                kernel_size=f_size,
                                stride=stride,padding=padding)
                if norm:
                    d = tf.contrib.layers.batch_norm(d)
                d = lrelu(d,alpha=0.2)
                return d
        """Layers used during upsampling"""
        def common_deconv2d(layer_input,filters,f_size=4,
                           stride=2,padding='SAME',dropout_rate=0,
                           name='common_deconv2d'):
            with tf.variable_scope(name):
                if reuse:
                    tf.get_variable_scope().reuse_variables()
                else:
```

```python
            assert tf.get_variable_scope().reuse is False

            u = tf.contrib.layers.conv2d_transpose(layer_input,
                                                    filters,f_size,
                                                    stride=stride,
                                                    padding=padding)
            if dropout_rate:
                u = tf.contrib.layers.dropout(u,keep_prob=dropout_rate)
            u = tf.contrib.layers.batch_norm(u)
            u = tf.nn.relu(u)
            return u
    # Downsampling
    # 64x64 -> 32x32
    dwn1 = common_conv2d(image,self.gf,stride=2,norm=False,name='dwn1')
    # 32x32 -> 16x16
    dwn2 = common_conv2d(dwn1,self.gf*2,stride=2,name='dwn2')
    # 16x16  -> 8x8
    dwn3 = common_conv2d(dwn2,self.gf*4,stride=2,name='dwn3')
    # 8x8  -> 4x4
    dwn4 = common_conv2d(dwn3,self.gf*8,stride=2,name='dwn4')
    # 4x4  -> 1x1
    dwn5 = common_conv2d(dwn4,100,stride=1,padding='valid',name='dwn5')
    # Upsampling
    # 4x4   -> 4x4
    up1 = common_deconv2d(dwn5,self.gf*8,stride=1,
                    padding='valid',name='up1')
    # 4x4   -> 8x8
    up2 = common_deconv2d(up1,self.gf*4,name='up2')
    # 8x8   -> 16x16
    up3 = common_deconv2d(up2,self.gf*2,name='up3')
    # 16x16  -> 32x32
    up4 = common_deconv2d(up3,self.gf,name='up4')
    out_img = tf.contrib.layers.conv2d_transpose(up4,self.channels,
                                                    kernel_size=4,stride=2,
                                                    padding='SAME',
                                            activation_fn=tf.nn.tanh)
    # 32x32 -> 64x64
    return out_img
```

在生成器函数中，我们定义了一个 leaky ReLU 激活函数，渗漏系数（leak factor）设为 0.2。我们还定义了一个卷积层的生成函数 common_conv2d，用来对图像进行下采样（downsampling）；以及函数 common_deconv2d，用来将下采样图像上采样（up-sampling）到其原始空间维度。

我们通过 reuse 选项使用 tf.get_variable_scope().reuse_variables() 来定义生成器函数。当同一个生成器函数被多次调用时，reuse 选项可以确保生成器中的参数一致。去掉 reuse 选项时，将为生成器创造一组新的参数。

例如，我们可能使用生成器函数来创建两个生成器网络，因此在第一次创建这两个网络时不使用 reuse 选项。当再次引用该生成器函数时，则使用 reuse 选项。在卷积（下采样）

和反卷积（上采样）期间，激活函数是 leaky ReLU，之前会进行正则化批处理，来保证稳定和快速收敛。

网络中不同层的输出特征图的个数是 self.gf，或者是它的整数倍。对于我们的 DiscoGAN 网络，我们已经选择 self.gf 的值为 64。

生成器中需要注意输出层的激活函数 tanh，它保证生成器产生的图像的像素值范围是 [–1, +1]。这要求输入图像的像素强度在范围 [–1, +1] 内，这可以通过对像素强度执行简单的逐像素转换来实现，如下所示：

$$x \leftarrow \left(\frac{x}{127.5} - 1\right)$$

相似地，为了将图像转换为可显示的 0-255 像素强度格式，我们只需应用下面的逆转换：

$$x \leftarrow (x+1)*127.5$$

4.7 DiscoGAN 的判别器

DiscoGAN 的判别器会学习区分一个特定领域中的真实图像和假图像。我们会有两个判别器：一个用于领域 A，另一个用于领域 B。判别器也是卷积网络，执行二元分类。与传统的分类卷积网络不同，判别器的各层级之间没有全连接。输入图像通过步长为二的卷积被下采样，直到最后一层，输出是 1×1。同样，我们使用 leaky ReLU 作为激活函数，并采用批处理正则化来保持稳定和快速收敛。下面的代码展示了 TensorFlow 中的判别器构建函数：

```
def build_discriminator(self,image,reuse=False,name='discriminator'):
    with tf.variable_scope(name):
        if reuse:
            tf.get_variable_scope().reuse_variables()
        else:
            assert tf.get_variable_scope().reuse is False
        def lrelu(x, alpha,name='lrelu'):
    with tf.variable_scope(name):
        if reuse:
            tf.get_variable_scope().reuse_variables()
        else:
            assert tf.get_variable_scope().reuse is False

    return tf.nn.relu(x) - alpha * tf.nn.relu(-x)
        """Discriminator layer"""
    def d_layer(layer_input,filters,f_size=4,stride=2,norm=True,
            name='d_layer'):
        with tf.variable_scope(name):
            if reuse:
                tf.get_variable_scope().reuse_variables()
            else:
                assert tf.get_variable_scope().reuse is False
```

```
        d =
        tf.contrib.layers.conv2d(layer_input,
                                filters,kernel_size=f_size,
                                stride=2, padding='SAME')
        if norm:
            d = tf.contrib.layers.batch_norm(d)
        d = lrelu(d,alpha=0.2)
        return d
    #64x64 -> 32x32
    down1 = d_layer(image,self.df, norm=False,name='down1')
    #32x32 -> 16x16
    down2 = d_layer(down1,self.df*2,name='down2')
    #16x16 -> 8x8
    down3 = d_layer(down2,self.df*4,name='down3')
    #8x8 -> 4x4
    down4 = d_layer(down3,self.df*8,name='down4')
    #4x4 -> 1x1
    down5 =
    tf.contrib.layers.conv2d(down4,1,kernel_size=4,stride=1,
                                padding='valid')
    return down5
```

判别器网络中不同层的输出特征图的个数是 self.gf, 或者是它的整数倍。对于我们的 DiscoGAN 网络, 我们已经选择了 self.gf 的值为 64。

4.8 构建网络和定义损失函数

本章中, 我们将要根据生成器和判别器函数来构建整个网络, 并且定义要在训练过程中优化的损失函数。TensorFlow 代码如下所示:

```
def build_network(self):
    def squared_loss(y_pred,labels):
        return tf.reduce_mean((y_pred - labels)**2)
    def abs_loss(y_pred,labels):
        return tf.reduce_mean(tf.abs(y_pred - labels))
    def binary_cross_entropy_loss(logits,labels):
        return tf.reduce_mean(tf.nn.sigmoid_cross_entropy_with_logits(
                                    labels=labels,logits=logits))
    self.images_real =
tf.placeholder(tf.float32,[None,self.image_size,self.image_size,self.input_dim + self.output_dim])
    self.image_real_A = self.images_real[:,:,:,:self.input_dim]
    self.image_real_B =
self.images_real[:,:,:,self.input_dim:self.input_dim + self.output_dim]
    self.images_fake_B =
self.build_generator(self.image_real_A,
                        reuse=False,name='generator_AB')
    self.images_fake_A =
self.build_generator(self.images_fake_B,
                        reuse=False,name='generator_BA')
    self.images_fake_A_ =
self.build_generator(self.image_real_B,
```

```
                            reuse=True,name='generator_BA')
    self.images_fake_B_ =
    self.build_generator(self.images_fake_A_,
                            reuse=True,name='generator_AB')
    self.D_B_fake =
    self.build_discriminator(self.images_fake_B ,
                            reuse=False, name="discriminatorB")
    self.D_A_fake =
    self.build_discriminator(self.images_fake_A_,
                            reuse=False, name="discriminatorA")

    self.D_B_real =
    self.build_discriminator(self.image_real_B,
                            reuse=True, name="discriminatorB")
    self.D_A_real =
    self.build_discriminator(self.image_real_A,
                            reuse=True, name="discriminatorA")
    self.loss_GABA =
    self.lambda_l2*squared_loss(self.images_fake_A,self.image_real_A) +
    binary_cross_entropy_loss(labels=tf.ones_like(self.D_B_fake),
    logits=self.D_B_fake)
    self.loss_GBAB =
    self.lambda_l2*squared_loss(self.images_fake_B_,
    self.image_real_B) +
    binary_cross_entropy_loss(labels=tf.ones_like(self.D_A_fake),
    logits=self.D_A_fake)
    self.generator_loss = self.loss_GABA + self.loss_GBAB
    self.D_B_loss_real =
    binary_cross_entropy_loss(tf.ones_like(self.D_B_real),self.D_B_real)
    self.D_B_loss_fake =
    binary_cross_entropy_loss(tf.zeros_like(self.D_B_fake),self.D_B_fake)
    self.D_B_loss = (self.D_B_loss_real + self.D_B_loss_fake) / 2.0
    self.D_A_loss_real =
    binary_cross_entropy_loss(tf.ones_like(self.D_A_real),self.D_A_real)
    self.D_A_loss_fake =
    binary_cross_entropy_loss(tf.zeros_like(self.D_A_fake),self.D_A_fake)
    self.D_A_loss = (self.D_A_loss_real + self.D_A_loss_fake) / 2.0
    self.discriminator_loss = self.D_B_loss + self.D_A_loss
    self.loss_GABA_sum = tf.summary.scalar("g_loss_a2b", self.loss_GABA)
    self.loss_GBAB_sum = tf.summary.scalar("g_loss_b2a", self.loss_GBAB)
    self.g_total_loss_sum = tf.summary.scalar("g_loss",
self.generator_loss)
    self.g_sum = tf.summary.merge([self.loss_GABA_sum,
self.loss_GBAB_sum,self.g_total_loss_sum])
    self.loss_db_sum = tf.summary.scalar("db_loss", self.D_B_loss)
    self.loss_da_sum = tf.summary.scalar("da_loss", self.D_A_loss)
    self.loss_d_sum = tf.summary.scalar("d_loss",self.discriminator_loss)
    self.db_loss_real_sum = tf.summary.scalar("db_loss_real",
self.D_B_loss_real)
    self.db_loss_fake_sum = tf.summary.scalar("db_loss_fake",
self.D_B_loss_fake)
    self.da_loss_real_sum = tf.summary.scalar("da_loss_real",
self.D_A_loss_real)
    self.da_loss_fake_sum = tf.summary.scalar("da_loss_fake",
self.D_A_loss_fake)
    self.d_sum = tf.summary.merge(
        [self.loss_da_sum, self.da_loss_real_sum,
```

```
           self.da_loss_fake_sum,
                   self.loss_db_sum, self.db_loss_real_sum,
self.db_loss_fake_sum,
                   self.loss_d_sum])

        trainable_variables = tf.trainable_variables()
        self.d_variables =
        [var for var in trainable_variables if 'discriminator' in var.name]
        self.g_variables =
        [var for var in trainable_variables if 'generator' in var.name]
        print ('Variable printing start :'  )
        for var in self.d_variables:
            print(var.name)
        self.test_image_A =
        tf.placeholder(tf.float32,[None, self.image_size,
                       self.image_size,self.input_dim], name='test_A')
        self.test_image_B =
        tf.placeholder(tf.float32,[None, self.image_size,
                       self.image_size,self.output_c_dim], name='test_B')
        self.saver = tf.train.Saver()
```

在构建网络中，我们首先定义两个损失函数，一个是为 L2 正则化误差，另一个是为二元交叉熵误差。L2 正则化误差将用作重建误差，而二元交叉熵用作判别器误差。然后我们通过生成器函数定义两个领域中图像的占位符，以及每个领域中假图像对应的 TensorFlow ops。我们还通过传入特定于领域的真假图像定义了判别器输出的 ops。除此之外，我们为每个领域中重建的图像定义了 TensorFlow ops。

定义了 ops 之后，在考虑到重建图像的损失和判别器的损失的情况下，我们用它们来计算损失函数。值得注意的是，我们使用相同的生成器函数来定义从领域 A 到 B 的生成器，以及从领域 B 到 A 的生成器。唯一的区别是提供两个不同的网络名称：generator_AB 和 generator_BA。由于参数的范围由 name 定义，因此两个生成器会有两组不同的权重，并以给定的名称作为前缀。

下表展示我们需要跟踪的不同损失变量。所有这些损失都需要相对于生成器或判别器的参数被最小化：

不同损失的变量	描 述
self.D_B_loss_real	判别器 D_B 在领域 B 中判别真实图像的二元交叉熵损失。 （该损失将相对于判别器 D_B 的参数被最小化）
self.D_B_loss_fake	判别器 D_B 在领域 B 中判别假图像的二元交叉熵损失。 （该损失将相对于判别器 D_B 的参数被最小化）
self.D_A_loss_real	判别器 D_A 在领域 A 中判别真实图像的二元交叉熵损失。 （该损失将相对于判别器 D_A 的参数被最小化）
self.D_A_loss_fake	判别器 D_A 在领域 A 中判别假图像的二元交叉熵损失。 （该损失将相对于判别器 D_A 的参数被最小化）

(续)

不同损失的变量	描 述
self.loss_GABA	通过两个生成器 G_{AB} 和 G_{BA},将一个图像从领域 A 映射到领域 B,再重建回领域 A 的重建损失,以及在领域 B 中判别器将假图像 $G_{AB}(x_A)$ 标记为真图像的二元交叉熵。(该误差将相对于生成器 G_{AB} 和 G_{BA} 的参数被最小化)
self.loss_GBAB	通过两个生成器 G_{BA} 和 G_{AB},将一个图像从领域 B 映射到领域 A,再重建回领域 B 的重建损失,以及在领域 A 中判别器将假图像 $G_{BA}(x_B)$ 标记为真图像的二元交叉熵。(该误差将相对于生成器 G_{AB} 和 G_{BA} 的参数被最小化)

前四个损失函数构成判别器损失,并且需要相对于两个判别器 D_A 和 D_B 的参数被最小化。后两个损失构成生成器损失,并且需要相对于两个生成器 G_{AB} 和 G_{BA} 的参数被最小化。损失变量通过 tf.summary.scaler 与 TensorBoard 绑定,因此在训练过程中,这些损失可以被监控,以确保这些损失是以预期的形式减少。在后续内容中,我们将在 TensorBoard 中展示训练过程中的损失轨迹(loss traces)。

4.9 构建训练过程

在 train_network 函数中,我们首先定义了生成器和判别器损失函数的优化器。对于生成器和判别器,我们都使用 Adam 优化器,因为这是一个高级版本的随机梯度下降优化器,并且在训练 GAN 时表现十分出色。Adam 使用梯度的衰减平均值,非常类似于稳定梯度的动量,梯度衰减平均值的平方提供了损失函数的曲率信息。与 tf.summary 所定义的不同损失有关的变量写入日志文件中,因此可以通过 TensorBoard 进行监控。下面是 train 函数的详细代码:

```
def train_network(self):
        self.learning_rate = tf.placeholder(tf.float32)
        self.d_optimizer =
tf.train.AdamOptimizer(self.learning_rate,beta1=self.beta1,beta2=self.beta2
).minimize(self.discriminator_loss,var_list=self.d_variables)
        self.g_optimizer =
tf.train.AdamOptimizer(self.learning_rate,beta1=self.beta1,beta2=self.beta2
).minimize(self.generator_loss,var_list=self.g_variables)
        self.init_op = tf.global_variables_initializer()
        self.sess = tf.Session()
        self.sess.run(self.init_op)
        #self.dataset_dir =
'/home/santanu/Downloads/DiscoGAN/edges2handbags/train/'
        self.writer = tf.summary.FileWriter("./logs", self.sess.graph)
        count = 1
        start_time = time.time()
        for epoch in range(self.epoch):
            data_A = os.listdir(self.dataset_dir + 'trainA/')
            data_B = os.listdir(self.dataset_dir + 'trainB/')
            data_A = [ (self.dataset_dir + 'trainA/' + str(file_name)) for
file_name in data_A ]
```

```python
            data_B = [ (self.dataset_dir + 'trainB/' + str(file_name)) for
file_name in data_B ]
            np.random.shuffle(data_A)
            np.random.shuffle(data_B)
            batch_ids = min(min(len(data_A), len(data_B)), self.train_size)
// self.batch_size
            lr = self.l_r if epoch < self.epoch_step else
self.l_r*(self.epoch-epoch)/(self.epoch-self.epoch_step)
            for id_ in range(0, batch_ids):
                batch_files = list(zip(data_A[id_ * self.batch_size:(id_ +
1) * self.batch_size],
                                       data_B[id_ * self.batch_size:(id_ +
1) * self.batch_size]))
                batch_images = [load_train_data(batch_file, self.load_size,
self.fine_size) for batch_file in batch_files]
                batch_images = np.array(batch_images).astype(np.float32)
                    # Update G network and record fake outputs
                fake_A, fake_B, _, summary_str = self.sess.run(
[self.images_fake_A_,self.images_fake_B,self.g_optimizer,self.g_sum],
                    feed_dict={self.images_real: batch_images,
self.learning_rate:lr})
                self.writer.add_summary(summary_str, count)
                [fake_A,fake_B] = self.pool([fake_A, fake_B])
                    # Update D network
                _, summary_str = self.sess.run(
                    [self.d_optimizer,self.d_sum],
                    feed_dict={self.images_real: batch_images,
                          # self.fake_A_sample: fake_A,
                          # self.fake_B_sample: fake_B,
                          self.learning_rate: lr})
                self.writer.add_summary(summary_str, count)
                count += 1
                print(("Epoch: [%2d] [%4d/%4d] time: %4.4f" % (
                    epoch, id_, batch_ids, time.time() - start_time)))
                if count % self.print_freq == 1:
                    self.sample_model(self.sample_dir, epoch, id_)
                if count % self.save_freq == 2:
                    self.save_model(self.checkpoint_dir, count)
```

在代码的最后我们可以看到，sample_model 函数在训练过程中不时地被激活，以便根据其他领域输入的图像检查生成图像的质量。该模型还会根据 save_freq 被定期保存。

下面是上述代码引用的 sample_model 函数和 save_model 函数：

```python
def sample_model(self, sample_dir, epoch, id_):
    if not os.path.exists(sample_dir):
        os.makedirs(sample_dir)
    data_A = os.listdir(self.dataset_dir + 'trainA/')
    data_B = os.listdir(self.dataset_dir + 'trainB/')
    data_A = [ (self.dataset_dir + 'trainA/' + str(file_name)) for
            file_name in data_A ]
    data_B = [ (self.dataset_dir + 'trainB/' + str(file_name)) for
            file_name in data_B ]
    np.random.shuffle(data_A)
    np.random.shuffle(data_B)
    batch_files =
```

```
        list(zip(data_A[:self.batch_size], data_B[:self.batch_size]))
sample_images =
[load_train_data(batch_file, is_testing=True) for
 batch_file in batch_files]
sample_images = np.array(sample_images).astype(np.float32)

fake_A, fake_B = self.sess.run(
        [self.images_fake_A_,self.images_fake_B],
        feed_dict={self.images_real: sample_images}
    )
save_images(fake_A, [self.batch_size, 1],
            './{}/A_{:02d}_{:04d}.jpg'.format(sample_dir, epoch,
id_))
save_images(fake_B, [self.batch_size, 1],
            './{}/B_{:02d}_{:04d}.jpg'.format(sample_dir, epoch,
id_))
```

在 sample_model 函数中，从领域 A 中随机选出的图像被传递给生成器 G_{AB}，来生成领域 B 的图像。类似地，从领域 B 中随机选出的图像被传递给生成器 G_{BA}，来生成领域 A 的图像。这些输出图像是由两个生成器在不同的轮次中产生的，每一批都被存放在一个取样文件夹中，以判断生成器是否在训练过程中不断提升图像质量。

使用 TensorFlow saver 功能的 save_model 函数用来保存模型，代码如下所示：

```
def save_model(self,checkpoint_dir,step):
    model_name = "discogan.model"
    model_dir = "%s_%s" % (self.dataset_dir, self.image_size)
    checkpoint_dir = os.path.join(checkpoint_dir, model_dir)
    if not os.path.exists(checkpoint_dir):
        os.makedirs(checkpoint_dir)
    self.t(self.sess,
                os.path.join(checkpoint_dir, model_name),
                global_step=step)
```

4.10 GAN 训练中的重要参数值

在本节中，我们讨论训练 DiscoGAN 使用的不同参数，如下表所示：

参数名	变量名和值	解　释
Adam 优化器的学习率	self.l_r = 2e-4	在训练 GAN 网络时，我们需要一个低学习率来获得更好的稳定性，DiscoGAN 也不例外
Adam 优化器的衰减率	self.beta1 = 0.5 self.beta2 = 0.99	参数 beta1 定义梯度的衰减平均值，而参数 beta2 定义梯度平方的衰减平均值
轮次	self.epoch = 200	在本次实现中，200 个轮次已经足够使 DiscoGAN 网络收敛。
批量大小	self.batch_size = 64	在本次实现中，批量大小为 64 的效果很好。但是，由于资源的限制，我们可能不得不选一个更小的值
学习率开始线性下降前的轮次	epoch_step = 10	在 epoch_step 个轮次后，学习率开始线性的下降，由以下逻辑所示： lr = self.l_r if epoch < self.epoch_step else self.l_r*(self.epoch-epoch)/(self.epoch-self.epoch_step)

4.11 启动训练

上面介绍的函数都是在 DiscoGAN() 类中创建的，并且参数值在 __init__ 函数中声明，如下面的代码所示。在训练网络的时候，只需传入 dataset_dir 和 epoches 两个参数的值。

```python
def __init__(self,dataset_dir,epochs=200):
    # Input shape
    self.dataset_dir = dataset_dir
    self.lambda_l2 = 1.0
    self.image_size = 64
    self.input_dim = 3
    self.output_dim = 3
    self.batch_size = 64
    self.df = 64
    self.gf = 64
    self.channels = 3
    self.output_c_dim = 3
    self.l_r = 2e-4
    self.beta1 = 0.5
    self.beta2 = 0.99
    self.weight_decay = 0.00001
    self.epoch = epochs
    self.train_size = 10000
    self.epoch_step = 10
    self.load_size = 64
    self.fine_size = 64
    self.checkpoint_dir = 'checkpoint'
    self.sample_dir = 'sample'
    self.print_freq = 5
    self.save_freq = 10
    self.pool = ImagePool()
    return None
```

现在我们定义了训练模型所需的所有内容，现在可以通过 progress_main 函数启动训练，如下所示：

```python
def process_main(self):
    self.build_network()
    self.train_network()
```

上述所有与训练有关的代码都放在脚本 cycledGAN_edges_to_bags.py 中，我们可以通过运行脚本 cycledGAN_edges_to_bags.py 来训练模型，如下所示：

```
python cycledGAN_edges_to_bags.py process_main --dataset_dir
/media/santanu/9eb9b6dc-b380-486e-b4fd-c424a325b976/edges2handbags/ epochs
100
```

执行脚本 cycledGAN_edges_to_bags.py 后的输出日志如下所示：

```
Epoch: [ 0] [ 0/ 156] time: 3.0835
Epoch: [ 0] [ 1/ 156] time: 3.9093
Epoch: [ 0] [ 2/ 156] time: 4.3661
Epoch: [ 0] [ 3/ 156] time: 4.8208
```

```
Epoch: [ 0] [ 4/ 156] time: 5.2821
Epoch: [ 0] [ 5/ 156] time: 6.2380
Epoch: [ 0] [ 6/ 156] time: 6.6960
Epoch: [ 0] [ 7/ 156] time: 7.1528
Epoch: [ 0] [ 8/ 156] time: 7.6138
Epoch: [ 0] [ 9/ 156] time: 8.0732
Epoch: [ 0] [ 10/ 156] time: 8.8163
Epoch: [ 0] [ 11/ 156] time: 9.6669
Epoch: [ 0] [ 12/ 156] time: 10.1256
Epoch: [ 0] [ 13/ 156] time: 10.5846
Epoch: [ 0] [ 14/ 156] time: 11.0427
Epoch: [ 0] [ 15/ 156] time: 11.9135
Epoch: [ 0] [ 16/ 156] time: 12.3712
Epoch: [ 0] [ 17/ 156] time: 12.8290
Epoch: [ 0] [ 18/ 156] time: 13.2899
Epoch: [ 0] [ 19/ 156] time: 13.7525
.......
```

4.12 监督生成器和判别器的损失

损失可以通过 TensorBoard 的仪表盘进行监视，TensorBoard 的仪表盘可通过下面的方法启动：

1. 从命令行运行下面的命令：

tensorboard --logdir=./logs

./logs 是 TensorBoard 日志存储的地方，在程序中通过下面的代码定义：

```
self.writer = tf.summary.FileWriter("./logs", self.sess.graph)
```

2. 当第一步中的命令执行完之后，请访问 TensorBoard 的 localhost:6006 站点图 4-2 的截图展示在本项目实现的 DiscoGAN 的训练过程中，在 TensorBoard 中看到的生成器和判别器的几个损失轨迹的视图。

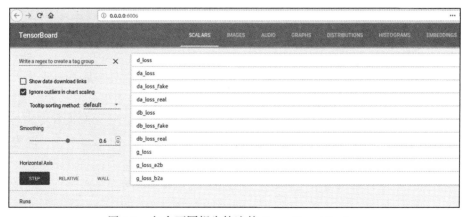

图 4-2　包含不同损失轨迹的 TensorBoard Scalars

图 4-3 展示随着训练的进行，领域 A 中判别器的损失构成。

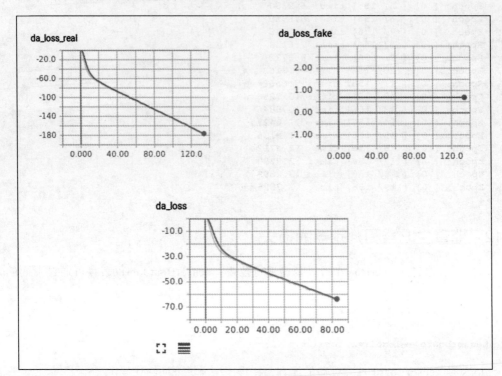

图 4-3　领域 A 中判别器的损失

在图 4-3 的截图中，可以看到领域 A 中判别器在不同轮次中的损失。da_loss 是 da_loss_real 和 da_loss_fake 损失之和。da_loss_real 稳定地下降，因为生成器稳定地学习鉴别领域 A 中的真实图像，而假图像的损失被稳定地保持在 0.69 左右，这个值是当一个二元分类器以 1/2 概率输出一个类时你可以预期得到的 logloss。产生该结果的原因是生成器同时也在学习让假图片看起来更真实。领域 B 中的判别器的损失分布看起来与之前截图展示的领域 A 中判别器的损失特性类似。

现在，我们来看一下生成器的损失分布，如图 4-4 所示。

g_loss_a2b 是混合的生成器损失，包括将图像从领域 A 映射到领域 B 再重建，以及让图像在领域 B 中看起来真实的二元交叉熵误差。相似地，g_loss_b2a 是混合的生成器损失，包括将图像从领域 B 映射到领域 A 再重建，以及让图像在领域 A 中看起来真实的二维交叉熵损失。这两个损失之和组成了 g_loss，我们可以从图中的 TensorBoard 看到，随着训练的进行，损失稳定地下降。

由于训练生成对抗网络通常比较棘手，因此通过监视损失分布来理解训练的过程是十分必要的。

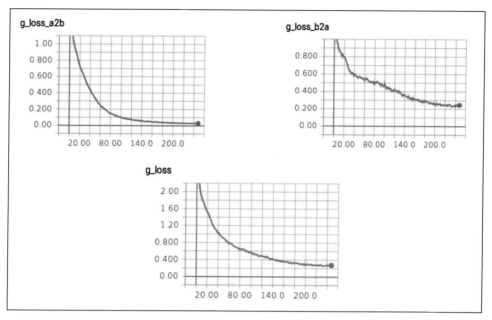

图 4-4 DiscoGAN 生成器的损失分布

4.13 DiscoGAN 生成的样例图像

在本章的最后,我们看一下 DiscoGAN 生成的两个领域的图像,如图 4-5 所示。

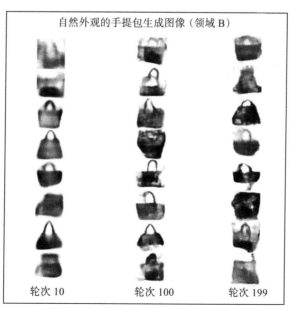

图 4-5 根据手绘图生成的手提包图像

图 4-6 的截图展示了生成的手绘风格的手提包（领域 A）。

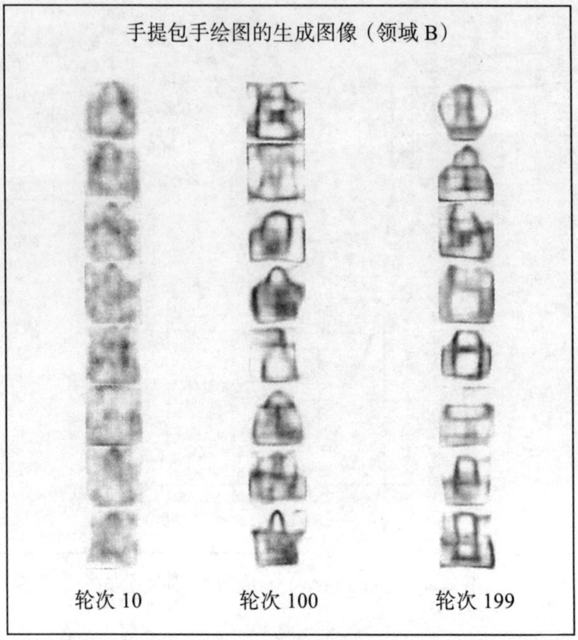

手提包手绘图的生成图像（领域 B）

轮次 10　　　　轮次 100　　　　轮次 199

图 4-6　从手提包图像生成的手绘图

可以看出，DiscoGAN 的效果很好，可以将任何领域的图像转换为另一个领域中的高质量真实图像。

4.14　总结

你现在应该已经精通了 DiscoGAN 的技术原理和实现细节。基于本章中我们学习的知识，你可以根据不同的问题和图像实现生成对抗网络的各种变体。可以在 GitHub 上找到 DiscoGAN 网络的全部实现：https://github.com/PacktPublishing/Intelligent-Projects-using-Python/tree/master/Chapter04。在下一章中，我们将介绍视频到文字的翻译应用，这属于人工智能中的专家系统领域。

CHAPTER 5

第 5 章

视频字幕应用

随着视频作品的数量以指数级的速度增长，视频已成为一种重要的沟通媒介。但是，由于缺乏适当的视频字幕，很多视频的观看量仍然很有限。

视频字幕（video captioning）就是翻译视频内容以生成有意义的摘要的艺术，这是计算机视觉和机器学习领域的一项非常具有挑战性的任务。传统的视频字幕方法并未产生许多成功案例。然而，随着近期在深度学习的帮助下人工智能技术的发展，视频字幕问题重新获得了大量的关注。通过卷积神经网络和循环神经网络，使建立端到端的企业级视频字幕系统成为可能。卷积神经网络通过处理视频中的图像帧来提取重要的特征，这些特征再经过循环递归神经网络进行处理，以生成有意义的视频摘要。视频字幕系统的一些重要应用如下：

- 工业厂房中设备的自动监控以确保安全
- 通过视频字幕内容对视频进行分类
- 银行、医院和其他公共场所的安检系统
- 视频网站上具有更优用户体验的视频搜索

构建智能深度学习视频字幕系统主要需要视频和文本形式摘要两种类型的数据，摘要会被用作训练端到端系统的标签。

本章讨论如下主题：

- 探讨 CNN 和 LSTM 在视频字幕中的作用
- 探索序列到序列的视频字幕系统的架构
- 利用基于序列到序列——视频到文本的架构构建视频字幕系统

在下一节中，我们将介绍如何应用卷积神经网络和 LSTM 版本的循环神经网络来构建端到端视频字幕系统。

5.1 技术要求

你将需要具备 Python 3、TensorFlow、Keras 和 OpenCV 的基本知识。

本章的代码文件可以在 GitHub 上找到：

https://github.com/PacktPublishing/Intelligent-Projects-using-Python/tree/master/Chapter05

5.2 视频字幕中的 CNN 和 LSTM

去掉音频之后的视频可以被认为是一组按特定顺序排列的图像集合。可以使用在特定图像分类问题上预训练的卷积神经网络来提取这些图像中的重要特征，例如 ImageNet 图像分类数据库。在预先训练好的网络中，最后完全连接层的激活可以被用于从视频序列的采样图像中导出特征。视频序列的采样图像的频率取决于视频中的内容类型，也可以通过训练进行优化。

图 5-1 是用于提取视频特征的预训练神经网络。

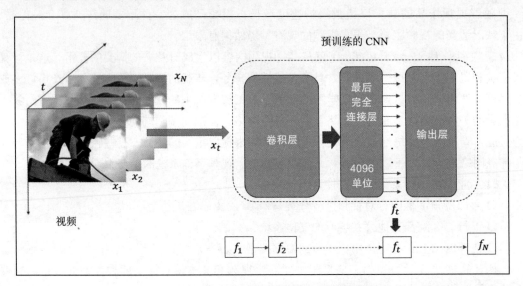

图 5-1 使用预训练的神经网络提取视频图像特征

从图中可以看到的，从视频顺序采样的图像被输入预先训练的卷积神经网络，然后在最后的完全连接层中输出 4096 个单元激活。如果视频图像在时间 t 表示为 x_t，最后一个完全连接层的输出表示为 $f_t \in R^{4096}$，则 $f_t = f_w(x_t)$。这里，W 表示卷积神经网络最后一个完全连接层的权重。

这些输出的特征序列 $f_1, f_2 \cdots f_t \cdots f_N$ 可以输入循环神经网络中，该网络会根据输入的特征生成文本字幕，如图 5-2 所示。

从图中可以看出，由预训练的卷积神经元生成的特征 $f_1, f_2, \cdots f_t \cdots f_N$ 通过 LSTM 被顺序处理得到文本输出 $o_1, o_2, \cdots o_t \cdots o_N$，即给定视频的文本字幕。例如，图中视频的字幕可能是"A man in a yellow helmet is working"：

$o1, o2, \cdots ot \cdots oN$ = {"A", "man" "in" "a" "yellow" "helmet" "is" "working"}

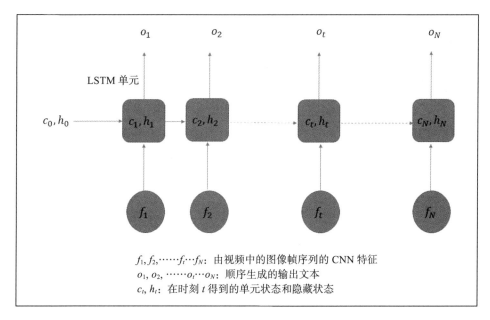

图 5-2　LSTM 处理来自 CNN 的顺序输入的特征

现在我们已经清楚了在深度学习框架下视频字幕系统是如何工作的，接下来，我们将讨论更高级的视频字幕网络：序列到序列视频字幕。我们将使用与本章相同的网络架构来构建视频字幕系统。

5.3　基于序列到序列的视频字幕系统

序列到序列架构基于一篇名为《Sequence to Sequence—Video to Text》的论文，由 Marcus Rohrbach、Jeff、Donahue、Raymond Mooney、Trevor Darrell 和 Kate Saenko 撰写。这篇论文可以在这里下载：https://arxiv.org/pdf/1505.00487.pdf。

图 5-3 描述了基于此论文的序列到序列的视频字幕神经网络的架构。

序列到序列模型将视频图像序列输入前面提到的预先训练的卷积神经网络中进行处理，并将输出的完全连接层的激活作为特征输入到后续的 LSTM 中。如果我们将由卷积神经网络在时间步 t 得到的最终全连接层的激活表示为 $f_t \in R^{4096}$，那么我们将得到从视频中 N 张图像序列得到的 N 组特征向量。这 N 组特征向量 $f_1, f_2, \cdots\cdots f_t \cdots f_N$ 将被顺序输入 LSTM 生成文本描述。

我们将使用两个背靠背的 LSTM，其中的序列数是视频图像帧数与字幕词汇表中文本字幕的最大长度之和。如果网络是在视频中的 N 张图像帧上训练的，且词汇表中的最大文本描述长度为 M，则 LSTM 将训练 $(N+M)$ 个时间步（time step）。在前 N 个时间步中，第一个 LSTM 顺序地处理特征向量 $f_1, f_2, \cdots\cdots f_t \cdots f_N$，并且由它生成的隐藏状态被输入到第二个 LSTM 中。在这 N 个时间步中，第二个 LSTM 不需要文本输出目标。如果我们将第一个 LSTM 在时间步 t 得到的隐藏状态表示为 h_t，则在前面 N 个时间步输入第二个 LSMT 的输入即为 h_t。请注意，从第 N+1 个时间步开始，第一个 LSTM 输入由零进行填充，所以在 $t>N$ 之后输入对于隐藏状态 h_t 并没有影响。请注意，这一点并不保证对于 $t>N$，隐藏状态 h_t 总是相同的。其实我们可以选择在任何时间步 $t>N$ 时将 h_t 作为 h_T 输入到第二个 LSTM 中。

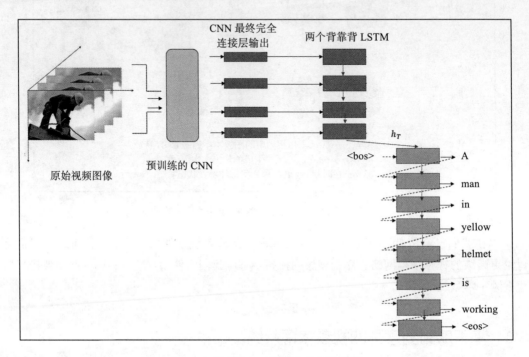

图 5-3　序列到序列视频字幕网络架构

从（N+1）时间步开始，第二个 LSTM 需要文本输出目标。在任何 $t>N$ 时间步的第二个 LSTM 输入是 $[h_t, w_{t-1}]$，其中 h_t 是第一个 LSTM 在时间步 t 的隐藏状态，w_{t-1} 是时间步（$t-1$）的文本描述。

在（N+1）时间步，输入到第二个 LSTM 的单词 w_N 是表示句子开始的符号 <bos>。一旦遇到表示句子结束的符号 <eos>，网络将停止训练。总而言之，这两个 LSTM 就是这样设置的，它们处理完所有视频图像帧特征 $[f_i]_{i=1}^N$ 后就开始制作文字描述。

还有其他方法处理时间步 $t>N$ 时第二个 LSTM 的输入，其中一种方法就是直接输入 $[w_{t-1}]$ 而不是 $[h_t, w_{t-1}]$，并且将时间步 T 下的第一个 LSTM 的隐藏状态和单元状态 $[h_T, c_T]$ 传入第二个 LSTM 作为初始隐藏和单元状态。这样的视频字幕网络架构可以由图 5-4 进行说明。

预训练的卷积神经网络（例如 VGG16、VGG19、ResNet）通常具有共同的结构，并且通常在 ImageNet 上进行训练。然而，我们可以通过从相同领域的视频提取的图像重新训练这些网络来构建视频字幕系统。我们也可以选择一个全新的 CNN 架构并在特定领域的视频图像上训练它。

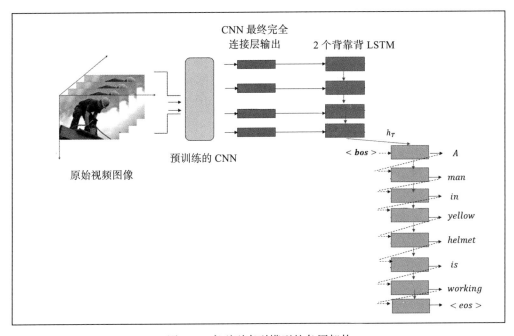

图 5-4 序列到序列模型的备用架构

到目前为止，我们已经涵盖了开发基于序列到序列架构的视频字幕系统需要的所有技术先决条件。请注意本节中提出的备用架构设计是为了鼓励读者多尝试不同的设计，并选择最适合具体问题和数据集的设计。

从下一节开始，我们将努力构建一个完整的智能视频字幕系统。

5.4 视频字幕系统数据集

我们通过在 MSVD 数据集上训练模型来构建视频字幕系统，MSVD 数据集是 Microsoft 标注的 YouTube 视频集。可以通过以下链接下载所需的数据：http://www.cs.utexas.edu/users/ml/clamp/videoDescription/YouTubeClips.tar。视频的文字描述可在以下链接中找到：https://github.com/jazzsaxmafia/video_to_sequence/files/387979/videocorpus.csv.zip。

MSVD 数据集中有大约 1938 个视频。我们将用这些视频来训练序列到序列的视频字幕系统。另外请注意，我们将构建如图 5-3 所示的序列到序列模型。不过，仍然建议读者额外尝试图 5-4 中所展示的架构训练模型，并观察它是怎样运行的。

5.5 处理视频图像以创建 CNN 特征

一旦我们从指定位置下载了数据，下一个任务就是处理视频图像帧，然后从预训练的卷积神经网络的最后全连接层中提取出特征。我们使用在 ImageNet 数据集上预训练的 VGG16 卷积神经网络，并从 VGG16 最后一个全连接层中取出激活。由于 VGG16 的最后一个全连接层有 4096 个单元，所以我们在每个时间步 t 的特征向量 f_t 是一个 4096 维度的向量，即 $f_t \in R^{4096}$。

在使用 VGG16 处理视频中的图像之前，我们需要对视频序列进行采样。我们使用特定的方式进行采样，以保证从每个视频样本中提取 80 帧图像。

在使用 VGG16 处理采样得到的 80 帧图像之后，每个视频将具有 80 个特征向量 f_1, f_2, ……f_i…f_{80}。这些特征将被输入到 LSTM 中以生成文本序列。我们使用由 Keras 预训练的 VGG16 模型。为此，我们创建 VideoCaptioningPreProcessing 类，它将首先通过函数 video_to_frames 从视频中提取 80 帧图像，随后通过 extract_feats_pretrained_cnn 函数在预训练的 VGG16 卷积神经网络上处理这些图像。

每帧图像通过函数 extract_feats_pretrained_cnn 得到维度为 4096 的 CNN 特征。由于我们从每个视频中提取 80 帧进行处理，所以每个视频会得到 80 个这样的 4096 维向量。

下面是 video_to_frames 函数：

```
def video_to_frames(self,video):
    with open(os.devnull, "w") as ffmpeg_log:
        if os.path.exists(self.temp_dest):
            print(" cleanup: " + self.temp_dest + "/")
            shutil.rmtree(self.temp_dest)
        os.makedirs(self.temp_dest)
        video_to_frames_cmd = ["ffmpeg","-y",'-i', video,
                                    '-vf', "scale=400:300",
                                    '-qscale:v', "2",
            '{0}/%06d.jpg'.format(self.temp_dest)]
        subprocess.call(video_to_frames_cmd,
                        stdout=ffmpeg_log, stderr=ffmpeg_log)
```

从前面的代码中可以看到，在 video_to_frames 函数中，ffmpeg 工具用于将视频的图像帧转换为 JPEG 格式。使用 ffmpeg 时指定图像帧的尺寸是 300x400。有关 ffmpeg 工具的更多信息，请参考以下链接：https://www.ffmpeg.org/。

在 extract_feats_pretrained_cnnfunction 函数中，设置了用于从最终全连接层中提取特征的预训练 CNN 模型。该函数的代码如下：

```
# Extract the features from the pre-trained CNN
    def extract_feats_pretrained_cnn(self):

        model = self.model_cnn_load()
        print('Model loaded')

        if not os.path.isdir(self.feat_dir):
```

```
        os.mkdir(self.feat_dir)
#print("save video feats to %s" % (self.dir_feat))
video_list = glob.glob(os.path.join(self.video_dest, '*.avi'))
#print video_list

for video in tqdm(video_list):

    video_id = video.split("/")[-1].split(".")[0]
    print(f'Processing video {video}')

    #self.dest = 'cnn_feat' + '_' + video_id
    self.video_to_frames(video)

    image_list =
    sorted(glob.glob(os.path.join(self.temp_dest, '*.jpg')))
    samples = np.round(np.linspace(
        0, len(image_list) - 1,self.frames_step))
    image_list = [image_list[int(sample)] for sample in samples]
    images =
    np.zeros((len(image_list),self.img_dim,self.img_dim,
        self.channels))
    for i in range(len(image_list)):
        img = self.load_image(image_list[i])
        images[i] = img
    images = np.array(images)
    fc_feats = model.predict(images,batch_size=self.batch_cnn)
    img_feats = np.array(fc_feats)
    outfile = os.path.join(self.feat_dir, video_id + '.npy')
    np.save(outfile, img_feats)
    # cleanup
    shutil.rmtree(self.temp_dest)
```

我们首先使用 model_cnn_load 函数加载预训练的 CNN 模型，然后使用 video_to_frames 函数基于为 ffmpeg 指定的采样频率，从每个视频中提取图像帧。

我们不会处理 ffmpeg 从视频中创建的所有图像帧，而是使用 np.linspace 函数等间隔地提取 80 帧图像进行处理。我们使用 load_image 函数将 ffmpeg 生成的图像大小调整为 224x224 的空间维度。最后，将这些经过调整的图像输入预先训练的 VGG16 卷积神经网络，并将最后一个全连接层的输出作为特征提取出来。这些提取出来的特征向量存储在 numpy 数组中，在下一阶段由 LSTM 网络进行处理以产生视频字幕。本节中定义的 model_cnn_load 函数代码如下：

```
def model_cnn_load(self):
    model = VGG16(weights = "imagenet", include_top=True,input_shape =
(self.img_dim,self.img_dim,self.channels))
    out = model.layers[-2].output
    model_final = Model(input=model.input,output=out)
    return model_final
```

从上面的代码可以看出，我们加载一个在 ImageNet 数据集上预先训练的 VGG16 卷积神经网络，然后提取第二层的输出（索引为 -2）作为 4096 维的特征向量。

在将图像输入 CNN 之前，函数 load_image 读取原始图像，并调整图像大小，具体代码如下：

```
def load_image(self,path):
    img = cv2.imread(path)
    img = cv2.resize(img,(self.img_dim,self.img_dim))
    return img
```

可以通过运行以下脚本来对图像进行预处理：

```
python VideoCaptioningPreProcessing.py process_main --video_dest
'/media/santanu/9eb9b6dc-b380-486e-b4fd-c424a325b976/Video
Captioning/data/' --feat_dir '/media/santanu/9eb9b6dc-b380-486e-b4fd-
c424a325b976/Video Captioning/features/' --temp_dest
'/media/santanu/9eb9b6dc-b380-486e-b4fd-c424a325b976/Video
Captioning/temp/' --img_dim 224 --channels 3 --batch_size=128 --frames_step
80
```

该预处理的输出是 80 个特征向量，这些特征向量的维度均为 4096，并以 numpy 数组对象的格式写入扩展名为 npy 的文件中。每个视频都有自己的 numpy 数组对象，并存储在 feat_dir 目录下。我们从日志中可以看出，预处理的过程持续了大约 28 分钟：

```
Processing video /media/santanu/9eb9b6dc-b380-486e-b4fd-c424a325b976/Video
Captioning/data/jmoT2we_rqo_0_5.avi
100%|████████████████████████████████████| 1967/1970 [27:57<00:02, 1.09it/s]Processing video
/media/santanu/9eb9b6dc-b380-486e-b4fd-c424a325b976/Video
Captioning/data/NKtfKR4GNjU_0_20.avi
100%|████████████████████████████████████| 1968/1970 [27:58<00:02, 1.11s/it]Processing video
/media/santanu/9eb9b6dc-b380-486e-b4fd-c424a325b976/Video
Captioning/data/4cgzdXlJksU_83_90.avi
100%|████████████████████████████████████| 1969/1970 [27:59<00:01, 1.08s/it]Processing video
/media/santanu/9eb9b6dc-b380-486e-b4fd-c424a325b976/Video
Captioning/data/0IDJG0q9j_k_1_24.avi
100%|████████████████████████████████████| 1970/1970 [28:00<00:00, 1.06s/it]
28.045 min: VideoCaptioningPreProcessing
```

在下一节中，我们将处理这些预处理视频对应的带标签字幕。

5.6 处理视频的带标签字幕

corpus.csv 文件包含文本形式的视频字幕（请参阅图 5-5）。下面的屏幕截图显示了一段数据。我们可以删除少量 [VideoID, Start, End] 组合，并将这些记录作为测试文件在稍后进行评估：

	A	B	C	D	E	F	G	H
1	VideoID	Start	End	WorkerID	Source	AnnotationTime	Language	Description
3	mv89psg6zh4	33	46	588702	unverified	55	Slovene	Papagaj se umiva pod tekočo vodo v lijaku.
5	mv89psg6zh4	33	46	588702	unverified	37	Slovene	Papagaj se umiva pod tekočo vodo v lijaku.
7	mv89psg6zh4	33	46	362812	unverified	11	Macedonian	папагал се бања
9	mv89psg6zh4	33	46	968828	unverified	84	German	Ein Wellensittich duscht unter einem Wasserhahn.
11	mv89psg6zh4	33	46	203142	unverified	14	Romanian	o pasare sta intr-o chiuveta.
13	mv89psg6zh4	33	46	984231	unverified	35	Romanian	Un papagal se spala intr-o chiuveta.
15	mv89psg6zh4	33	46	130914	unverified	24	Georgian	თუთიყუშში რაკონოაში სვეღდება
17	mv89psg6zh4	33	46	130914	unverified	19	Georgian	თუთიყუშში სვეღდება რაკონოაში
19	mv89psg6zh4	33	46	400189	unverified	23	Serbian	Papagaj se tušira u sudoperu.
21	mv89psg6zh4	33	46	589431	unverified	66	Serbian	Papagaj biva kvašen u sudoperu vodom koja curi iz česme.
23	mv89psg6zh4	33	46	767031	unverified	31	Serbian	Papagaj se tušira u sudoperi.
25	mv89psg6zh4	33	46	649244	unverified	19	Serbian	Papagaj pije vodu u sudoperu
27	mv89psg6zh4	33	46	180998	unverified	19	French	Un oiseau boit.
29	mv89psg6zh4	33	46	197912	unverified	18	Gujarati	કબૂતર નળ નીચે નહાય છે
31	mv89psg6zh4	33	46	339861	unverified	52	Hindi	एक तोता नहा रहा है.
33	mv89psg6zh4	33	46	818922	unverified	253	Hindi	बेसन वश में कुछ पड़ा है.
35	mv89psg6zh4	33	46	161492	unverified	34	Hindi	तोता नहातअ है
37	mv89psg6zh4	33	46	797651	unverified	27	Hindi	थुथ नहा रहा है
39	mv89psg6zh4	33	46	682611	clean	66	English	A bird in a sink keeps getting under the running water from a faucet.
41	mv89psg6zh4	33	46	760882	clean	16	English	A bird is bathing in a sink.
43	mv89psg6zh4	33	46	878566	clean	76	English	A bird is splashing around under a running faucet.

图 5-5 视频字幕文件的快照

VideoID、Start 和 End 列组合在一起形成以下格式的视频名称：VideoID_Start_End.avi。基于视频名称，来自卷积神经网络 VGG16 的特征存储为 VideoID_Start_End.npy。以下函数用于处理视频文本字幕，并从 VGG16 中创建视频图像路径的交叉引用：

```
def get_clean_caption_data(self,text_path,feat_path):
    text_data = pd.read_csv(text_path, sep=',')
    text_data = text_data[text_data['Language'] == 'English']
    text_data['video_path'] =
        text_data.apply(lambda row:
row['VideoID']+'_'+str(int(row['Start']))+'_'+str(int(row['End']))+'.npy',
        axis=1)
    text_data['video_path'] =
        text_data['video_path'].map(lambda x: os.path.join(feat_path, x))
```

```
        text_data =
        text_data[text_data['video_path'].map(lambda x: os.path.exists(x))]
        text_data =
        text_data[text_data['Description'].map(lambda x: isinstance(x,
str))]
        unique_filenames = sorted(text_data['video_path'].unique())
        data =
        text_data[text_data['video_path'].map(lambda x: x in
unique_filenames)]
        return data
```

在定义的 get_data 函数中，我们从 video_corpus.csv 文件中删除所有字幕不是英文的数据。处理完成后，我们开始构建到视频特征的链接，具体来说，首先使用视频名称（VideoID、Start 和 End 的串联）构造视频名称，然后为其添加特征目录名作为前缀。之后我们删除视频库中所有没有指向任何实际目录的视频，或者含有无效字幕的视频。

处理后的数据如图 5-6 所示。

index	VideoID	Start	End	WorkerID	Source	AnnotationTime	Language	Description
77153	krAk8WPZRL4	207	212	281652	unverified	33	English	A car has blasted behind the people standing.
119339	lxw6wmoC_xg	116	126	280252	clean	75	English	A woman is putting a small baby in a water pip.
33060	SULWQEAErKw	13	26	919506	unverified	73	English	tortoise walking on grass
118294	1qV4wfjTYIo	151	164	948158	unverified	53	English	A cat fished a straw out of its water bowl.
35337	zHy7pM0U49w	110	116	947723	unverified	19	English	A man is chopping a tomato.
28824	bkazguPsusc	74	85	481414	clean	125	English	A cat is crawling underneath a couch.
16701	6t0BpjwYKco	71	76	829808	unverified	29	English	A lady is cutting an apple.
62353	aM-RcQj0a7I	37	55	762891	clean	30	English	The man is frying food.
40211	FCjpuJaUec0	19	26	297776	unverified	69	English	A cat plays in a toilet.
13565	ngHDYzhDBk4	5	14	762891	clean	21	English	The girls are dancing.
77485	xxHx6s_DbUo	57	61	707318	clean	11	English	A man is doing pull ups.
31845	ltFqogTmAvQ	240	246	762891	clean	14	English	The man and woman are riding a motorcycle.
62473	jfrrO5K_vKM	55	65	275759	clean	37	English	A man showing a gun packed in a box.
72911	dJCtOz32dnw	40	60	707318	unverified	16	English	A man pulls eggs out of his pants.
23996	FHwC2THZJfA	0	10	283974	unverified	106	English	Loris try to climb a rope
96143	lmCrlZeob4w	23	26	807741	unverified	42	English	Christmas in Japan
65195	ejgwQqCHN1E	7	12	688049	unverified	167	English	Love song is sing by lovers
36558	98Alrg4pFXs	148	153	135621	clean	88	English	Two black men are kick boxing.
121514	BVjvRpmHg0w	231	250	833861	unverified	207	English	The two woman's are preparing the food
82325	QTAqjSbMkXU	65	75	772960	clean	509	English	Two portions of salmon flesh are placed in a dish containing salt and whole spices and a baking sheet is spread over them.
117678	LwicaralvS0	90	104	181773	clean	37	English	A man is pouring sugar into his coffee.
58604	I_-Nb_0RxpM	1	15	772960	clean	309	English	An old man is swinging his hip with his hands placed thereon as he bends sideways standing on a pavement.
14936	L9wD3kw-8FE	65	73	553931	unverified	19	English	Someone chopped a log with a machete.
25574	J---aiyznGQ	0	6	275759	clean	96	English	A cat is playing a piano.
44267	KUc1cWKXjDc	20	30	313410	unverified	57	English	Two small yellow ducks run around together in a yard.
110418	JktNQQnLbIQ	4	9	418656	unverified	224	English	A woman is roasting the bread.
80187	ecm9gf2Pgkc	1	24	825347	clean	12	English	A woman is playing with a rabbit.
42987	3eqFFRSXwGE	84	96	159786	clean	1206	English	Two dogs are playing on a floor.
49600	DIToA1dDwGQ	32	42	373663	clean	28	English	A woman is riding on an elephant.
77537	ZvJvNcukZ4w	0	10	155632	clean	46	English	A badger attacks a fox.
66208	ObBss94n3gl	35	46	130040	unverified	68	English	A man slicing some vegitables
60005	9gbUM9oHBNI	557	563	303815	unverified	42	English	the person is drinking the water
15985	-7KMZQEsJW4	205	208	371782	unverified	136	English	A guy is holding the sunflower in his hand.
64925	AzMrltkXGJk	0	10	707318	unverified	20	English	A boy is looking outside a window.
34205	H1Bok7Dg7g8	21	26	373663	unverified	129	English	A puppet is talking on a phone
89675	VLBsAPZ2DDE	58	64	922727	clean	25	English	Chickens are chasing a little boy.
51448	iTA0rWPE4nY	17	23	869926	unverified	19	English	A man is washing his hands in the bathroom.
5318	vE1gvaM3iAs	39	46	467982	unverified	119	English	A man removing scratches from a dvd with some sort of chemicals.
31732	2mUMTFnQWa	1	9	696912	unverified	92	English	The girl is riding a horse around the fence.
86781	1dfR0A_BXjw	441	448	762891	clean	18	English	The man is seasoning dough.
5253	32_A0-er4Ws	16	20	534192	unverified	28	English	A woman picks a tomato outdoors.
81648	hM3jzlyNlpc	0	10	309959	clean	16	English	The hamster ran in the wheel.
54243	WPG-BIWOrG4	130	134	707318	clean	16	English	A person is baking food in the oven.

图 5-6 预处理后的视频字幕数据

5.7 构建训练集和测试集

我们想要在训练模型后评估模型的效果，为此，可以评估从测试数据集中生成的视频字幕与测试集中原有的视频字幕的差距。可以使用以下功能创建训练集和测试集。我们可以在训练期间构建测试数据集，并在模型训练后用于评估：

```
def train_test_split(self,data,test_frac=0.2):
    indices = np.arange(len(data))
    np.random.shuffle(indices)
    train_indices_rec = int((1 - test_frac)*len(data))
    indices_train = indices[:train_indices_rec]
    indices_test = indices[train_indices_rec:]
    data_train, data_test = 
    data.iloc[indices_train],data.iloc[indices_test]
    data_train.reset_index(inplace=True)
    data_test.reset_index(inplace=True)
    return data_train,data_test
```

通常的做法是保留 20% 的数据用于评估。

5.8 构建模型

本节展示核心的模型构建练习。我们首先为文本字幕词汇表中的单词定义一个嵌入层，后面跟着两个 LSTM。权重 self.encode_W 和 self.encode_b 用来减少卷积神经网络中特征 f_t 的维度。在任何时间步 $t > N$，第二个 LSTM（LSTM2）的输入是 w_{t-1}，以及第一个 LSTM（LSTM1）的输出 h_t。LSTM2 的输入是 w_{t-1} 的单词嵌入，而不是原始的独热编码向量。对于前 N（self.video_lstm_step）步，LSTM1 处理 CNN 的输入特征 f_t，并将输出隐藏状态 h_t(output1) 作为 LSTM2 的输入。在编码阶段，LSTM2 不接收任何单词 w_{t-1} 作为输入。

从（$N+1$）时间步开始，我们进入解码阶段。LSTM2 接收来自 LSTM1 的隐藏状态 h_t(output1) 和前一时间步的单词嵌入向量 w_{t-1}。在这个阶段，由于所有的特征 f_t 都在时间步 N 时被处理完，所以 LSTM1 并没有任何输入。解码阶段的时间步数由 self.caption_lstm_step 决定。

现在，如果我们将 LSTM2 的活动用函数 f2 表示，那么 $f_2(h_t, w_{t-1}) = h_{2t}$，其中 h_{2t} 是 LSTM2 在时间步 t 的隐藏状态。时间步 t 的隐藏状态 h_{2t} 被一个 softmax 函数表示为输出词的概率分布，概率最高的词被选为下一个词 $\hat{o}_t$：

$$p_t = \text{softmax}(h_{2t} * W_{ho} + b)$$
$$\hat{o}_t = \text{argmax}\, p_t$$

权值 W_{ho} 和 b 在下面的代码中被定义为 self.word_emb_W 和 self.word_emb_b。请参考 build_model 函数来获取更多细节。为了更容易地解释，构建函数被分为 3 个部分。构建模型有 3 个主要单元：

- 定义阶段：定义变量、字幕文本的嵌入层和序列到序列模型的两个 LSTM。
- 编码阶段：在这个阶段，我们将从视频中提取的图像帧的特征传入 LSTM1，并将 LSTM1 每一步的隐藏状态传入 LSTM2。这个过程一直运行到第 N 个时间步，这里 N 是从每个视频中采样的视频图像帧的个数。
- 解码阶段：在解码阶段，LSTM2 开始生成文字字幕。解码阶段从时间步 $N + 1$ 开始。

LSTM2 的每个时间步所生成的单词与 LSTM1 的隐藏状态一同被输入下一个状态。

5.8.1 定义模型的变量

下面是视频字幕模型的变量的定义和其他相关定义：

```
Defining the weights associated with the Network
        with tf.device('/cpu:0'):
            self.word_emb =
            tf.Variable(tf.random_uniform([self.n_words, self.dim_hidden],
                    -0.1, 0.1), name='word_emb')

        self.lstm1 =
        tf.nn.rnn_cell.BasicLSTMCell(self.dim_hidden, state_is_tuple=False)
        self.lstm2 =
        tf.nn.rnn_cell.BasicLSTMCell(self.dim_hidden, state_is_tuple=False)
        self.encode_W =
        tf.Variable( tf.random_uniform([self.dim_image,self.dim_hidden],
                -0.1, 0.1), name='encode_W')
        self.encode_b =
        tf.Variable( tf.zeros([self.dim_hidden]), name='encode_b')

        self.word_emb_W =
        tf.Variable(tf.random_uniform([self.dim_hidden,self.n_words],
        -0.1,0.1), name='word_emb_W')
        self.word_emb_b =
        tf.Variable(tf.zeros([self.n_words]), name='word_emb_b')

        # Placeholders
        video =
        tf.placeholder(tf.float32, [self.batch_size,
        self.video_lstm_step, self.dim_image])
        video_mask =
        tf.placeholder(tf.float32, [self.batch_size, self.video_lstm_step])

        caption =
                tf.placeholder(tf.int32, [self.batch_size,
        self.caption_lstm_step+1])
                caption_mask =
                tf.placeholder(tf.float32, [self.batch_size,
        self.caption_lstm_step+1])

                video_flat = tf.reshape(video, [-1, self.dim_image])
                image_emb = tf.nn.xw_plus_b( video_flat,
        self.encode_W,self.encode_b )
                image_emb =
                tf.reshape(image_emb, [self.batch_size, self.lstm_steps,
        self.dim_hidden])

                state1 = tf.zeros([self.batch_size, self.lstm1.state_size])
                state2 = tf.zeros([self.batch_size, self.lstm2.state_size])
                padding = tf.zeros([self.batch_size, self.dim_hidden])
```

所有相关变量和占位符都由上面的代码定义。

5.8.2 编码阶段

在编码阶段，通过将每个视频图像的特征（来自 CNN 最终层）传递给 LSTM1 的时间步，顺序地处理这些特征。视频图像帧的维度为 4096。在将这些高维视频图像帧特征向量馈送到 LSTM1 之前，我们先将视频图像帧降维到 512。LSTM1 将处理视频图像帧，并在每个时间步将隐藏状态传递给 LSTM2。这个过程一直持续到时间步 N（self.video_lstm_step）。编码器的代码如下：

```
probs = []
    loss = 0.0

    # Encoding Stage
    for i in range(0, self.video_lstm_step):
        if i > 0:
            tf.get_variable_scope().reuse_variables()

        with tf.variable_scope("LSTM1"):
            output1, state1 = self.lstm1(image_emb[:,i,:], state1)

        with tf.variable_scope("LSTM2"):
            output2, state2 = self.lstm2(tf.concat([padding, output1],1), state2)
```

5.8.3 解码阶段

解码阶段生成视频字幕的单词。这时，LSTM1 没有输入，但 LSTM1 会向前滚动，并将产生的隐藏状态像之前那样输入 LSTM2 时间步。在每个时间步，LSTM2 的另一个输入是文本字幕中前一个单词的嵌入向量。因此，在每个时间步，LSTM2 以前一时间步中预测的单词为条件，结合在该时间步来自 LSTM1 的隐藏状态，生成新的字幕单词。解码器的代码如下：

```
# Decoding Stage to generate Captions
    for i in range(0, self.caption_lstm_step):

        with tf.device("/cpu:0"):
            current_embed = tf.nn.embedding_lookup(self.word_emb, caption[:, i])

        tf.get_variable_scope().reuse_variables()

        with tf.variable_scope("LSTM1"):
            output1, state1 = self.lstm1(padding, state1)

        with tf.variable_scope("LSTM2"):
            output2, state2 =
             self.lstm2(tf.concat([current_embed, output1],1), state2)
```

5.8.4 计算小批量损失

优化的损失是在 LSTM2 的每个时间步预测字幕单词集合中正确单词的分类交叉熵损失。在解码阶段的每个时间步,也会对批量中所有的数据执行相同计算,并累加损失。解码期间的累加损失的相关代码如下:

```
        labels = tf.expand_dims(caption[:, i+1], 1)
        indices = tf.expand_dims(tf.range(0, self.batch_size, 1), 1)
        concated = tf.concat([indices, labels],1)
        onehot_labels =
        tf.sparse_to_dense(concated, tf.stack
                    ([self.batch_size,self.n_words]), 1.0, 0.0)

        logit_words =
            tf.nn.xw_plus_b(output2, self.word_emb_W, self.word_emb_b)
# Computing the loss
        cross_entropy =
        tf.nn.softmax_cross_entropy_with_logits(logits=logit_words,
        labels=onehot_labels)
        cross_entropy =
        cross_entropy * caption_mask[:,i]
        probs.append(logit_words)

        current_loss = tf.reduce_sum(cross_entropy)/self.batch_size
        loss = loss + current_loss
```

我们可以使用任何合理的梯度下降优化器(如 Adam、RMSprop 等)来优化损失。这里我们选择 Adam 进行实验,因为它对大多数深度学习问题的优化都表现得很好。我们可以使用 Adam 优化器定义 train op,如下所示:

```
with tf.variable_scope(tf.get_variable_scope(),reuse=tf.AUTO_REUSE):
    train_op = tf.train.AdamOptimizer(self.learning_rate).minimize(loss)
```

5.9 为字幕创建单词词汇表

在本节中,我们为视频字幕创建单词词汇表,我们在其中创建了一些附加单词,如下所示:

```
eos => End of Sentence
bos => Beginning of Sentence
pad => When there is no word to feed,required by the LSTM 2 in the initial
N time steps
unk => A substitute for a word that is not included in the vocabulary
```

LSTM2 以单词为输入,它需要这四个附加单词。当我们开始生成字幕时,在(N+1)时间步,我们输入前一个时间步的单词 w_{t-1}。而对于要生成的第一个单词,并没有来自前一个时间步的有效单词,因此我们输入虚拟(dummy)单词 <bos>,以表示句子的开头。同样,当我们到达最后一个时间步时,w_{t-1} 表示字幕的最后一个单词。我们训练模型输出最后一个单词为虚拟单词 <eos>，以表示句子的结尾。当遇到句子结尾时，LSTM2 停止输出新的单词。

下面用一个例子说明这一点，让我们来看一个句子：The weather is beautiful。以下是从时间步（$N+1$）开始 LSTM2 的输入和输出标签：

时间步	输入	输出
$N+1$	<bos>, h_{T+1}	The
$N+2$	The, h_{T+2}	whether
$N+3$	whether, h_{T+3}	is
$N+4$	is, h_{T+4}	beautiful
$N+5$	beautiful, h_{T+5}	<eos>

下面是用于创建单词词汇表的 create_word_dict 函数：

```python
def create_word_dict(self,sentence_iterator, word_count_threshold=5):
    word_counts = {}
    sent_cnt = 0
    for sent in sentence_iterator:
        sent_cnt += 1
        for w in sent.lower().split(' '):
            word_counts[w] = word_counts.get(w, 0) + 1
    vocab = [w for w in word_counts if word_counts[w] >= word_count_threshold]
    idx2word = {}
    idx2word[0] = '<pad>'
    idx2word[1] = '<bos>'
    idx2word[2] = '<eos>'
    idx2word[3] = '<unk>'
    word2idx = {}
    word2idx['<pad>'] = 0
    word2idx['<bos>'] = 1
    word2idx['<eos>'] = 2
    word2idx['<unk>'] = 3
    for idx, w in enumerate(vocab):
        word2idx[w] = idx+4
        idx2word[idx+4] = w
    word_counts['<pad>'] = sent_cnt
    word_counts['<bos>'] = sent_cnt
    word_counts['<eos>'] = sent_cnt
    word_counts['<unk>'] = sent_cnt
    return word2idx,idx2word
```

5.10 训练模型

在本节中，我们将所有部分组合在一起，以构建用于训练视频字幕模型的函数。

首先，我们结合训练和测试数据集中的视频字幕创建词汇表字典。完成此操作后，我们调用 build_model 函数将两个 LSTM 组合在一起来创建视频字幕网络。对于每个视频，在特定的 start 和 end 区间内，有多个视频字幕输出。在每个批量中，对于特定 start 和 end 区间内的视频，将从多个可选的视频字幕输出中随机选一个作为输出视频字幕。LSTM2 的输入文本字幕被调整为在时间步（N+1）处的起始单词 <bos>，而输出文本的最终结束单词调整为 <eos>。每个时间步的分类交叉熵损失的总和作为特定视频的总交叉熵损失。在每个时间步中，我们通过完整的单词词汇表计算分类交叉熵损失，可以表示如下：

$$C^{(t)} = -\sum_{i=1}^{V} y_i^{(t)} \log(p_i^{(t)})$$

这里，$y^{(t)} = [y_1^{(t)} y_2^{(t)} y_i^{(t)} \cdots y_V^{(t)}]$ 是在时间步 t 实际目标单词的独热编码向量，$p^{(t)} = [p_1^{(t)} p_2^{(t)} p_i^{(t)} \cdots p_V^{(t)}]$ 是来自模型的预测概率向量。

在训练期间的每个轮次（epoch）都会记录损失，以了解损失减少的性质。另一个需要注意的重要事情是，我们使用 TensorFlow 的 tf.train.saver 函数保存训练模型，以便可以恢复保存的模型来执行推断。

train 函数的详细代码如下，以供参考：

```
def train(self):
    data = self.get_data(self.train_text_path,self.train_feat_path)
    self.train_data,self.test_data = self.train_test_split(data,test_frac=0.2)
    self.train_data.to_csv(f'{self.path_prj}/train.csv',index=False)
    self.test_data.to_csv(f'{self.path_prj}/test.csv',index=False)

    print(f'Processed train file written to {self.path_prj}/train_corpus.csv')
    print(f'Processed test file written to {self.path_prj}/test_corpus.csv')
    train_captions = self.train_data['Description'].values
    test_captions = self.test_data['Description'].values
    captions_list = list(train_captions)
    captions = np.asarray(captions_list, dtype=np.object)
    captions = list(map(lambda x: x.replace('.', ''), captions))
    captions = list(map(lambda x: x.replace(',', ''), captions))
    captions = list(map(lambda x: x.replace('"', ''), captions))
    captions = list(map(lambda x: x.replace('\n', ''), captions))
    captions = list(map(lambda x: x.replace('?', ''), captions))
    captions = list(map(lambda x: x.replace('!', ''), captions))
    captions = list(map(lambda x: x.replace('\\', ''), captions))
    captions = list(map(lambda x: x.replace('/', ''), captions))
    self.word2idx,self.idx2word = self.create_word_dict(captions,
                            word_count_threshold=0)
    np.save(self.path_prj/ "word2idx",self.word2idx)
    np.save(self.path_prj/ "idx2word" ,self.idx2word)
    self.n_words = len(self.word2idx)
    tf_loss, tf_video,tf_video_mask,tf_caption,tf_caption_mask,tf_probs,train_op=
        self.build_model()
    sess = tf.InteractiveSession()
    saver = tf.train.Saver(max_to_keep=100, write_version=1)
    tf.global_variables_initializer().run()
    loss_out = open('loss.txt', 'w')
    val_loss = []
```

```python
        for epoch in range(0,self.epochs):
            val_loss_epoch = []
            index = np.arange(len(self.train_data))

            self.train_data.reset_index()
            np.random.shuffle(index)
            self.train_data = self.train_data.loc[index]
            current_train_data =
            self.train_data.groupby(['video_path']).first().reset_index()

            for start, end in zip(
                    range(0, len(current_train_data),self.batch_size),
range(self.batch_size,len(current_train_data),self.batch_size)):
                start_time = time.time()
                current_batch = current_train_data[start:end]
                current_videos = current_batch['video_path'].values
                current_feats = np.zeros((self.batch_size,
                        self.video_lstm_step,self.dim_image))
                current_feats_vals = list(map(lambda vid:
np.load(vid),current_videos))
                current_feats_vals = np.array(current_feats_vals)
                current_video_masks =
np.zeros((self.batch_size,self.video_lstm_step))
                for ind,feat in enumerate(current_feats_vals):
                    current_feats[ind][:len(current_feats_vals[ind])] =
feat
                    current_video_masks[ind][:len(current_feats_vals[ind])]
= 1
                current_captions = current_batch['Description'].values
                current_captions = list(map(lambda x: '<bos> ' + x,
current_captions))
                current_captions = list(map(lambda x: x.replace('.', ''),
                        current_captions))
                current_captions = list(map(lambda x: x.replace(',', ''),
                        current_captions))
                current_captions = list(map(lambda x: x.replace('"', ''),
                        current_captions))
                current_captions = list(map(lambda x: x.replace('\n', ''),
                        current_captions))
                current_captions = list(map(lambda x: x.replace('?', ''),
                        current_captions))
                current_captions = list(map(lambda x: x.replace('!', ''),
                        current_captions))
                current_captions = list(map(lambda x: x.replace('\\', ''),
                        current_captions))
                current_captions = list(map(lambda x: x.replace('/', ''),
                        current_captions))

                for idx, each_cap in enumerate(current_captions):
                    word = each_cap.lower().split(' ')
                    if len(word) < self.caption_lstm_step:
                        current_captions[idx] = current_captions[idx] + ' <eos>'
                    else:
                        new_word = ''
                        for i in range(self.caption_lstm_step-1):
                            new_word = new_word + word[i] + ' '
```

```python
                            current_captions[idx] = new_word + '<eos>'
                    current_caption_ind = []
                    for cap in current_captions:
                        current_word_ind = []
                        for word in cap.lower().split(' '):
                            if word in self.word2idx:
                                current_word_ind.append(self.word2idx[word])
                            else:
                                current_word_ind.append(self.word2idx['<unk>'])
                        current_caption_ind.append(current_word_ind)
                    current_caption_matrix =
                    sequence.pad_sequences(current_caption_ind, padding='post',
                                        maxlen=self.caption_lstm_step)
                    current_caption_matrix =
                    np.hstack( [current_caption_matrix,
                              np.zeros([len(current_caption_matrix), 1] ) ]
).astype(int)
                    current_caption_masks =
                    np.zeros( (current_caption_matrix.shape[0],
                             current_caption_matrix.shape[1]) )
                    nonzeros =
                    np.array( list(map(lambda x: (x != 0).sum() + 1,
                             current_caption_matrix ) ))
                    for ind, row in enumerate(current_caption_masks):
                        row[:nonzeros[ind]] = 1
                    probs_val = sess.run(tf_probs, feed_dict={
                        tf_video:current_feats,
                        tf_caption: current_caption_matrix
                        })
                    _, loss_val = sess.run(
                            [train_op, tf_loss],
                            feed_dict={
                                tf_video: current_feats,
                                tf_video_mask : current_video_masks,
                                tf_caption: current_caption_matrix,
                                tf_caption_mask: current_caption_masks
                                })
                    val_loss_epoch.append(loss_val)
                    print('Batch starting index: ', start, " Epoch: ", epoch, " loss: ",
                        loss_val, ' Elapsed time: ', str((time.time() -
start_time)))
                    loss_out.write('epoch ' + str(epoch) + ' loss ' +
str(loss_val) + '\n')
                # draw loss curve every epoch
                val_loss.append(np.mean(val_loss_epoch))
                plt_save_dir = self.path_prj / "loss_imgs"
                plt_save_img_name = str(epoch) + '.png'
                plt.plot(range(len(val_loss)),val_loss, color='g')
                plt.grid(True)
                plt.savefig(os.path.join(plt_save_dir, plt_save_img_name))
                if np.mod(epoch,9) == 0:
                    print ("Epoch ", epoch, " is done. Saving the model ...")
                    saver.save(sess, os.path.join(self.path_prj, 'model'),
global_step=epoch)
            loss_out.close()
```

正如我们在上面的代码中所看到的，每次随机选择一组大小为 batch_size 的视频来创建批量。

对于每个视频，由于同一个视频被多个标注器标注，因此随机选择一个标签。对于每个选定的字幕，我们清理字幕文本，并将其中的单词转换为单词索引。由于我们在每个时间步通过前一个单词预测下一个单词，因此字幕的目标移动 1 个时间步。模型按指定轮次数量进行训练，并且按指定数量的轮次间隔（此处为 9）接受检查。

5.11 训练结果

可以使用以下命令训练模型：

```
python Video_seq2seq.py process_main --path_prj '/media/santanu/9eb9b6dc-b380-486e-b4fd-c424a325b976/Video Captioning/' --caption_file video_corpus.csv --feat_dir features --cnn_feat_dim 4096 --h_dim 512 --batch_size 32 --lstm_steps 80 --video_steps=80 --out_steps 20 --learning_rate 1e-4--epochs=100
```

参数	输出
Optimizer	Adam
learning rate	1e-4
Batch size	32
Epochs	100
cnn_feat_dim	4096
lstm_steps	80
out_steps	20
h_dim	512

训练输出的日志如下：

```
Batch starting index: 1728 Epoch: 99 loss: 17.723186 Elapsed time: 0.21822428703308105
Batch starting index: 1760 Epoch: 99 loss: 19.556421 Elapsed time: 0.2106935977935791
Batch starting index: 1792 Epoch: 99 loss: 21.919321 Elapsed time: 0.2206578254699707
Batch starting index: 1824 Epoch: 99 loss: 15.057275 Elapsed time: 0.21275663375854492
Batch starting index: 1856 Epoch: 99 loss: 19.633915 Elapsed time: 0.21492290496826172
Batch starting index: 1888 Epoch: 99 loss: 13.986136 Elapsed time: 0.21542596817016602
Batch starting index: 1920 Epoch: 99 loss: 14.300303 Elapsed time: 0.21855640411376953
```

```
Epoch 99 is done. Saving the model ...
24.343 min: Video Captioning
```

可以看到，使用 GeForce Zotac 1070 GPU 训练模型 100 个轮次大约需要 24 分钟。每个轮次的训练损失减少如下所示（图 5-7）：

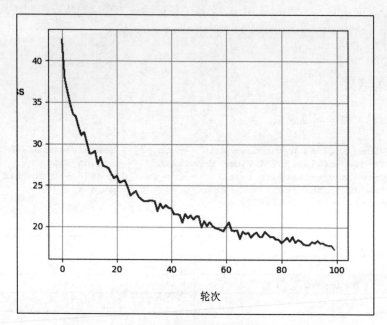

图 5-7　训练期间的损失情况

正如我们从图 5-7 中所看到的，在最初的几个轮次中损失减少很多，然后在第 80 个轮次左右则逐渐减少。在下一节中，我们将说明模型在生成未见过的视频字幕时的表现。

5.12　对未见过的视频进行推断

以推断为目的，我们构建一个生成器函数 build_generator，它复制 build_model 的逻辑，以定义所有模型变量和所需的 TensorFlow 操作，来加载模型并执行推断：

```
def build_generator(self):
    with tf.device('/cpu:0'):
        self.word_emb =
            tf.Variable(tf.random_uniform([self.n_words, self.dim_hidden],
                -0.1, 0.1), name='word_emb')


    self.lstm1 =
    tf.nn.rnn_cell.BasicLSTMCell(self.dim_hidden, state_is_tuple=False)
    self.lstm2 =
    tf.nn.rnn_cell.BasicLSTMCell(self.dim_hidden, state_is_tuple=False)
```

```python
        self.encode_W = 
        tf.Variable(tf.random_uniform([self.dim_image,self.dim_hidden],
                    -0.1, 0.1), name='encode_W')
        self.encode_b = 
        tf.Variable(tf.zeros([self.dim_hidden]), name='encode_b')

        self.word_emb_W = 
        tf.Variable(tf.random_uniform([self.dim_hidden,self.n_words],
                    -0.1,0.1), name='word_emb_W')
        self.word_emb_b = 
         tf.Variable(tf.zeros([self.n_words]), name='word_emb_b')
        video = 
        tf.placeholder(tf.float32, [1, self.video_lstm_step, 
self.dim_image])
        video_mask = 
         tf.placeholder(tf.float32, [1, self.video_lstm_step])

        video_flat = tf.reshape(video, [-1, self.dim_image])
        image_emb = tf.nn.xw_plus_b(video_flat, self.encode_W, 
self.encode_b)
        image_emb = tf.reshape(image_emb, [1, self.video_lstm_step, 
self.dim_hidden])

        state1 = tf.zeros([1, self.lstm1.state_size])
        state2 = tf.zeros([1, self.lstm2.state_size])
        padding = tf.zeros([1, self.dim_hidden])

        generated_words = []
        probs = []
        embeds = []

        for i in range(0, self.video_lstm_step):
            if i > 0:
                tf.get_variable_scope().reuse_variables()

            with tf.variable_scope("LSTM1"):
                output1, state1 = self.lstm1(image_emb[:, i, :], state1)

            with tf.variable_scope("LSTM2"):
                output2, state2 = 
                self.lstm2(tf.concat([padding, output1],1), state2)

        for i in range(0, self.caption_lstm_step):
            tf.get_variable_scope().reuse_variables()

            if i == 0:
                with tf.device('/cpu:0'):
                    current_embed = 
                    tf.nn.embedding_lookup(self.word_emb, tf.ones([1], 
dtype=tf.int64))

            with tf.variable_scope("LSTM1"):
                output1, state1 = self.lstm1(padding, state1)

            with tf.variable_scope("LSTM2"):
                output2, state2 = 
                self.lstm2(tf.concat([current_embed, output1],1), state2)
```

```
        logit_words =
tf.nn.xw_plus_b( output2, self.word_emb_W, self.word_emb_b)
        max_prob_index = tf.argmax(logit_words, 1)[0]
        generated_words.append(max_prob_index)
        probs.append(logit_words)

        with tf.device("/cpu:0"):
            current_embed =
tf.nn.embedding_lookup(self.word_emb, max_prob_index)
            current_embed = tf.expand_dims(current_embed, 0)

        embeds.append(current_embed)

    return video, video_mask, generated_words, probs, embeds
```

5.12.1 推断函数

在推断过程中，我们调用 build_generator 来定义推理所需要的模型和其他 TensorFlow 操作，然后通过 tf.train.Saver.restoreutility 以训练好的模型中保存的权重加载已定义的模型。一旦模型加载并准备好推断每个测试视频，则对相应的视频图像帧进行预处理以提取特征（来自 CNN），并将其传递给模型进行推断：

```
    def inference(self):
        self.test_data =
self.get_test_data(self.test_text_path,self.test_feat_path)
        test_videos = self.test_data['video_path'].unique()
        self.idx2word =
pd.Series(np.load(self.path_prj / "idx2word.npy").tolist())
        self.n_words = len(self.idx2word)
        video_tf, video_mask_tf, caption_tf, probs_tf, last_embed_tf =
self.build_generator()
        sess = tf.InteractiveSession()
        saver = tf.train.Saver()
        saver.restore(sess,self.model_path)
        f = open(f'{self.path_prj}/video_captioning_results.txt', 'w')
        for idx, video_feat_path in enumerate(test_videos):
            video_feat = np.load(video_feat_path)[None,...]
            if video_feat.shape[1] == self.frame_step:
                video_mask = np.ones((video_feat.shape[0],
video_feat.shape[1]))
            else:
                continue
            gen_word_idx =
sess.run(caption_tf, feed_dict={video_tf:video_feat,
                    video_mask_tf:video_mask})
            gen_words = self.idx2word[gen_word_idx]
            punct = np.argmax(np.array(gen_words) == '<eos>') + 1
            gen_words = gen_words[:punct]
            gen_sent = ' '.join(gen_words)
            gen_sent = gen_sent.replace('<bos> ', '')
            gen_sent = gen_sent.replace(' <eos>', '')
            print(f'Video path {video_feat_path} : Generated Caption
{gen_sent}')
```

```
    print(gen_sent,'\n')
    f.write(video_feat_path + '\n')
    f.write(gen_sent + '\n\n')
```

可以通过调用以下命令来运行推断：

```
python Video_seq2seq.py process_main --path_prj '/media/santanu/9eb9b6dc-
b380-486e-b4fd-c424a325b976/Video Captioning/' --caption_file
'/media/santanu/9eb9b6dc-b380-486e-b4fd-c424a325b976/Video
Captioning/test.csv' --feat_dir features --mode inference --model_path
'/media/santanu/9eb9b6dc-b380-486e-b4fd-c424a325b976/Video
Captioning/model-99'
```

5.12.2 评估结果

评估结果非常不错。来自测试集的两个视频 0lh_UWF9ZP4_82_87.avi 和 8MVo7fje_oE_139_144.avi 的推断结果如下所示：

图 5-8 所示的屏幕截图是对视频 video0lh_UWF9ZP4_82_87.avi 进行推断的结果。

图 5-8　使用经过训练的模型推断视频 0lh_UWF9ZP4_82_87.avi

图 5-9 所示的截图是另一个视频 video8MVo7fje_oE_139_144.avi 的推断结果。

从上面的截图中，我们可以看到经过训练的模型很好地为测试视频提供了恰当的描述。该项目的代码可以在 GitHub 上下载：https://github.com/PacktPublishing/Python-Artificial-Intelligence-Projects/tree/master/Chapter05。模块 VideoCaptioningPreProcessing.py 用于预处理视频并创建卷积神经网络特征，而模块 Video_seq2seq.py 用于训练端到端视频字幕系统并执行推断。

图 5-9 使用训练模型推断视频 video8MVo7fje_oE_139_144.avi

5.13 总结

现在，我们已经结束了令人兴奋的视频字幕项目。你应该能够使用 TensorFlow 和 Keras 构建自己的视频字幕系统。你还应该能够使用本章中介绍的技术知识开发其他涉及卷积神经网络和递归神经网络的高级模型。下一章我们将使用受限玻尔兹曼机来构建智能推荐系统。

第 6 章

智能推荐系统

随着互联网上的数字信息越来越多，用户如何有效地找到自己想要的内容成为一个新的挑战。推荐系统（recommender system）是一个用于处理数字数据过载问题的信息过滤系统，它能够根据从用户之前的活动所推断的偏好、兴趣和行为等信息快速地找出适合用户的内容。

在本章中，我们将介绍以下主题：
- 介绍推荐系统
- 基于潜在因子分解的协同过滤
- 使用深度学习进行潜在因子协同过滤
- 使用受限玻尔兹曼机（Restricted Boltzmann Machine，RBM）构建智能推荐系统
- 用于训练 RBM 的对比分歧
- 使用 RBM 进行协同过滤
- 使用 RBM 实现协作过滤应用程序

6.1 技术要求

本章的项目需要你具备 Python 3 和人工智能的基本知识。

本章的代码文件可以在 GitHub 上找到：

https://github.com/PacktPublishing/Intelligent-Projects-using-Python/tree/master/Chapter06

6.2 什么是推荐系统

推荐系统在当今世界无处不在。无论是 Netflix 的电影推荐，还是 Amazon 的产品推荐，推荐系统都扮演着很重要的角色。推荐系统可大致分为基于内容的过滤系统、协同过滤系统和基于潜在因素的过滤推荐系统。基于内容的过滤依赖于商品的内容对特征进行手动编码。它根据用户对现有商品的评价创建用户画像，并将此用户的评价分配给其他商品，如图 6-1 所示。

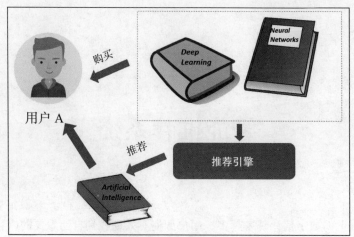

图 6-1　基于内容的过滤系统示意图

正如我们在图 6-1 中所看到的，用户 A 购买了名为《Deep Learning》和《Neural Networks》的书籍。由于《Artificial Intelligence》这本书的内容与这两本书相似，于是基于内容的推荐系统向用户 A 推荐了《Artificial Intelligence》。正如我们所看到的，在基于内容的过滤中，根据用户的喜好而推荐商品，这个过程并不涉及其他用户如何评价这本书。

协同过滤（collaborative filtering）尝试找出与给定用户相关的相似用户，然后推荐相似用户喜欢、购买过或者评价高的商品。这个方式通常也称为用户–用户协同过滤（user-user collaborative filtering）。相反的是找到与给定内容相似的商品并推荐给用过、购买过或者评价过这个商品的用户。对应地，这种方式名为商品–商品项协同过滤（item-item collaborative filtering），如图 6-2 所示。

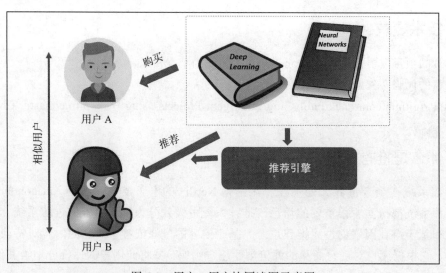

图 6-2　用户–用户协同滤图示意图

在图 6-2 中，用户 A 和用户 B 在买书的品味方面非常相似。用户 A 最近购买了《Deep Learning》和《Neural Networks》两本书。由于用户 B 和用户 A 非常相似，因此用户 – 用户协同推荐系统也会向用户 B 推荐这些书籍。

6.3 基于潜在因子分解的推荐系统

基于潜在因子分解的过滤推荐方法通过分解评分来尝试发现可以用来表示用户和商品画像的潜在特征。与基于内容的过滤系统不同，这些潜在特征无法解释，但可以用来表示复杂的特征。例如，在电影推荐系统中，一个潜在特征可能代表特定比例的幽默、悬念和浪漫的线性组合。通常，对于已经评分的商品，由用户 i 对商品 j 给出的评分 r_{ij} 可以表示为 $r_{ij} = u_i^T v_j$，其中 u_i 是基于潜在因子的用户画像向量，v_j 是基于相同潜在因子的商品向量：

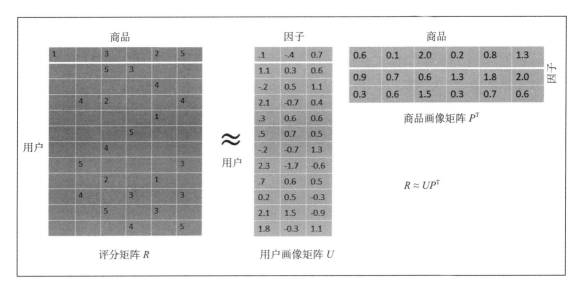

图 6-3　基于潜在因子的过滤系统示意图

图 6-3 是基于潜在因子的推荐方法，其中评分矩阵 $R_{m \times n}$ 已经分解为用户画像矩阵 $U_{m \times k}$ 和的商品画像矩阵 $P_{m \times x}$ 的转置矩阵的乘积，其中 k 是模型中潜在因子的数量。根据这些画像，我们可以计算用户画像和商品画像的内积，然后推荐用户还未购买的商品。内积给出了如果用户购买了此商品后可能会给出的评分。

得到用户和商品画像的方法之一是，在根据情况以用户和商品的某种形式的平均值填充缺失值之后，对评分矩阵进行奇异值分解（Singular Value Decomposition，SVD）。根据奇异值分解，评分矩阵 R 可以分解为如下形式：

$$R = USV^T = US^{\frac{1}{2}}S^{\frac{1}{2}}V^T$$

我们可以用矩阵 $US^{1/2}$ 代表用户画像矩阵，用 $S^{1/2}V^T$ 表示商品画像矩阵的转置矩阵，以构成潜在因子模型。你可能会有疑问，当评分矩阵中缺少用户对某个商品的评分时如何进行奇异值分解。常见的方法是在执行 SVD 之前按所有用户评分的平均值，或者所有商品评分的平均值，填充缺失的评分。

6.4 深度学习与潜在因子协同过滤

你可以利用深度学习方法而非奇异值分解来得到特定维度的用户和商品画像向量。

对于每个用户 i，你可以通过嵌入层定义用户向量 $u_i \in R^k$。同样，对于每个商品 j，你可以通过另一个嵌入层定义商品向量 $v_j \in R^k$。然后，用户 i 对商品 j 的评级 r_{ij} 可以表示为 u_i 和 v_j 的点积（dot product），如下所示：

$$r_{ij} = u_i^T v_j$$

你可以修改神经网络，以便为用户和商品添加一定的偏差（bias）。如果我们想要 k 个潜在因子，则 m 个用户的嵌入矩阵 U 的维度数为 $m \times k$。类似地，n 个商品的嵌入矩阵 V 的维度数为 $n \times k$。在基于深度学习的潜在因子模型部分中，我们将使用此嵌入方法基于 100K Movie Lens 数据集构建智能推荐系统。该数据集可以从 https://grouplens.org/datasets/movielens/ 下载。

我们将使用 u1.base 作为训练数据集，使用 u1.test 作为测试数据集。

基于深度学习的潜在因子模型

上一节讨论的模型可以设计为如图 6-4 的形式。

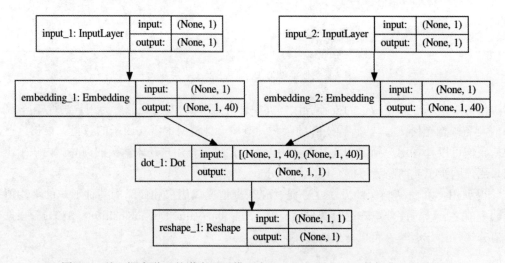

图 6-4　基于深度学习的潜在因子模型在 100K Movie Lens 数据集上的应用

user_ID 和 movie_ID 从相应的嵌入矩阵中获取用户嵌入向量和电影嵌入向量。在图 6-4 中，embedding_1 表示用户 ID 的嵌入层，而 embedding_2 表示电影 ID 的嵌入层。在 dot_1 层中，用户嵌入向量和电影嵌入向量执行点积运算，以输出评分（1～5）。用于定义该模型的代码如下：

```
def model(max_users,max_movies,latent_factors):
    user_ID = Input(shape=(1,))
    movie_ID = Input(shape=(1,))
    x = Embedding(max_users,latent_factors, input_length=1)(user_ID)
    y = Embedding(max_movies,latent_factors, input_length=1)(movie_ID)
    out = dot([x,y],axes=2,normalize=False)
    out= Reshape((1,))(out)
    model = Model(inputs=[user_ID,movie_ID],outputs=out)
    print(model.summary())
    return model
```

在上面的模型函数中，max_users 和 max_movies 分别决定用户嵌入矩阵和电影嵌入矩阵的大小。除了用户和电影嵌入矩阵之外，模型并不需要其他参数。所以，如果我们有 m 个用户和 n 部电影，并且选择 k 作为潜在因子的维度，则有 $m \times k + n \times k = (m + n)k$ 个要学习的参数。

数据处理函数如下：

```
data_dir = Path('/home/santanu/ML_DS_Catalog-/Collaborating 
Filtering/ml-100k/')
outdir = Path('/home/santanu/ML_DS_Catalog-/Collaborating 
Filtering/ml-100k/')

#Function to read data
def create_data(rating,header_cols):
    data = pd.read_csv(rating,header=None,sep='\t')
    #print(data)
    data.columns = header_cols
    return data

#Movie ID to movie name dict
def create_movie_dict(movie_file):
    print(movie_file)
    df = pd.read_csv(movie_file,sep='|', encoding='latin-1',header=None)
    movie_dict = {}
    movie_ids = list(df[0].values)
    movie_name = list(df[1].values)
    for k,v in zip(movie_ids,movie_name):
        movie_dict[k] = v
    return movie_dict

# Function to create training validation and test data
def train_val(df,val_frac=None):
    X,y = df[['userID','movieID']].values,df['rating'].values
    #Offset the ids by 1 for the ids to start from zero
    X = X - 1
    if val_frac != None:
```

```
            X_train, X_test, y_train, y_val = train_test_split(X, y,
test_size=val_frac,random_state=0)
        return X_train, X_val, y_train, y_val
    else:
        return X,y
```

需要注意的一点是,user_ID 和 movie_ID 均减去了 1 以确保 ID 从 0 开始,而不是从 1 开始,从而保证它们在嵌入层中被正确地引用。

调用数据处理和训练的代码如下:

```
#Data processing and model training

train_ratings_df = create_data(f'{data_dir}/u1.base',['userID','movieID','rating','timestamp']
)
test_ratings_df = create_data(f'{data_dir}/u1.test',['userID','movieID','rating','timestamp']
)
X_train, X_val,y_train, y_val = train_val(train_ratings_df,val_frac=0.2)
movie_dict = create_movie_dict(f'{data_dir}/u.item')
num_users = len(train_ratings_df['userID'].unique())
num_movies = len(train_ratings_df['movieID'].unique())

print(f'Number of users {num_users}')
print(f'Number of movies {num_movies}')
model = model(num_users,num_movies,40)
plot_model(model, to_file='model_plot.png', show_shapes=True, show_layer_names=True)
model.compile(loss='mse',optimizer='adam')
callbacks = [EarlyStopping('val_loss', patience=2),
             ModelCheckpoint(f'{outdir}/nn_factor_model.h5', save_best_only=True)]
model.fit([X_train[:,0],X_train[:,1]], y_train, nb_epoch=30,
validation_data=([X_val[:,0],X_val[:,1]], y_val), verbose=2,
callbacks=callbacks)
```

该模型已设置为根据验证误差来存储最佳模型。从训练日志中我们可以看出,该模型的验证误差 RMSE 在 0.8872 左右收敛:

```
Train on 64000 samples, validate on 16000 samples
Epoch 1/30
 - 4s - loss: 8.8970 - val_loss: 2.0422
Epoch 2/30
 - 3s - loss: 1.3345 - val_loss: 1.0734
Epoch 3/30
 - 3s - loss: 0.9656 - val_loss: 0.9704
Epoch 4/30
 - 3s - loss: 0.8921 - val_loss: 0.9317
Epoch 5/30
 - 3s - loss: 0.8452 - val_loss: 0.9097
```

```
Epoch 6/30
 - 3s - loss: 0.8076 - val_loss: 0.8987
Epoch 7/30
 - 3s - loss: 0.7686 - val_loss: 0.8872
Epoch 8/30
 - 3s - loss: 0.7260 - val_loss: 0.8920
Epoch 9/30
 - 3s - loss: 0.6842 - val_loss: 0.8959
```

现在可以在未见过的测试数据集上评估模型的性能。可以调用下面的代码在测试数据集上运行推断：

```
#Evaluate on the test dataset
model = load_model(f'{outdir}/nn_factor_model.h5')
X_test,y_test = train_val(test_ratings_df,val_frac=None)
pred = model.predict([X_test[:,0],X_test[:,1]])[:,0]
print('Hold out test set RMSE:',(np.mean((pred - y_test)**2)**0.5))
pred = np.round(pred)
test_ratings_df['predictions'] = pred
test_ratings_df['movie_name'] = test_ratings_df['movieID'].apply(lambda x:movie_dict[x])
```

从如下日志中我们可以看出，保留的测试集误差 RMSE 大约为 0.95：

```
Hold out test set RMSE: 0.9543926404313371
```

现在，我们调用以下代码评估模型对于测试数据集中 ID 为 1 的用户的性能：

```
#Check evaluation results for the UserID = 1
test_ratings_df[test_ratings_df['userID'] == 1].sort_values(['rating','predictions'],ascending=False)
```

我们可以从图 6-5 中看出该模型在预测未见过的电影的评分时已经做得很好了。

userID	movieID	rating	timestamp	predictions	movie_name
1	12	5	878542960	5.0	Usual Suspects, The (1995)
1	60	5	875072370	5.0	Three Colors: Blue (1993)
1	64	5	875072404	5.0	Shawshank Redemption, The (1994)
1	100	5	878543541	5.0	Fargo (1996)
1	114	5	875072173	5.0	Wallace & Gromit: The Best of Aardman Animatio...
1	170	5	876892856	5.0	Cinema Paradiso (1988)
1	171	5	889751711	5.0	Delicatessen (1991)
1	174	5	875073198	5.0	Raiders of the Lost Ark (1981)
1	190	5	875072125	5.0	Henry V (1989)
1	6	5	887431973	4.0	Shanghai Triad (Yao a yao yao dao waipo qiao) ...

图 6-5 UserID 1 的评估结果

基于深度学习方法的潜在因子过滤系统的相关代码可以在 https://github.com/PacktPublishing/Intelligent-Projects-using-Python/tree/master/Chapter06 中找到。

6.5 SVD++

通常情况下，SVD 并不会捕获用户和商品数据中可能存在的偏差。一种名为 SVD++ 的方法在潜在因子分解方法中考虑了用户和商品的偏差，这种方法在 Netflix Challenge 等竞赛中非常流行。

执行基于潜在因子的推荐的最常见方法是定义用户画像为 $u_i \in R^k$，偏差为 $b_i \in R$，定义商品画像为 $v_j \in R^k$，偏差为 $b_j \in R$。然后将用户 i 对商品 j 的评分 $\hat{r}_{ij}$ 定义为：

$$\hat{r}_{ij} = \mu + b_i + b_j + u_i^T v_j$$

μ 是所有评分的全局平均值。

通过最小化用户对所有商品的评分的预测误差平方的总和，得到用户和商品的画像。这个要被优化的平方误差损失可表示为：

$$C = \sum_{i=1}^{m} \sum_{j=1}^{n} I_{ij}(r_{ij} - \hat{r}_{ij})^2$$

I_{ij} 是指标函数（indicator function），如果用户 i 对商品 j 存在评分，则该指标函数为 1，否则为 0。

通过调整用户和商品画像的参数可以得到最小损失。通常，这种优化会导致过拟合，所以为了避免过拟合，可以在损失函数中使用用户和商品的正则化，如下所示：

$$C = \sum_{i=1}^{m} \sum_{j=1}^{n} I_{ij}(r_{ij} - \hat{r}_{ij})^2 + \lambda_1 \sum_{i=1}^{m} \|u_i\|_2^2 + \lambda_2 \sum_{j=1}^{n} \|v_j\|_2^2$$

这里，λ_1 和 λ_2 是正则化常数。一般来说，使用名为交替最小二乘（Alternating Least Squares，ALS）的流行梯度下降技术来执行优化，该技术交替地进行训练：固定商品的参数更新用户画像参数，然后固定用户的参数更新商品画像参数。surprise 包中有完整的 SVD++ 实现。在下一节中，我们将在 100K movie lens 数据集上训练 SVD++ 模型并观测其性能。

在 100K Movie lens 数据集上训练 SVD++ 模型

surprise 包可以通过 conda 下载，命令如下：

```
conda install -c conda-forge scikit-surprise
```

在 surprise 包中，对应于 SVD++ 的算法名为 SVDpp。我们可以通过如下代码加载所有所需的包：

```
import numpy as np
from surprise import SVDpp # SVD++ algorithm
from surprise import Dataset
from surprise import accuracy
from surprise.model_selection import cross_validate
from surprise.model_selection import train_test_split
```

可以下载并通过 surprise 包中的 Dataset.load_builtin 实用程序来加载 100K Movie lens 数据集。我们将数据按照 80:20 的比例分成训练数据和测试数据。数据处理代码行如下：

```
# Load the movie lens 10k data and split the data into train test
files(80:20)
data = Dataset.load_builtin('ml-100k')
trainset, testset = train_test_split(data, test_size=.2)
```

接下来，我们将对数据进行 5 折交叉验证，并查看交叉验证的结果。我们为随机梯度下降选择了 0.008 的学习率，同时，使用 L1 和 L2 均为 0.1 的正则化常数以防止过拟合。详细代码如下：

```
#Perform 5 fold cross validation with all data
algo = SVDpp(n_factors=40, n_epochs=40, lr_all=0.008, reg_all=0.1)
# Run 5-fold cross-validation and show results summary
cross_validate(algo,data, measures=['RMSE', 'MAE'], cv=5, verbose=True)
```

交叉验证的结果如下：

Evaluating RMSE, MAE of algorithm SVDpp on 5 split(s). Fold 1 Fold 2 Fold 3 Fold 4 Fold 5 Mean Std RMSE (testset) 0.9196 0.9051 0.9037 0.9066 0.9151 0.9100 0.0062 MAE (testset) 0.7273 0.7169 0.7115 0.7143 0.7228 0.7186 0.0058 Fit time 374.57 374.58 369.74 385.44 382.36 377.34 5.72 Test time 2.53 2.63 2.74 2.79 2.84 2.71 0.11

从前面的结果可以看出，模型的 5 折 cv RMSE 是 0.91。这说明在 100K Movie Lens 数据集上的结果非常好。

现在，我们将在训练数据集上训练模型，然后在测试集上评估模型的效果。相关代码行如下：

```
model = SVDpp(n_factors=40, n_epochs=10, lr_all=0.008, reg_all=0.1)
model.fit(trainset)
```

模型训练完成后，我们会在保留的测试数据集上评估模型。相关代码行如下：

```
#validate the model on the testset
pred = model.test(testset)
print("SVD++ results on the Test Set")
accuracy.rmse(pred, verbose=True)
```

验证的输出如下：

```
SVD++ results on the test set
RMSE: 0.9320
```

从上面的结果可以看出,SVD++ 模型在测试数据集上表现得非常好,RMSE 为 0.93。SVD++ 模型的结果与我们之前训练的基于深度学习的潜在因子模型结果(保持 RMSE 为 0.95)相当。在下一节,我们将尝试使用一个受限玻尔兹曼机来构建推荐系统。由于这种方法可以扩展到大型数据集,因此它也可以获得更具有普适性的协同过滤因子。大多数协同过滤系统中的数据集都是稀疏的,会产生困难的非凸优化问题。相较于诸如 SVD 这样的分解方法,RBM 在数据集中更不容易受到稀疏性问题的影响。

6.6 基于受限玻尔兹曼机的推荐系统

受限玻尔兹曼机(Restricted Boltzmann Machine,RBM)是一种无监督的神经网络学习方法。受限玻尔兹曼机广为人知,它通过将输入数据投影到隐藏层来尝试学习输入数据的隐藏结构。

对隐藏层的激活会对输入信号进行编码,并重新创建它。受限玻尔兹曼机通常用于二进制(binary)数据:

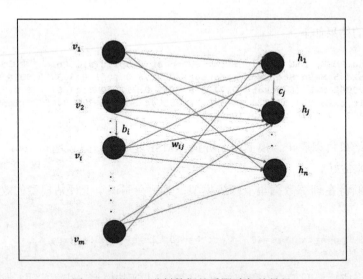

图 6-6 用于二进制数据的受限玻尔兹曼机

图 6-6 是一个有 m 个输入或可见单元的 RBM。它们被投射到具有 n 个单元的隐藏层。鉴于可见层的输入 $v = \{v_i\}_{i=1}^{m}$ 且隐藏单元彼此独立,因此可以用如下方式进行采样,其中 $\sigma(.)$ 代表 sigmoid 函数:

$$P(h_j/v) = \sigma\left(\sum_{i=1}^{m} w_{ij}v_i + c_j\right)$$

类似地，给定隐藏层激活 $h = \{h_j\}_{j=1}^n$，可见层单元是独立的，并且可以用如下方式进行采样：

$$P(v_i/h) = \sigma\left(\sum_{j=1}^{n} w_{ij}h_j + c_i\right)$$

RBM 的参数是可见层单元 i 和隐藏层单元 j 之间的广义权重连接（generalized weight connection）矩阵 $w_{ij} \in W_{m \times n}$，$c_i \in b$ 为可见单元 i 的偏置，$c_j \in c$ 隐藏层单元 j 的偏置。

RBM 通过最大化可见输入数据的似然度来学习这些参数。如果我们用 $\theta = [W; b; c]$ 表示组合参数，且有一组维度为 T 的训练数据作为输入，那么在 RBM 中我们尝试最大化似然函数：

$$L = P(v^{(1)}v^{(2)}\cdots v^{(T)}/\theta) = \prod_{t=1}^{T} P(v^{(t)}/\theta)$$

为了使函数可以容易进行数学运算，我们通常选择最大化似然度的对数，或者最小化对数似然度的负数，而不是直接使用乘积形式。如果将对数似然度的负数表示为损失函数 C 则：

$$C(\theta) = -\sum_{t=1}^{T} \log P(v^{(t)}/\theta)$$

通常通过梯度下降来最小化损失函数。含有参数的损失函数的梯度期望值可以表示如下：

$$\nabla_b C = \sum_{t=1}^{T} v^{(t)} - TE_{P(h,v/\theta)}[v]$$

$$\nabla_c C = \sum_{t=1}^{T} \hat{h}^{(t)} - TE_{P(h,v/\theta)}[h]$$

$$\nabla_W C = \sum_{t=1}^{T} v^{(t)}\hat{h}^{(t)T} - TE_{P(h,v/\theta)}[vh^T]$$

式中 $E_{P(h,v/\theta)}[.]$ 表示对隐藏单元和可见单元的联合概率分布的任何给定数量的期望值。另外，$\hat{h}$ 表示对于给定的可见单元 v，采样的隐藏层输出。在每次梯度下降的迭代中计算联合概率分布的期望值是很棘手的事情。在下一节中，我们将讨论如何采用一种称为对比分歧（contrastive divergence）的更为智能的方法计算期望值。

6.7 对比分歧

计算联合概率分布期望值的方法之一是通过 Gibbs 抽样生成来自很多样本的联合概率分

布，然后取样本的平均值作为期望值。在 Gibbs 采样中，每个变量都可以以其余变量作为条件，在联合概率分布中被采样。由于对于给定的隐藏单元，可见单元是独立的，反之亦然，因此可以对隐藏单元进行采样 $\bar{h} \leftarrow P(h/v)$，然后在隐藏单元为 $\bar{v} \leftarrow P(v/h = \bar{h})$ 条件下对可见单元激活进行采样。然后，可以将样本 $(\bar{v}, \bar{h})$ 作为从联合概率分布中得到的一个采样。通过这种方式，我们可以生成大量的样本（比如 M），并用它们的平均值作为计算得到的期望值。但是，在训练过程中梯度下降的每个步骤都进行如此广泛的采样将花费大量的时间，因此，我们并不会在梯度下降的每步都计算许多样本的平均值，而只从联合概率生成一个样本，联合概率分布应该代表所有样品的概率分布。

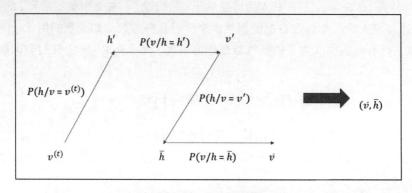

图 6-7 对比分歧图

正如我们从图 6-7 中可以看到的那样，一开始有可见输入 $v^{(t)}$ 和基于条件概率分布 $P(h/v = v^{(t)})$ 采样的隐藏层激活 h'。然后，使用条件概率分布 $P(v/h = h')$ 对 v' 进行采样。第二次对隐藏单元的采样基于条件概率分布 $P(v/h = h')$ 采样得到 v'，然后对隐藏单元进行基于分布 $P(h/v = v')$ 的采样，得到 $\bar{h}$，随后通过 $P(v/h = \bar{h})$ 对可见单元激活采样得到 $\bar{v}$。使用样本 $(\bar{v}, \bar{h})$ 作为 v 和 h 的整个联合概率分布的代表性样本，即 $P(v/h = \theta)$。该样品被用于计算包含 v 和 h 的任何表达式的期望值。这个采样过程被称为对比分歧。

从可见输入开始，然后根据条件概率分布 $P(v/h)$ 进行采样，并得到样本 (v/h)，这就构成 Gibbs 采样的一个步骤。我们可以选择从几次连续采样迭代后选取样本的条件概率分布，而并非在每一步都进行 Gibbs 采样得到 (v/h)。如果经过 k 步 Gibbs 采样后，代表元素被选择，则此对比差异被称为 CD-k。图 6-7 中所示的对比分歧可以称为 CD-2，因为我们选择两步 Gibbs 采样之后的样本。

6.8 使用 RBM 进行协同过滤

受限玻尔兹曼可用于执行协同过滤并进行推荐，我们将使用这些 RBM 向用户推荐电影。我们使用不同用户为不同电影提供的评分来训练受限玻尔兹曼。用户不可能已经观看或评价所有电影,所以训练好的模型可以被用来向用户推荐从未看过的电影。

我们首先要解决的问题之一是如何处理 RBM 中的排名,因为排名在本质上是有顺序的,而 RBM 只能处理二进制数据。排名可以视为二进制数据,即用等于评分数的位数表示每个排名对应的值。例如,在评分系统中,排名从 1～5,所以将有五个二进制单元:1 对应于设置为 1 的排名,其余设为 0。RBM 中可见的单元是向用户提供的对不同电影的排名。如之前所讨论的,每个电影对应的排名将以二进制表示,对于每个可见单元,存在来自所有二进制可见单元的权重连接,即电影评分。由于每个用户会对一组不同的电影集合给出评分,所以每个用户的输入将是不同的。但是,从电影排名单元到隐藏单元的权重连接对所有用户都是通用的。

图 6-8a 和图 6-8b 是用户 A 和用户 B 的 RBM 视图。用户 A 和用户 B 分别对不同集合的电影给出评分。但是我们可以看到,每部电影与隐藏单元的权重连接对于每个用户都是相同的。

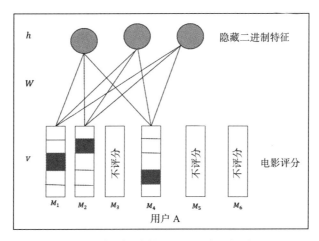

a) 用于协同过滤的 RBM:用户 A 视图

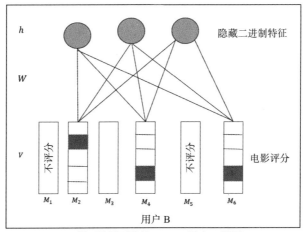

b) 用于协同过滤的 RBM:用户 B 视图

图 6-8

还有一点需要注意，如果有 M 部电影，并且每部电影都有 k 个可能的评级，则 RBM 的可见单元数是 $M*k$。另外，如果是二进制隐藏单元数为 n，则 $[W]$ 中的权重连接数等于 $M*k*n$。对于给定的可见层输入，每个隐藏单元 h_j 可以独立于其他隐藏单元进行采样：

$$P(h_j/v) = \sigma\left(\sum_{i=1}^{m} w_{ij}v_i + c_j\right)$$

这里，$m=M*k$。

与传统 RBM 不同，在给定隐藏层激活的情况下，这个网络的可见层中的二进制单元不能被独立采样。每组对应于电影评分的 k 个二进制单元通过 k-way softmax 激活函数被关联在一起。对于给定隐藏单元的某个特定电影，如果对其可见单元的输入为 $s_{i1}, s_{i2}, \cdots s_{il} \cdots s_{ik}$，则对电影 i 的排名 l 的总输入可以计算为：

$$s_{il} = \sum_{j=1}^{n} w_{[(i-1)k+l]j} h_j = b_{(i-1)k+l}$$

这里，$(i-1)k+l$ 是对电影 i 评分为 1 的可见单元的索引。类似地，对于任何给定的电影，其可见单元可以基于 softmax 进行概率采样，如下所示：

$$P(v_{il}/h) = e^{s_{il}} / \left(\sum_{l=1}^{k} e^{s_{il}}\right)$$

在定义隐藏单元和可见单元的输出时，还有一件重要的事情是进行概率采样，而不是使用最大概率作为默认输出。如果对于给定可见单元，其隐藏单元的激活概率为 P，那么均匀生成范围在 $[0, 1]$ 内的随机数 r，如果 $(P > r)$，则隐藏单元激活将设置为 true。这种方式可以确保在一段较长时间之后以概率 P 将激活设置为 true。同样地，给定隐藏单元，电影的可见单元根据其概率在多维分布中进行采样。因此，如果针对特定电影，假设隐藏的单元激活对于范围 1～5 的不同排名的概率是 $(p_1, p_2, p_3, p_4, p_5)$，那么从五个评分的可能值中通过多维分布采样得到可能的评分，其概率质量函数如下：

$$P(x_1, x_2, x_3, x_4, x_5) = p_1^{x_1} p_2^{x_2} p_3^{x_3} p_4^{x_4} p_5^{x_5}$$

这里：

$$x_1 + x_2 + x_3 + x_4 + x_5 = 1$$
$$x_i \in {0, 1} \forall i \in {1, 2, 3, 4, 5}$$

现在，我们已经具备了创建受限玻尔兹曼机的全部技术知识。

6.9 使用 RBM 实现协同过滤

在接下来的几节中，我们将根据前面介绍的技术原理，实现一个使用受限玻尔兹曼机的协同过滤系统。我们将使用 100K Movie Lens 数据集，它包含来自用户的对不同电影从 1

到 5 的评分。可以从如下地址下载该数据集：https://grouplens.org/datasets/movielens/100k/。

在下面几节，我们将具体阐述此协同过滤系统的 TensorFlow 实现。

6.9.1 预处理输入

在输入评分文件中，每行记录均包含字段 userId、movieId、rating 和 timestamp。我们处理每行记录以创建一个 numpy 数组形式的训练文件，数组维度为 3，分别包含 userId、movieId 和 rating 的信息。从 1 到 5 的评分采用独热编码，因此评分维度的长度是 5。我们使用 80% 的输入记录创建训练数据，而剩余 20% 的保留记录用于测试。用户的电影评分数量为 1682。训练文件包含 943 个用户，因此训练数据的维度为（943,1682,5）。训练文件中的每个用户都是 RBM 的训练记录，其中包含一些用户评价过的电影和一些用户没有评价过的电影。一些电影评价也会被删除，这样可以被用在测试文件中。RBM 将根据可用的评分进行训练，捕获隐藏单元中输入数据的隐藏结构，然后尝试通过捕获的隐藏结构重新构建每个用户对所有输入电影的评分。我们还创建了几个字典来存储实际电影 ID 的交叉引用及其在训练/测试数据集中的索引。以下是创建训练和测试文件的详细代码：

```
"""
@author: santanu
"""

import numpy as np
import pandas as pd
import argparse

'''
Ratings file preprocessing script to create training and hold out test
datasets
'''

def process_file(infile_path):
    infile = pd.read_csv(infile_path,sep='\t',header=None)
    infile.columns = ['userId','movieId','rating','timestamp']
    users = list(np.unique(infile.userId.values))
    movies = list(np.unique(infile.movieId.values))

    test_data = []
    ratings_matrix = np.zeros([len(users),len(movies),5])
    count = 0
    total_count = len(infile)
    for i in range(len(infile)):
        rec = infile[i:i+1]
        user_index = int(rec['userId']-1)
        movie_index = int(rec['movieId']-1)
        rating_index = int(rec['rating']-1)
        if np.random.uniform(0,1) < 0.2 :
            test_data.append([user_index,movie_index,int(rec['rating'])])

        else:
            ratings_matrix[user_index,movie_index,rating_index] = 1
```

```
        count +=1
        if (count % 100000 == 0) & (count>= 100000):
            print('Processed ' + str(count) + ' records out of ' +
str(total_count))

    np.save(path + 'train_data',ratings_matrix)
    np.save(path + 'test_data',np.array(test_data))


if __name__ == '__main__':
    parser = argparse.ArgumentParser()
    parser.add_argument('--path',help='input data path')
    parser.add_argument('--infile',help='input file name')
    args = parser.parse_args()
    path = args.path
    infile = args.infile
    process_file(path + infile)
```

训练文件是维度为 $m \times n \times k$ 的 numpy 数组对象，其中 m 是用户总数，n 是电影总数，k 是离散的评分值（1～5）的数量。为了构建测试集，我们从训练数据集中随机选择 20% 的 $m \times n$ 评分条目。测试集中样本的所有 k 个评分值都被标记为零。在测试集中，我们不会将数据扩展为三维 numpy 数组格式用于训练，相反，只是将 userid、movieid 和指定的评分保存在三列中。请注意，存储在训练和测试文件中的 userid 和 movieid 不是原始评分数据文件 u.data 中的实际 ID。它们会偏移 1，使得索引从 0 而不是 1 开始，以适应 Python 和 numpy 索引。

以下命令可用于调用数据预处理脚本：

```
python preprocess_ratings.py --path '/home/santanu/ML_DS_Catalog-
/Collaborating Filtering/ml-100k/' --infile 'u.data'
```

6.9.2 构建 RBM 网络进行协作过滤

以下 _network 函数将为协同过滤创建所需的 RBM 结构。首先，我们定义输入的权重、偏差和占位符。然后定义 sample_hidden 和 sample_visible 函数分别对隐藏和可见激活进行采样。隐藏单元从伯努利分布（Bernoulli distributions）中采样，其中概率由 sigmoid 函数提供，而与每个电影有关的可见单元基于 softmax 函数提供的概率从多项分布中采样，不需要创建 softmax 概率，因为 tf.multinomial 函数可以直接从 logit 而不是实际概率中进行采样。

接下来我们定义基于 Gibbs 采样的对比分歧的逻辑。gibbs_step 函数实现 Gibbs 采样的一个步骤，然后利用它来实现 k 阶对比分歧。

现在我们已经拥有了所有需要的函数，接下来可以创建 TensorFlow 操作，在给定可见输入的情况下对隐藏状态 self.h 进行采样，并在给定隐藏状态的情况下对可见单元 self.x 进行采样。我们还使用对比分歧来采样（self.x_s, self.h_s），作为 v 和 h 的联合概率分布的代表性样本，即 P（v, h/model），用于计算梯度中不同的期望项。

_network 函数的最后一步是根据梯度更新 RBM 模型的权重和偏差。正如前面所看到的，梯度基于给定可见层输入的隐藏层激活 self.h，以及来自联合概率分布 P（v，h/model）的代表性样本通过对比分歧得出，即（self.x_s, self.h_s）。

TensorFlow 操作 self.x_ 是指隐藏层激活 self.h 的可见层激活在推断期间是否有用，即可以得出每个用户对未评分的电影的评分：

```
        def __network(self):
            self.x = tf.placeholder(tf.float32, [None,self.num_movies,self.num_ranks], name="x")
            self.xr = tf.reshape(self.x, [-1,self.num_movies*self.num_ranks], name="xr")
            self.W = tf.Variable(tf.random_normal([self.num_movies*self.num_ranks,self.num_hidden], 0.01), name="W")
            self.b_h = tf.Variable(tf.zeros([1,self.num_hidden], tf.float32, name="b_h"))
            self.b_v = tf.Variable(tf.zeros([1,self.num_movies*self.num_ranks],tf.float32, name="b_v"))
            self.k = 2

## Converts the probability into discrete binary states i.e. 0 and 1
        def sample_hidden(probs):
                return tf.floor(probs + tf.random_uniform(tf.shape(probs), 0, 1))

        def sample_visible(logits):
            logits = tf.reshape(logits,[-1,self.num_ranks])
            sampled_logits = tf.multinomial(logits,1)
            sampled_logits = tf.one_hot(sampled_logits,depth = 5)
            logits = tf.reshape(logits,[-1,self.num_movies*self.num_ranks])
            print(logits)
            return logits


## Gibbs sampling step
        def gibbs_step(x_k):
           # x_k = tf.reshape(x_k,[-1,self.num_movies*self.num_ranks])
            h_k = sample_hidden(tf.sigmoid(tf.matmul(x_k,self.W) + self.b_h))
            x_k = sample_visible(tf.add(tf.matmul(h_k,tf.transpose(self.W)),self.b_v))
            return x_k
## Run multiple gives Sampling step starting from an initital point
        def gibbs_sample(k,x_k):

            for i in range(k):
                x_k = gibbs_step(x_k)
# Returns the gibbs sample after k iterations
            return x_k

# Constrastive Divergence algorithm
# 1. Through Gibbs sampling locate a new visible state x_sample based on the current visible state x
```

```
# 2. Based on the new x sample a new h as h_sample
        self.x_s = gibbs_sample(self.k,self.xr)
        self.h_s = sample_hidden(tf.sigmoid(tf.matmul(self.x_s,self.W) + self.b_h))

# Sample hidden states based given visible states
        self.h = sample_hidden(tf.sigmoid(tf.matmul(self.xr,self.W) + self.b_h))
# Sample visible states based given hidden states
        self.x_ = sample_visible(tf.matmul(self.h,tf.transpose(self.W)) + self.b_v)

# The weight updated based on gradient descent
        #self.size_batch = tf.cast(tf.shape(x)[0], tf.float32)
        self.W_add = tf.multiply(self.learning_rate/self.batch_size,tf.subtract(tf.matmul(tf.transpose(self.xr),self.h),tf.matmul(tf.transpose(self.x_s),self.h_s)))
        self.bv_add = tf.multiply(self.learning_rate/self.batch_size, tf.reduce_sum(tf.subtract(self.xr,self.x_s), 0, True))
        self.bh_add = tf.multiply(self.learning_rate/self.batch_size, tf.reduce_sum(tf.subtract(self.h,self.h_s), 0, True))
        self.updt = [self.W.assign_add(self.W_add), self.b_v.assign_add(self.bv_add), self.b_h.assign_add(self.bh_add)]
```

可以在训练和推断期间使用 read_data 函数读取来自预处理步骤的数据，如下所示：

```
def read_data(self):
    if self.mode == 'train':
        self.train_data = np.load(self.train_file)
        self.num_ranks = self.train_data.shape[2]
        self.num_movies = self.train_data.shape[1]
        self.users = self.train_data.shape[0]
    else:
        self.train_df = pd.read_csv(self.train_file)
        self.test_data = np.load(self.test_file)
        self.test_df = pd.DataFrame(self.test_data,columns=['userid','movieid','rating'])

        if self.user_info_file != None:
            self.user_info_df = pd.read_csv(self.user_info_file,sep='|',header=None)
    self.user_info_df.columns=['userid','age','gender','occupation','zipcode']

        if self.movie_info_file != None:
            self.movie_info_df = pd.read_csv(self.movie_info_file,sep='|',encoding='latin-1',header=None)
            self.movie_info_df = self.movie_info_df[[0,1]]
            self.movie_info_df.columns = ['movieid','movie Title']
```

此外，在推断过程中，与测试文件一起，我们读取所有电影和评分的预测 CSV 文件（此处为前一代码的推断部分中的 self.train_file），而不管它们是否已被评分。一旦模型训练完毕，就执行预测。由于我们已经在训练后预测了评分，因此我们在推断期间只需是将评分预测信息与测试文件的实际评分信息相结合（更多详情请参见训练和推断部分）。此外，我们从用户和电影元数据文件中读取信息，供以后使用。

6.9.3　训练 RBM

下面的 _train 函数可用于训练 RBM。在此函数中，我们首先调用 _network 函数来构建 RBM 网络结构，然后在激活的 TensorFlow 会话中将模型训练指定的轮次数。最后，使用 TensorFlow 的 save 函数，以指定的时间间隔保存模型：

```python
def _train(self):

    self.__network()
    # TensorFlow graph execution

    with tf.Session() as sess:
        self.saver = tf.train.Saver()
        #saver = tf.train.Saver(write_version=tf.train.SaverDef.V2)
        # Initialize the variables of the Model
        init = tf.global_variables_initializer()
        sess.run(init)

        total_batches = self.train_data.shape[0]//self.batch_size
        batch_gen = self.next_batch()
        # Start the training
        for epoch in range(self.epochs):
            if epoch < 150:
                self.k = 2

            if (epoch > 150) & (epoch < 250):
                self.k = 3

            if (epoch > 250) & (epoch < 350):
                self.k = 5

            if (epoch > 350) & (epoch < 500):
                self.k = 9

            # Loop over all batches
            for i in range(total_batches):
                self.X_train = next(batch_gen)
                # Run the weight update
                #batch_xs = (batch_xs > 0)*1
                _ = sess.run([self.updt],feed_dict={self.x:self.X_train})

            # Display the running step
            if epoch % self.display_step == 0:
                print("Epoch:", '%04d' % (epoch+1))
                print(self.outdir)
                self.saver.save(sess,os.path.join(self.outdir,'model'),
                                global_step=epoch)
        # Do the prediction for all users all items irrespective of whether they
        #  have been rated
        self.logits_pred = tf.reshape(self.x_,
```

```
            [self.users,self.num_movies,self.num_ranks])
            self.probs = tf.nn.softmax(self.logits_pred,axis=2)
            out = sess.run(self.probs,feed_dict={self.x:self.train_data})
            recs = []
            for i in range(self.users):
                for j in range(self.num_movies):
                    rec = [i,j,np.argmax(out[i,j,:]) +1]
                    recs.append(rec)
            recs = np.array(recs)
            df_pred = pd.DataFrame(recs,columns=
            ['userid','movieid','predicted_rating'])
            df_pred.to_csv(self.outdir + 'pred_all_recs.csv',index=False)

            print("RBM training Completed !")
```

在前面的函数中，需要强调的一件事情是使用自定义的 next_batch 函数创建随机批量。该函数用于定义迭代器 batch_gen，它可以通过调用 next 方法检索下一个小批量，如下面的代码所示：

```
    def next_batch(self):
        while True:
            ix =
np.random.choice(np.arange(self.data.shape[0]),self.batch_size)
            train_X = self.data[ix,:,:]
            yield train_X
```

需要注意的一点是，在训练结束时，我们会预测所有用户对所有电影的评分，无论这些电影是否真的被用户给出过评分。在五个可能的评分数（从 1 到 5）中，具有最大概率的评分将作为最终评分输出。因为在 Python 中索引从零开始，所以在使用 argmax 获得具有最大概率的评分的位置之后，将其加 1 以获得实际的分数。因此，在训练结束时，得到一个 pred_all_recs.csv 文件，其中包含所有训练和测试记录的预测评分。请注意，测试记录嵌入训练记录中，评分的所有索引从 1 到 5 设置为零。

一旦从用户观看的电影的隐藏表示中充分训练模型，它就能学会从用户没有看过的电影中产生评分。我们可以通过调用以下命令来训练模型：

```
python rbm.py main_process --mode train --train_file
'/home/santanu/ML_DS_Catalog-/Collaborating
Filtering/ml-100k/train_data.npy' --outdir '/home/santanu/ML_DS_Catalog-
/Collaborating Filtering/' --num_hidden 5 --epochs 1000
```

正如从日志中看到的那样，训练含有 5 个隐藏层的模型 1000 个轮次大约需要 52 秒：

```
RBM training Completed !
52.012 s: process RBM
```

 请注意，这里我们在 GeForce Zotac 1070 GPU 和 64 GB RAM 的 Ubuntu 机器上训练受限玻尔兹曼机网络。在不同的机器和系统上实际训练时间可能会有很大差异。

6.10 使用训练好的 RBM 进行推断

鉴于我们已经在训练期间生成了带有所有预测记录的 pred_all_recs.csv 文件,因此使用 RBM 进行推断(inference)就会非常简单。我们需要做的就是根据提供的测试文件从 pred_all_recs.csv 中提取测试记录。此外,我们通过对当前值加 1 得到原始的用户 ID 和 movieid。返回原始 ID 的目的是能够从 u.user 和 u.item 文件添加用户和电影信息。

推断代码块如下:

```
def inference(self):

    self.df_result = 
self.test_df.merge(self.train_df,on=['userid','movieid'])
    # in order to get the original ids we just need to add 1
    self.df_result['userid'] = self.df_result['userid'] + 1
    self.df_result['movieid'] = self.df_result['movieid'] + 1
    if self.user_info_file != None:
        self.df_result.merge(self.user_info_df,on=['userid'])
    if self.movie_info_file != None:
        self.df_result.merge(self.movie_info_df,on=['movieid'])
    self.df_result.to_csv(self.outdir + 'test_results.csv',index=False)

    print(f'output written to {self.outdir}test_results.csv')
    test_rmse = (np.mean((self.df_result['rating'].values - 
self.df_result['predicted_rating'].values)**2))**0.5
    print(f'test RMSE : {test_rmse}')
```

可以通过如下命令调用 inference:

```
python rbm.py main_process --mode test --train_file
'/home/santanu/ML_DS_Catalog-/Collaborating Filtering/pred_all_recs.csv' --
test_file '/home/santanu/ML_DS_Catalog-/Collaborating 
Filtering/ml-100k/test_data.npy' --outdir '/home/santanu/ML_DS_Catalog-
/Collaborating Filtering/' --user_info_file '/home/santanu/ML_DS_Catalog-
/Collaborating Filtering/ml-100k/u.user' --movie_info_file 
'/home/santanu/ML_DS_Catalog-/Collaborating Filtering/ml-100k/u.item'
```

通过使用 5 个隐藏单元的 RBM,我们实现了接近 1.19 的测试 RMSE,鉴于我们选择了这么简单的网络,这个结果是值得称道的。推断输出日志如下:

```
output written to /home/santanu/ML_DS_Catalog-/Collaborating 
Filtering/test_results.csv
test RMSE : 1.1999306704742303
458.058 ms: process RBM
```

我们从 test_results.csv 中查看 userid 1 的推断结果,如下图 6-9 所示。

从图 6-9 的截图中可以看出,RBM 在预测 userid 1 对保留电影的评分时效果很好。

userid	movieid	rating	predicted_rating	age	gender	occupation	zipcode	movie Title
1	181	5	5	24	M	technician	85711	Return of the Jedi (1983)
1	265	4	4	24	M	technician	85711	Hunt for Red October, The (1990)
1	7	4	4	24	M	technician	85711	Twelve Monkeys (1995)
1	89	5	4	24	M	technician	85711	Blade Runner (1982)
1	232	3	3	24	M	technician	85711	Young Guns (1988)
1	210	4	4	24	M	technician	85711	Indiana Jones and the Last Crusade (1989)
1	212	4	4	24	M	technician	85711	Unbearable Lightness of Being, The (1988)
1	87	4	4	24	M	technician	85711	Searching for Bobby Fischer (1993)
1	190	5	4	24	M	technician	85711	Henry V (1989)
1	61	4	4	24	M	technician	85711	Three Colors: White (1994)
1	240	3	3	24	M	technician	85711	Beavis and Butt-head Do America (1996)
1	121	4	4	24	M	technician	85711	Independence Day (ID4) (1996)
1	218	3	3	24	M	technician	85711	Cape Fear (1991)
1	160	4	4	24	M	technician	85711	Glengarry Glen Ross (1992)
1	97	4	4	24	M	technician	85711	Dances with Wolves (1990)
1	107	4	4	24	M	technician	85711	Moll Flanders (1996)
1	201	3	3	24	M	technician	85711	Evil Dead II (1987)
1	177	5	4	24	M	technician	85711	Good, The Bad and The Ugly, The (1966)
1	68	4	4	24	M	technician	85711	Crow, The (1994)
1	27	2	3	24	M	technician	85711	Bad Boys (1995)
1	66	4	4	24	M	technician	85711	While You Were Sleeping (1995)
1	228	5	4	24	M	technician	85711	Star Trek: The Wrath of Khan (1982)
1	176	5	4	24	M	technician	85711	Aliens (1986)
1	138	1	3	24	M	technician	85711	D3: The Mighty Ducks (1996)
1	268	5	4	24	M	technician	85711	Chasing Amy (1997)
1	155	2	2	24	M	technician	85711	Dirty Dancing (1987)
1	195	5	4	24	M	technician	85711	Terminator, The (1984)
1	64	5	5	24	M	technician	85711	Shawshank Redemption, The (1994)
1	44	5	4	24	M	technician	85711	Dolores Claiborne (1994)
1	223	5	4	24	M	technician	85711	Sling Blade (1996)

图 6-9　保留数据中 userid 1 的验证结果

建议你使用每个电影评分的多项式概率分布期望值作为最终预测评分，并查看它与现在的方法（即将具有最高概率的评分作为最终评分）相比结果如何。介绍协同过滤的 RBM 文章位于 https://www.cs.toronto.edu/~rsalakhu/papers/rbmcf.pd。本书与受限波兹卡曼机相关的代码位于 https://github.com/PacktPublishing/Intelligent-Projects-using-Python/blob/master/Chapter06/rbm.py。

6.11　总结

读完本章后，你现在应该能够使用受限波兹卡曼机来构建智能推荐系统，并根据你的领域和需求使用更有趣的方式扩展网络应用。有关本章项目的详细实现，请参阅 https://github.com/PacktPublishing/Intelligent-Projects-using-Python/blob/master/Chapter06。

在下一章中，我们将讨论创建移动应用程序以执行对电影评论的情绪分析。

第 7 章

用于电影评论情感分析的移动应用程序

在当前这个时代,将数据发送到云中基于 AI 的应用程序进行推断是非常普遍的。例如,用户可以将移动电话拍摄的图像发送到 Amazon Rekognition API,该服务可以标记图像中出现的各种对象、人物、文本、场景,等等。使用托管在云中的基于 AI 的应用服务的优点是易于使用。移动应用程序只需向基于 AI 的服务发送 HTTPS 请求,同时发送图像等信息,在数秒之后服务就可以提供推断结果。一些机器学习即服务提供商如下:

- Amazon Rekognition
- Amazon Polly
- Amazon Lex
- Microsoft Azure Cognitive Services
- IBM Watson
- Google Cloud Vision

图 7-1 说明了此类在云端托管的应用程序的架构,以及它如何与移动设备进行交互:

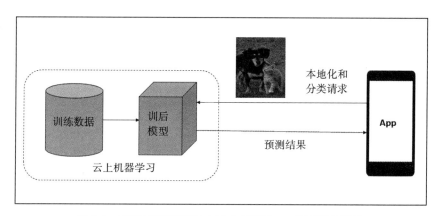

图 7-1　移动应用程序与在云上托管的 AI 模型进行通信

从图中可以看到,移动应用程序对在云端托管的模型发送本地图像和分类请求,模型

在对所提供的图像进行分析之后得到推断结果,并将结果发送回移动端。使用这样的云端服务的优点如下:

- 不需要为训练这类模型而收集数据
- 将 AI 模型作为服务托管没有技术难点
- 无须关心模型是否需要重新训练

所有上述内容都由服务提供商处理。然而,使用这种在云端的 AI 应用程序也有一些缺点,包括:

- 用户无法在本地移动设备上进行推断。所有推断都需要向 AI 应用程序所在的服务器发送网络请求来完成。在没有网络连接的情况下,移动应用程序将无法运行。同时,从模型中获取预测也可能会有一定的网络延迟。
- 如果不是免费的云托管应用程序,则用户通常需要为要运行的推断数量付费。
- 托管在云上的模型通常是通用的,用户无法使用自己的数据训练或者控制这些模型。如果数据是唯一的,那么这种在通用数据下训练得到的应用程序可能无法提供很好的结果。

上述部署在云端的 AI 应用程序的缺点可以通过在移动设备上运行推断来克服,即不需要将数据通过互联网发送给 AI 程序。

可以在采用合适 CPU 和 GPU 的任何系统中训练模型,并在此过程中使用针对要解决的问题而提供的训练数据。这些训练后的模型可以被转换为优化的文件格式,只需要权重和操作就可以运行推断。然后,经过优化的模型可以与移动应用程序集成,使得整个项目可以作为移动设备上的应用程序在移动端被直接加载运行。训练后的模型的优化文件应尽可能轻,因为模型将与其他移动应用程序代码一起存储在移动设备中。在本章中,我们将介绍使用 TensorFlow mobile 开发 Android 移动应用程序。

7.1 技术要求

你需要具备 Python 3、TensorFlow 和 Java 的基本知识。

本章的代码文件可以在 GitHub 上找到:https://github.com/PacktPublishing/Intelligent-Projects-using-Python/tree/master/Chapter07

7.2 使用 TensorFlow mobile 构建 Android 移动应用程序

在这个项目中,我们将使用 TensorFlow 的移动功能来优化已经训练好的模型作为协议缓冲器对象。然后我们将该模型与 Android 应用程序集成,这部分逻辑将用 Java 编写。我们需要执行以下步骤:

1. 在 TensorFlow 中构建模型并使用相关数据对其进行训练。

2. 一旦模型在验证数据集上表现得令人满意，便将 TensorFlow 模型转换为优化的 protobuf（协议缓冲器）对象（例如 optimized_model.pb）。

3. 下载 Android Studio 及其需要的环境。使用 Java 开发应用程序的核心逻辑，并使用 XML 编写交互页面。

4. 在 assets 属性文件夹中集成 TensorFlow 训练模型 protobuf 对象及其相关的依赖项。

5. 构建项目并运行它。

这个 Android 应用程序的实现如图 7-2 所示。

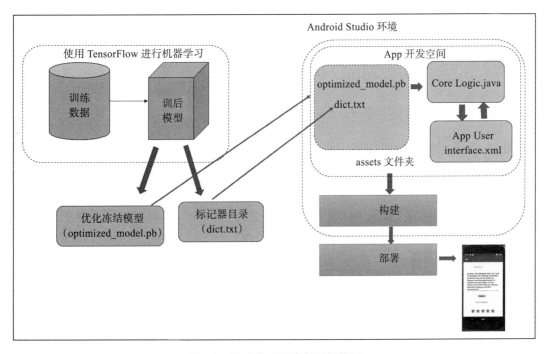

图 7-2　移动应用程序部署架构图

7.3　Android 应用中的电影评论评分

我们将构建一个 Android 应用程序，它可以将电影评论作为输入，并输出针对该电影评论的评分，评分值从 0 到 5。首先训练一个 LSTM 版本的递归神经网络以运行对电影评论的二元分类。训练数据是电影评论的文本数据，以及二元标签 0 或 1。标签 1 表示该评论是正面的（positive），而 0 则表示该评论是负面的（negative）。通过模型，我们将预测评论是正面的概率，然后将此概率乘以 5 得到放大的数值，即将其转换为合理的评分。该模型将使用 TensorFlow 来构建，然后将训练好的模型转换为优化的冻结 protobuf 对象，以便与 Android 应用程序逻辑集成。优化的 protobuf 对象将比原始训练模型小很多，且仅用于推断。

我们将使用 http://ai.stanford.edu/~amaas/data/sentiment/ 上提供的数据集，该数据集也被用于名为《Learning Word Vectors for Sentiment Analysis》的以下论文：

```
@InProceedings{maas-EtAl:2011:ACL-HLT2011,
  author    = {Maas, Andrew L.  and  Daly, Raymond E.  and  Pham, Peter T.
and  Huang, Dan  and  Ng, Andrew Y.  and  Potts, Christopher},
  title     = {Learning Word Vectors for Sentiment Analysis},
  booktitle = {Proceedings of the 49th Annual Meeting of the Association
for Computational Linguistics: Human Language Technologies},
  month     = {June},
  year      = {2011},
  address   = {Portland, Oregon, USA},
  publisher = {Association for Computational Linguistics},
  pages     = {142--150},
  url       = {http://www.aclweb.org/anthology/P11-1015}
}
```

7.4　预处理电影评论文本

电影评论文本需要进行预处理，并转换为对应于语料库中不同单词的数字标记（token）。Keras tokenizer 将通过采集前 50000 个常用词，把单词转换为数字索引或标记。我们将限制电影评论最多可以有 1000 个单词标记。如果某电影评论的单词标记少于 1000 个，则在评论开始使用零填充。在预处理之后，数据被分成训练集、验证集和测试集。Keras 的 Tokenizer 对象将被保存，以便在推断期间使用。

用于预处理电影评论的详细代码（preprocess.py）如下：

```python
# -*- coding: utf-8 -*-
"""
Created on Sun Jun 17 22:36:00 2018
@author: santanu
"""
import numpy as np
import pandas as pd
import os
import re
from keras.preprocessing.text import Tokenizer
from keras.preprocessing.sequence import pad_sequences
import pickle
import fire
from elapsedtimer import ElapsedTimer


# Function to clean the text and convert it into lower case
def text_clean(text):
    letters = re.sub("[^a-zA-z0-9\s]", " ",text)
    words = letters.lower().split()
    text = " ".join(words)
    return text
```

```python
def process_train(path):
    review_dest = []
    reviews = []
    train_review_files_pos = os.listdir(path + 'train/pos/')
    review_dest.append(path + 'train/pos/')
    train_review_files_neg = os.listdir(path + 'train/neg/')
    review_dest.append(path + 'train/neg/')
    test_review_files_pos = os.listdir(path + 'test/pos/')
    review_dest.append(path + 'test/pos/')
    test_review_files_neg = os.listdir(path + 'test/neg/')
    review_dest.append(path + 'test/neg/')
    sentiment_label = [1]*len(train_review_files_pos) + \
                      [0]*len(train_review_files_neg) + \
                      [1]*len(test_review_files_pos) + \
                      [0]*len(test_review_files_neg)
    review_train_test = ['train']*len(train_review_files_pos) + \
                        ['train']*len(train_review_files_neg) + \
                        ['test']*len(test_review_files_pos) + \
                        ['test']*len(test_review_files_neg)
    reviews_count = 0
    for dest in review_dest:
        files = os.listdir(dest)
        for f in files:
            fl = open(dest + f,'r')
            review = fl.readlines()
            review_clean = text_clean(review[0])
            reviews.append(review_clean)
            reviews_count +=1
    df = pd.DataFrame()
    df['Train_test_ind'] = review_train_test
    df['review'] = reviews
    df['sentiment_label'] = sentiment_label
    df.to_csv(path + 'processed_file.csv',index=False)
    print ('records_processed',reviews_count)
    return df
def process_main(path):
    df = process_train(path)
    # We will tokenize the text for the most common 50000 words.
    max_fatures = 50000
    tokenizer = Tokenizer(num_words=max_fatures, split=' ')
    tokenizer.fit_on_texts(df['review'].values)
    X = tokenizer.texts_to_sequences(df['review'].values)
    X_ = []
    for x in X:
        x = x[:1000]
        X_.append(x)
    X_ = pad_sequences(X_)
    y = df['sentiment_label'].values
    index = list(range(X_.shape[0]))
    np.random.shuffle(index)
    train_record_count = int(len(index)*0.7)
    validation_record_count = int(len(index)*0.15)

    train_indices = index[:train_record_count]
    validation_indices = index[train_record_count:train_record_count +
                          validation_record_count]
```

```python
        test_indices = index[train_record_count + validation_record_count:]
        X_train,y_train = X_[train_indices],y[train_indices]
        X_val,y_val = X_[validation_indices],y[validation_indices]
        X_test,y_test = X_[test_indices],y[test_indices]
        np.save(path + 'X_train',X_train)
        np.save(path + 'y_train',y_train)
        np.save(path + 'X_val',X_val)
        np.save(path + 'y_val',y_val)
        np.save(path + 'X_test',X_test)
        np.save(path + 'y_test',y_test)

        # saving the tokenizer oject for inference
        with open(path + 'tokenizer.pickle', 'wb') as handle:
            pickle.dump(tokenizer, handle, protocol=pickle.HIGHEST_PROTOCOL)
    if __name__ == '__main__':
        with ElapsedTimer('Process'):
            fire.Fire(process_main)
```

代码 preprocess.py 可以通过如下方式调用：

```
python preprocess.py --path /home/santanu/Downloads/Mobile_App/aclImdb/
```

得到的输出日志如下：

```
Using TensorFlow backend.
records_processed 50000
24.949 s: Process
```

7.5 构建模型

我们将构建一个简单的 LSTM 版本的递归神经网络，并在输入层后面放一个嵌入层。嵌入层的单词向量使用预先训练好的 100 维的 Glove 向量初始化，该图层被定义为 trainable（可训练的），这样，该单词向量嵌入层就可以根据训练数据自行更新。隐藏状态的维度和单元状态的维度也是 100。使用二进制交叉熵损失来训练模型，并在损失函数中加入岭正则化（ridge regularization）以防止出现过拟合，同时使用 Adam 优化器训练模型。

以下代码段是在 TensorFlow 中构建模型的函数：

```python
    def _build_model(self):
        with tf.variable_scope('inputs'):
            self.X = tf.placeholder(shape=[None,self.sentence_length],dtype=tf.int32,name="X")
            print (self.X)
            self.y = tf.placeholder(shape=[None,1],dtype=tf.float32,name="y")
            self.emd_placeholder = tf.placeholder(tf.float32,shape=[self.n_words,self.embedding_dim])

        with tf.variable_scope('embedding'):
            # create embedding variable
            self.emb_W =tf.get_variable('word_embeddings',[self.n_words,
```

```
        self.embedding_dim],initializer=tf.random_uniform_initializer(-1, 1,
0),trainable=True,dtype=tf.float32)
            self.assign_ops = tf.assign(self.emb_W,self.emd_placeholder)
            # do embedding lookup
            self.embedding_input =
tf.nn.embedding_lookup(self.emb_W,self.X,"embedding_input")
            print( self.embedding_input )
            self.embedding_input =
tf.unstack(self.embedding_input,self.sentence_length,1)
            #rint( self.embedding_input)
    
            # define the LSTM cell
            with tf.variable_scope('LSTM_cell'):
                self.cell = tf.nn.rnn_cell.BasicLSTMCell(self.hidden_states)
    
            # define the LSTM operation
            with tf.variable_scope('ops'):
                self.output, self.state =
tf.nn.static_rnn(self.cell,self.embedding_input,dtype=tf.float32)
            with tf.variable_scope('classifier'):
                self.w = tf.get_variable(name="W",
shape=[self.hidden_states,1],dtype=tf.float32)
                self.b = tf.get_variable(name="b", shape=[1], dtype=tf.float32)
            self.l2_loss = tf.nn.l2_loss(self.w,name="l2_loss")
            self.scores =
tf.nn.xw_plus_b(self.output[-1],self.w,self.b,name="logits")
            self.prediction_probability =
tf.nn.sigmoid(self.scores,name='positive_sentiment_probability')
            print (self.prediction_probability)
            self.predictions =
tf.round(self.prediction_probability,name='final_prediction')
    
            self.losses =
tf.nn.sigmoid_cross_entropy_with_logits(logits=self.scores,labels=self.y)
            self.loss = tf.reduce_mean(self.losses) + self.lambda1*self.l2_loss
            tf.summary.scalar('loss', self.loss)
            self.optimizer =
tf.train.AdamOptimizer(self.learning_rate).minimize(self.losses)
    
            self.correct_predictions =
tf.equal(self.predictions,tf.round(self.y))
            print (self.correct_predictions)
    
            self.accuracy = tf.reduce_mean(tf.cast(self.correct_predictions,
"float"),         name="accuracy")
            tf.summary.scalar('accuracy', self.accuracy)
```

7.6 训练模型

在本节中，我们将说明用于训练模型的 TensorFlow 代码。模型经过 10 个轮次的适度训练，以避免过拟合。优化器的学习率为 0.001，训练和验证的批量大小分别设置为 250 和 50。需要注意的一点是，我们使用 tf.train.write_graph 函数将模型图定义保存到 model.pbtxt 文件中。此外，一旦模型训练完成之后，则使用 tf.train.Saver 函数将模型权重保存在检查点文件 model_ckpt 中。model.pbtxt 和 model_ckpt 文件将被用于创建 protobuf 格式的 TensorFlow 模型的优化版本，以便与 Android 应用集成：

```
    def _train(self):
        self.num_batches = int(self.X_train.shape[0]//self.batch_size)
        self._build_model()
        self.saver = tf.train.Saver()
        with tf.Session() as sess:
            init = tf.global_variables_initializer()
            sess.run(init)
sess.run(self.assign_ops,feed_dict={self.emd_placeholder:self.embedding_mat
rix})
            tf.train.write_graph(sess.graph_def, self.path, 'model.pbtxt')
            print (self.batch_size,self.batch_size_val)
            for epoch in range(self.epochs):
                gen_batch =
self.batch_gen(self.X_train,self.y_train,self.batch_size)
                gen_batch_val =
self.batch_gen(self.X_val,self.y_val,self.batch_size_val)
                for batch in range(self.num_batches):
                    X_batch,y_batch = next(gen_batch)
                    X_batch_val,y_batch_val = next(gen_batch_val)
sess.run(self.optimizer,feed_dict={self.X:X_batch,self.y:y_batch})
                    c,a =
sess.run([self.loss,self.accuracy],feed_dict={self.X:X_batch,self.y:y_batch
})
                    print(" Epoch=",epoch," Batch=",batch," Training Loss:
","{:.9f}".format(c), " Training Accuracy=", "{:.9f}".format(a))
                    c1,a1 =
sess.run([self.loss,self.accuracy],feed_dict={self.X:X_batch_val,self.y:y_b
atch_val})
                    print(" Epoch=",epoch," Validation Loss:
","{:.9f}".format(c1), " Validation Accuracy=", "{:.9f}".format(a1))
                    results =
sess.run(self.prediction_probability,feed_dict={self.X:X_batch_val})
                    print(results)
                if epoch % self.checkpoint_step == 0:
                    self.saver.save(sess, os.path.join(self.path,'model'),
global_step=epoch)
            self.saver.save(sess,self.path + 'model_ckpt')
            results =
sess.run(self.prediction_probability,feed_dict={self.X:X_batch_val})
            print(results)
```

批量生成器

在 train 函数中，我们将根据传入的批量大小使用批量生成器生成随机批次。生成器函数可以定义如下。请注意，函数使用 yield 代替 return。通过以合适的参数调用函数，来创建批量的迭代器对象。通过迭代器对象的 next 函数，可以提取批量对象的下一个对象。我们将在每个轮次开始时调用生成器函数，以保证每个轮次中的批量都是随机的。

以下代码用于生成批量迭代器对象：

```
def batch_gen(self,X,y,batch_size):
        index = list(range(X.shape[0]))
        np.random.shuffle(index)
        batches = int(X.shape[0]//batch_size)
        for b in range(batches):
            X_train,y_train = X[index[b*batch_size: (b+1)*batch_size],:],
                                      y[index[b*batch_size:
(b+1)*batch_size]]
            yield X_train,y_train
```

脚本 movie_review_model_train.py 中包含训练模型的详细代码。调用命令如下：

```
python movie_review_model_train.py process_main --path
/home/santanu/Downloads/Mobile_App/ --epochs 10
```

训练结果的输出如下：

```
Using TensorFlow backend.
(35000, 1000) (35000, 1)
(7500, 1000) (7500, 1)
(7500, 1000) (7500, 1)
no of positive class in train: 17497
no of positive class in test: 3735
Tensor("inputs/X:0", shape=(?, 1000), dtype=int32)
Tensor("embedding/embedding_lookup:0", shape=(?, 1000, 100), dtype=float32)
Tensor("positive_sentiment_probability:0", shape=(?, 1), dtype=float32)
.....
25.043 min: Model train
```

7.7 将模型冻结为 protobuf 格式

在形如 model.pbtxt 和 model_ckpt 的文件中保存的训练好的模型并不能直接被 Android 应用程序使用。我们需要将其转换为优化的 protobuf 格式（扩展名为 .pb 的文件），这个文件格式可以与 Android 应用集成。优化的 protobuf 格式的文件大小将远小于 model.pbtxt 和 model_ckpt 文件的大小。

以下代码（freeze_code.py）将基于 model.pbtxt 和 model_ckpt 文件创建优化的 protobuf 模型：

```
# -*- coding: utf-8 -*-

import sys
import tensorflow as tf
from tensorflow.python.tools import freeze_graph
from tensorflow.python.tools import optimize_for_inference_lib
import fire
from elapsedtimer import ElapsedTimer

#path = '/home/santanu/Downloads/Mobile_App/'
#MODEL_NAME = 'model'
```

```python
def model_freeze(path,MODEL_NAME='model'):

    # Freeze the graph

    input_graph_path = path + MODEL_NAME+'.pbtxt'
    checkpoint_path = path + 'model_ckpt'
    input_saver_def_path = ""
    input_binary = False
    output_node_names = 'positive_sentiment_probability'
    restore_op_name = "save/restore_all"
    filename_tensor_name = "save/Const:0"
    output_frozen_graph_name = path + 'frozen_'+MODEL_NAME+'.pb'
    output_optimized_graph_name = path + 'optimized_'+MODEL_NAME+'.pb'
    clear_devices = True


    freeze_graph.freeze_graph(input_graph_path, input_saver_def_path,
                              input_binary, checkpoint_path, output_node_names,
                              restore_op_name, filename_tensor_name,
                              output_frozen_graph_name, clear_devices, "")

    input_graph_def = tf.GraphDef()

    with tf.gfile.Open(output_frozen_graph_name, "rb") as f:
        data = f.read()
        input_graph_def.ParseFromString(data)

    output_graph_def = optimize_for_inference_lib.optimize_for_inference(
            input_graph_def,
            ["inputs/X" ],#an array of the input node(s)
            ["positive_sentiment_probability"],
            tf.int32.as_datatype_enum # an array of output nodes
            )

    # Save the optimized graph

    f = tf.gfile.FastGFile(output_optimized_graph_name, "w")
    f.write(output_graph_def.SerializeToString())

if __name__ == '__main__':
    with ElapsedTimer('Model Freeze'):
        fire.Fire(model_freeze)
```

在上面的代码中可以看到，首先通过引用在声明模型时定义的输入张量和输出张量的名称，来声明这些张量。然后通过 tensorflow.python.tools 中的 freeze_graph 函数，并使用这些输入和输出张量以及 model.pbtxt 和 model_ckpt 文件，将模型冻结。在下一步，将被冻结的模型通过 tensorflow.python.tools 中的 optimize_for_inference_lib 函数进一步优化，以创建 protobuf 模型（即 optimized_model.pb），此模型将与 Android 应用程序集成，以便在推断中使用。

可以通过如下命令调用 freeze_code.py 来创建模型的 protobuf 格式文件：

```
python freeze_code.py --path /home/santanu/Downloads/Mobile_App/ --MODEL_NAME model
```

执行上述命令的输出如下：

```
39.623 s: Model Freeze
```

7.8 为推断创建单词到表征的字典

在预处理期间，我们训练了一个 Keras tokenizer 用于将单词替换为单词的数字索引，这样处理后的电影评论就可以提供给 LSTM 模型进行训练。我们还保留了频率最高的前 50000 个单词，并将电影评论序列的最大长度限制为 1000。尽管训练后的 Keras tokenizer 被保存下来用于推断，但其实它并不能直接被 Android 应用程序使用。我们可以还原 Keras tokenizer，并将 50000 个单词及其相应的单词索引保存在文本文件中。此文本文件可以在 Android 应用程序中使用，以构建单词到索引的字典，用来转换电影评论的文本。注意，单词到索引映射可以通过 tokenizer.word_index 从加载的 Keras tokenizer 对象进行检索。执行此逻辑的详细代码（tokenizer_2_txt.py）如下所示：

```
import keras
import pickle
import fire
from elapsedtimer import ElapsedTimer

#path = '/home/santanu/Downloads/Mobile_App/aclImdb/tokenizer.pickle'
#path_out = '/home/santanu/Downloads/Mobile_App/word_ind.txt'
def tokenize(path,path_out):
    with open(path, 'rb') as handle:
        tokenizer = pickle.load(handle)


    dict_ = tokenizer.word_index

    keys = list(dict_.keys())[:50000]
    values = list(dict_.values())[:50000]
    total_words = len(keys)
    f = open(path_out,'w')
    for i in range(total_words):
        line = str(keys[i]) + ',' + str(values[i]) + '\n'
        f.write(line)

    f.close()

if __name__ == '__main__':
    with ElapsedTimer('Tokeize'):
        fire.Fire(tokenize)
```

可以通过以下命令运行 tokenizer_2_txt.py：

```
python tokenizer_2_txt.py --path
'/home/santanu/Downloads/Mobile_App/aclImdb/tokenizer.pickle' --path_out
'/home/santanu/Downloads/Mobile_App/word_ind.txt'
```

上述命令得到的输出如下:

```
Using TensorFlow backend.
165.235 ms: Tokenize
```

7.9 应用程序交互界面设计

可以使用 Android Studio 设计简单的移动应用程序界面,相应的代码将采用 XML 文件格式。如图 7-3 所示,应用程序包含一个简单的电影评论文本框,用户可以在其中输入他们对电影的评论,输入完成后按 SUBMIT 按钮。按下 SUBMIT 按钮后,电影评论将被传递给应用程序的核心逻辑模块,该模块将处理电影评论文本,并将其传递给 TensorFlow 优化模型进行推断。推断将针对电影评论的情感打分,该分数会转换为相应的星级显示在移动应用程序中。

图 7-3 移动应用程序的用户界面

用于生成该移动应用程序界面的 XML 文件如下:

```
<?xml version="1.0" encoding="utf-8"?>
<android.support.constraint.ConstraintLayout
xmlns:android="http://schemas.android.com/apk/res/android"
    xmlns:app="http://schemas.android.com/apk/res-auto"
```

```xml
    xmlns:tools="http://schemas.android.com/tools"
    android:layout_width="match_parent"
    android:layout_height="match_parent"
    tools:context=".MainActivity"
    tools:layout_editor_absoluteY="81dp">
<TextView
    android:id="@+id/desc"
    android:layout_width="100dp"
    android:layout_height="26dp"
    android:layout_marginEnd="8dp"
    android:layout_marginLeft="44dp"
    android:layout_marginRight="8dp"
    android:layout_marginStart="44dp"
    android:layout_marginTop="36dp"
    android:text="Movie Review"
    app:layout_constraintEnd_toEndOf="parent"
    app:layout_constraintHorizontal_bias="0.254"
    app:layout_constraintStart_toStartOf="parent"
    app:layout_constraintTop_toTopOf="parent"
    tools:ignore="HardcodedText" />

<EditText
    android:id="@+id/Review"
    android:layout_width="319dp"
    android:layout_height="191dp"
    android:layout_marginEnd="8dp"
    android:layout_marginLeft="8dp"
    android:layout_marginRight="8dp"
    android:layout_marginStart="8dp"
    android:layout_marginTop="24dp"
    app:layout_constraintEnd_toEndOf="parent"
    app:layout_constraintStart_toStartOf="parent"
    app:layout_constraintTop_toBottomOf="@+id/desc" />

<RatingBar
    android:id="@+id/ratingBar"
    android:layout_width="240dp"
    android:layout_height="49dp"
    android:layout_marginEnd="8dp"
    android:layout_marginLeft="52dp"
    android:layout_marginRight="8dp"
    android:layout_marginStart="52dp"
    android:layout_marginTop="28dp"
    app:layout_constraintEnd_toEndOf="parent"
    app:layout_constraintHorizontal_bias="0.238"
    app:layout_constraintStart_toStartOf="parent"
    app:layout_constraintTop_toBottomOf="@+id/score"
    tools:ignore="MissingConstraints" />

<TextView
    android:id="@+id/score"
    android:layout_width="125dp"
    android:layout_height="39dp"
    android:layout_marginEnd="8dp"
    android:layout_marginLeft="96dp"
    android:layout_marginRight="8dp"
    android:layout_marginStart="96dp"
```

```
            android:layout_marginTop="32dp"
            android:ems="10"
            android:inputType="numberDecimal"
            app:layout_constraintEnd_toEndOf="parent"
            app:layout_constraintHorizontal_bias="0.135"
            app:layout_constraintStart_toStartOf="parent"
            app:layout_constraintTop_toBottomOf="@+id/submit" />

        <Button
            android:id="@+id/submit"
            android:layout_width="wrap_content"
            android:layout_height="35dp"
            android:layout_marginEnd="8dp"
            android:layout_marginLeft="136dp"
            android:layout_marginRight="8dp"
            android:layout_marginStart="136dp"
            android:layout_marginTop="24dp"
            android:text="SUBMIT"
            app:layout_constraintEnd_toEndOf="parent"
            app:layout_constraintHorizontal_bias="0.0"
            app:layout_constraintStart_toStartOf="parent"
            app:layout_constraintTop_toBottomOf="@+id/Review" />

</android.support.constraint.ConstraintLayout>
```

需要注意的一点是，用于帮助用户和移动应用程序核心逻辑进行彼此交互的变量是在 XML 文件中通过 android：id 选项声明的。例如，用户提供的电影评论将可以通过 Review 变量进行处理，对应 XML 文件中的定义为：

```
android:id="@+id/Review"
```

7.10 Android 应用程序的核心逻辑

Android 应用程序的核心逻辑是处理用户请求以及所传递的数据，然后将结果返回给用户。作为应用程序的一部分，核心逻辑将接受用户提供的电影评论，并处理原始数据，然后将其转换为可以被训练好的 LSTM 模型用来进行推断的格式。Java 中的 OnClickListener 函数用于监视用户是否已提交处理请求。在可以将数据输入经过优化的训练好的 LSTM 模型进行推断之前，用户提供的电影评论中的每个单词都需要被转化为索引。因此，除了优化的 protobuf 模型，单词的字典及其对应的索引也需要被预先存储在设备上。我们使用 TensorFlowInferenceInterface 方法通过训练好的模型来运行推断。经过优化的 protobuf 模型和单词字典及其相应的索引存储在 assets 文件夹中。总而言之，应用程序核心逻辑需要完成的任务如下：

1. 将单词到索引的字典加载到 WordToInd HashMap 中。单词到索引字典是在训练模型之前预处理文本时从 tokenizer 派生来的。

2. 通过监听 OnClickListener 方法判断用户是否已提交电影评论以进行推断。

3. 如果已提交电影评论，则从与 XML 绑定的 Review 对象中读取评论。先通过删除标点符号等操作清理评论文本，然后进行单词分词。每个单词都将使用 WordToInd HashMap 转换为相应的索引。这些索引构成我们输入 TensorFlow 模型并用于推断的 InputVec 向量，向量的长度为 1000。因此，如果评论少于 1000 个单词，则用 0 在向量开头进行填充。

4. 从 assets 文件夹加载经过优化的 protobuf 模型（扩展名为 .pb）进入内存，使用 TensorFlowInferenceInterface 功能创建 mInferenceInterface 对象。与在原始模型中一样，用于推断的 TensorFlow 模型也需要定义输入节点和输出节点。对于我们的模型，它们被定义为 INPUT_NODE 和 OUTPUT_NODE，其中分别包含 TensorFlow 输入占位符的名称和输出的评分概率操作。mInferenceInterface 对象的 feed 方法用于将 InputVec 值赋值给模型的 INPUT_NODE，而 mInferenceInterface 的 run 方法用于执行 OUTPUT_NODE。最后，调用 mInferenceInterface 的 fetch 得到用浮点变量 value_ 表示的推断结果。

5. 通过将 value_ 乘以 5 来得到情感得分（评论为正面评论的概率）。然后将其提供给 Android 应用程序的交互对象 ratingBar 变量。

移动应用程序核心逻辑的 Java 代码如下：

```java
package com.example.santanu.abc;
import android.content.res.AssetManager;
import android.support.v7.app.AppCompatActivity;
import android.os.Bundle;
import android.view.View;
import android.widget.RatingBar;
import android.widget.TextView;
import android.widget.Button;
import android.widget.EditText;
import java.io.BufferedReader;
import java.io.FileReader;
import java.io.IOException;
import java.io.InputStreamReader;
import java.util.HashMap;
import java.util.Map;
import org.tensorflow.contrib.android.TensorFlowInferenceInterface;


public class MainActivity extends AppCompatActivity {

    private TensorFlowInferenceInterface mInferenceInterface;
    private static final String MODEL_FILE =
"file:///android_asset/optimized_model.pb";
    private static final String INPUT_NODE = "inputs/X";
    private static final String OUTPUT_NODE =
"positive_sentiment_probability";


    @Override
    protected void onCreate(Bundle savedInstanceState) {
        super.onCreate(savedInstanceState);
        setContentView(R.layout.activity_main);
        // Create references to the widget variables
```

```java
        final TextView desc = (TextView) findViewById(R.id.desc);
        final Button submit = (Button) findViewById(R.id.submit);
        final EditText Review = (EditText) findViewById(R.id.Review);
        final TextView score = (TextView) findViewById(R.id.score);
        final RatingBar ratingBar = (RatingBar) findViewById(R.id.ratingBar);

        //String filePath = "/home/santanu/Downloads/Mobile_App/word2ind.txt";
        final Map<String,Integer> WordToInd = new HashMap<String,Integer>();
        //String line;

        //reader = new BufferedReader(new InputStreamReader(getAssets().open("word2ind.txt")));

        BufferedReader reader = null;
        try {
            reader = new BufferedReader(
                    new
InputStreamReader(getAssets().open("word_ind.txt")));

            // do reading, usually loop until end of file reading
            String line;
            while ((line = reader.readLine()) != null)
            {
                String[] parts = line.split("\n")[0].split(",",2);
                if (parts.length >= 2)
                {

                    String key = parts[0];
                    //System.out.println(key);
                    int value = Integer.parseInt(parts[1]);
                    //System.out.println(value);
                    WordToInd.put(key,value);
                } else

                {
                    //System.out.println("ignoring line: " + line);
                }
            }
        } catch (IOException e) {
            //log the exception
        } finally {
            if (reader != null) {
                try {
                    reader.close();
                } catch (IOException e) {
                    //log the exception
                }
            }
        }

        //line = reader.readLine();
```

```java
        // Create Button Submit Listener

        submit.setOnClickListener(new View.OnClickListener() {

            @Override
            public void onClick(View v) {
                // Read Values
                String reviewInput = Review.getText().toString().trim();
                System.out.println(reviewInput);

                String[] WordVec = reviewInput.replaceAll("[^a-zA-z0-9 ]",
"").toLowerCase().split("\\s+");
                System.out.println(WordVec.length);

                int[] InputVec = new int[1000];
                // Initialize the input
                for (int i = 0; i < 1000; i++) {
                    InputVec[i] = 0;
                }
                // Convert the words by their indices

                int i = 1000 - 1 ;
                for (int k = WordVec.length -1 ; k > -1 ; k--) {
                    try {
                        InputVec[i] = WordToInd.get(WordVec[k]);
                        System.out.println(WordVec[k]);
                        System.out.println(InputVec[i]);

                    }
                    catch (Exception e) {
                        InputVec[i] = 0;

                    }
                    i = i-1;
                }

                if (mInferenceInterface == null) {
                    AssetManager assetManager = getAssets();
                    mInferenceInterface = new
TensorFlowInferenceInterface(assetManager,MODEL_FILE);
                }


                float[] value_ = new float[1];

                mInferenceInterface.feed(INPUT_NODE,InputVec,1,1000);
                mInferenceInterface.run(new String[] {OUTPUT_NODE}, false);
                System.out.println(Float.toString(value_[0]));
                mInferenceInterface.fetch(OUTPUT_NODE, value_);
                double scoreIn;
                scoreIn = value_[0]*5;
                double ratingIn = scoreIn;
                String stringDouble = Double.toString(scoreIn);
                score.setText(stringDouble);
                ratingBar.setRating((float) ratingIn);
```

```
                }
            });
        }
    }
```

需要注意的一点是，我们可能需要编辑应用程序的 build.gradle 文件，将所需要的包添加为依赖项：

```
org.tensorflow:tensorflow-android:1.7.0
```

7.11 测试移动应用

我们将使用《Avatar》和《Interstellar》两部电影的评论来测试我们的移动应用程序。下面这条有关电影《Avatar》的评论来自 https://www.rogerebert.com/reviews/avatar2009，具体内容如下：

"Watching Avatar, I felt sort of the same as when I saw Star Wars in 1977. That was another movie I walked into with uncertain expectations. James Cameron's film has been the subject of relentlessly dubious advance buzz, just as his Titanic was. Once again, he has silenced the doubters by simply delivering an extraordinary film. There is still at least one man in Hollywood who knows how to spend $250 million, or was it $300 million, wisely."

"Avatar is not simply a sensational entertainment, although it is that. It's a technical breakthrough. It has a flat-out Green and anti-war message. It is predestined to launch a cult. It contains such visual detailing that it would reward repeating viewings. It invents a new language, Na'vi, as Lord of the Rings did, although mercifully I doubt this one can be spoken by humans, even teenage humans. It creates new movie stars. It is an Event, one of those films you feel you must see to keep up with the conversation."

评论员给这部电影的评分为 4/5，而移动应用评分为大约 4.8/5，如图 7-4 所示。

同样，我们将评估应用程序为电影《Interstellar》评论给出的评分，我们使用的评论来自 https://www.rottentomatoes.com/m/interstellar_2014/。评论内容如下：

"Interstellar represents more of the thrilling, thought-provoking, and visually resplendent film making moviegoers have come to expect from writer-director Christopher Nolan, even if its intellectual reach somewhat exceeds its grasp."

Rotten Tomatoes 上对这部电影的平均评分是 7/10，相当于 3.5/5，而移动应用对该评论的评分为 3.37，如图 7-5 所示。

图 7-4 移动应用对电影《Avatar》的评论给出的评分

图 7-5 移动应用对电影《Interstellar》评论的评分

正如你在两个插图中看到的那样，移动电影评论评分应用程序可以很好地为电影评论提供合理的评分。

7.12 总结

完成本章后,读者应该对如何使用 TensorFlow 的移动功能在 Android 应用程序中部署深度学习模型有一个很好的了解。本章项目的详细代码位于 https://github.com/PacktPublishing/Python-Artificial-Intelligence-Projects/Chapter07。在下一章中,我们将为客户服务部门构建一个会话式 AI 聊天机器人。

CHAPTER 8
第 8 章

提供客户服务的 AI 聊天机器人

由于能很好地提高用户体验,提供客户服务的智能聊天机器人近年来名声大噪。聊天机器人简化了线上表单填写和信息收集等烦琐任务,在现实应用中被广泛认可,已经在商业活动的各种交易场景中被频繁使用。聊天机器人的一个令人满意的特征是,能在当前对话语境中正确地响应用户的请求。聊天机器人系统包含用户和机器人两个角色,其优点有:

- 个性化的帮助:为所有用户都建立个性化体验的工作烦琐又冗长,不这么做又会损失很多商机。聊天机器人会是一个解决方案,它可以很方便地为每一位用户提供个性化服务。
- 全时段支持:雇佣 7*24 小时的人工客服十分昂贵,而聊天机器人免去了额外的人工成本。
- 响应的一致性:不同的人工客服对同一个问题可能会给出不同的响应,而智能客服提供的用户响应更容易保持一致。要知道,人工客服给出的不同回答往往会让用户感到困惑,导致用户不满。
- 足够的耐心:响应用户时,人工客服有可能逐渐失去耐心,而机器人永远不会。
- 问题记录:相比于人工客服,聊天机器人能更高效地保存用户的问题历史。

聊天机器人不是最近才有的技术,最初可追溯到 1950 年。第二次世界大战之后,阿兰·图灵发明了图灵测试,测试人能否将真实的人类和机器区分开。随后在 1966 年,Joseph Weizenbaum 发明了名为 Eliza 的软件,试图模仿心理治疗师的语言。这个工具在 http://psych.fullerton.edu/mbirnbaum/psych101/Eliza.htm 仍能找到。

聊天机器人能完成五花八门的任务,一些任务能展示其多才多艺的本领,比如:

- 搜索反馈,结合产品返回合适的回答。
- 个性化推荐,给出适合用户的最佳方案建议。
- 情感机器人,提供模拟真人的回答。
- 智能客服,提供智能聊天客户服务。
- 智能投资顾问,谈判价格并参与投标。

在现实场景中,很难判断是否需要聊天机器人。但是,可以根据图 8-1 所示的流程图来做出判断：

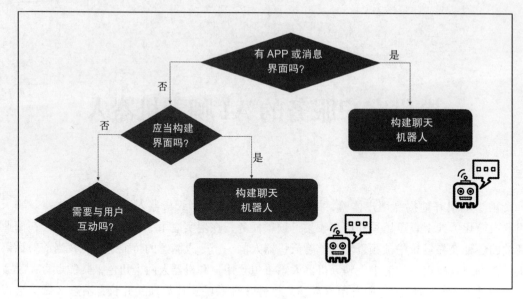

图 8-1　用户互动模型

本章后面的内容将覆盖如下主题：
- 聊天机器人的架构
- 用于聊天机器人的 LSTM 序列到序列模型
- 用序列到序列模型建立一个推特（Twitter）聊天机器人

8.1　技术要求

你需要具备 Python 3、TensorFlow 和 Keras 的基本知识。

本章的代码文件可以在 GitHub 上找到：

https://github.com/PacktPublishing/Intelligent-Projects-using-Python/tree/master/Chapter08

8.2　聊天机器人的架构

聊天机器人的核心是其自然语言处理框架。这个框架对用户提交的输入数据做分词（parsing）、翻译处理后，基于对用户输入数据的理解来给出响应。为了保证给出响应的合理性，聊天机器人也许需要向知识库和历史交易数据库寻求帮助。

因此，聊天机器人可以被粗略地分成两个类别：
- 检索模型（Retrieval-based model）：一般来说，这类模型依赖于查询表或者知识库，它能从预定义好的一系列回答中选择一个来返回给用户。尽管这种方法显得有些简单,但大多数商业化的聊天机器人都属于这一类。不同模型的差别在于从查询表或者知识库里选择一个最佳答案的算法,其精细程度不同。

❑ 生成模型(Generative model):不同于检索模型,生成模型在模型运行时才生成答案。大多数生成模型为概率模型或者基于机器学习的模型。直到最近,生成模型大多使用马尔科夫链(Markov chain)模型来生成答案。随着深度学习不断成熟,基于循环神经网络的模型流行起来。又由于 LSTM 的循环神经网络模型能更好地处理长句子,聊天机器人的实现大多使用基于 LSTM 的生成模型来实现。

检索模型和生成模型都有各自的优缺点。检索模型从固定的答案集中给出答案,无法处理那些没有被事先定义好的问题或者请求。生成模型更加灵活,能理解用户的输入并生成类似人类才会给出的回答。然而,生成模型很难训练,需要更多的数据来学习,而且生成模型给出的回答会存在语法错误的情况,检索模型则不存在这种问题。

8.3 基于 LSTM 的序列到序列模型

序列到序列模型的架构很适合用来捕捉用户输入的上下文,并基于此生成合适的响应。图 8-2 展示了一个能自动回答问题的序列到序列模型的框架图。

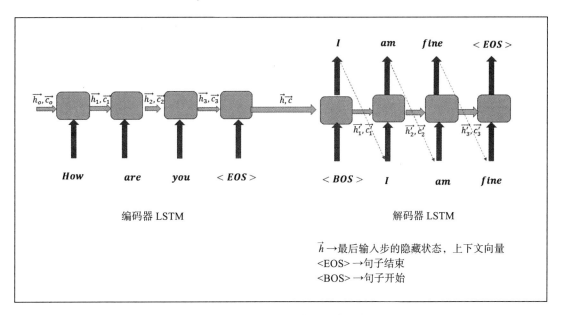

图 8-2 基于 LSTM 的序列到序列模型

从图 8-2 可以看到,编码器 LSTM 将单词的输入序列编码为一个隐藏状态向量 $\vec{h}$ 和一个单元状态向量 $\vec{c}$。LSTM 编码器最后一步得到的隐藏状态和单元状态向量 $\vec{h}$ 和 $\vec{c}$ 基本上捕捉了整个输入句子的上下文。

编码之后的信息 $\vec{h}$ 和 $\vec{c}$ 被送给解码器 LSTM，作为其初始隐藏和单元状态。每个步骤中的解码器 LSTM 基于当前单词试图预测下一个单词，即当前单词是其输入。

在预测第一个单词时，送给 LSTM 的输入是一个代表开始的占位关键词 <BOS>，这意味着一个句子的开头。类似地，占位关键词 <EOS> 代表句子的结尾。LSTM 给出 <EOS> 的预测值时，意味着输出停止。

在训练一个序列到序列模型时，我们知道作为解码器 LSTM 输入的前一个词。但是在推断阶段，我们没有这些目标单词，因此我们使用前一步作为输入。

8.4 建立序列到序列模型

本章用来实现聊天机器人的序列到序列模型与图 8-2 所示的基本模型稍有不同。修改之后的架构见图 8-3。

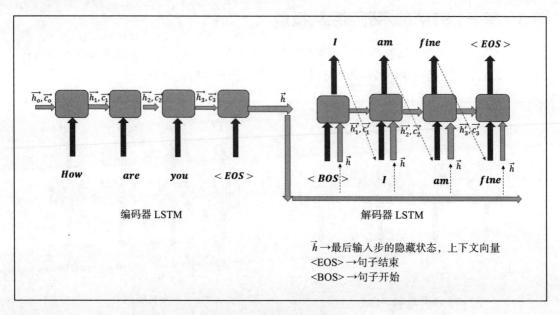

图 8-3 序列到序列模型

这个模型没有用编码器最后一步输出的隐藏状态 $\vec{h}$ 和单元状态 $\vec{c}$ 作为解码器 LSTM 的初始隐藏状态和单元状态，取而代之的做法是把 $\vec{h}$ 作为每一步解码器 LSTM 的输入。即在第 t 步，用前一个目标单词 w_{t-1} 和同一个隐藏状态 $\vec{h}$ 来预测目标单词 w_t。

8.5 Twitter 平台上的聊天机器人

接下来我们将基于循环神经网络，并使用 20 个大品牌相关的用户推特数据和客服响应数据来创建一个聊天机器人。数据集 twcs.zip 位于在 https://www.kaggle.com/thoughtvector/customer-support-on-twitter。数据集中，每条推特用 tweet_id 来标识区分，域 text 下是推特文字内容，域 in_response_to_tweet_id 用于识别用户推特：用户推特数据的域 in_response_to_tweet_id 值为 null；客服推特的域 in_response_to_tweet_id 值是对应用户推特的 tweet_id。

8.5.1 构造聊天机器人的训练数据

我们提取 in_response_to_tweet_id 值为 null 的推特数据来获得由用户发布的进站推特数据。类似地，提取 in_response_to_tweet_id 值不为 null 的推特数据为客服回应的出站数据。整理好进站和出站数据之后，合并进站数据和 tweet_id、出站数据和 in_response_to_tweet_id，从而得到用户给出的输入推特数据和客服给出的输出推特数据。数据的整理函数代码如下：

```
def process_data(self,path):
    data = pd.read_csv(path)

    if self.mode == 'train':
        data = pd.read_csv(path)
        data['in_response_to_tweet_id'].fillna(-12345,inplace=True)
        tweets_in =  data[data['in_response_to_tweet_id'] == -12345]
        tweets_in_out =
        tweets_in.merge(data,left_on=['tweet_id'],right_on=
        ['in_response_to_tweet_id'])
        return tweets_in_out[:self.num_train_records]
    elif self.mode == 'inference':
        return data
```

8.5.2 将文本数据转换为单词索引

推特数据被输入神经网络之前，会被进一步切分、转化为数字。采用计数向量化（count vectorizer）方法来保留一定数量的高频单词，以生成聊天机器人的词汇空间。同时引入三个新的标记来标志一个句子的开头（START）、结尾（PAD）和任意的未知单词（UNK）。对推特数据进行分词的函数如下：

```
def tokenize_text(self,in_text,out_text):
    count_vectorizer = CountVectorizer(tokenizer=casual_tokenize, max_features=self.max_vocab_size - 3)
    count_vectorizer.fit(in_text + out_text)
    self.analyzer = count_vectorizer.build_analyzer()
    self.vocabulary =
    {key_: value_ + 3 for key_,value_ in
count_vectorizer.vocabulary_.items()}
    self.vocabulary['UNK'] = self.UNK
    self.vocabulary['PAD'] = self.PAD
    self.vocabulary['START'] = self.START
    self.reverse_vocabulary =
    {value_: key_ for key_, value_ in self.vocabulary.items()}
```

```
        joblib.dump(self.vocabulary,self.outpath + 'vocabulary.pkl')
        joblib.dump(self.reverse_vocabulary,self.outpath +
'reverse_vocabulary.pkl')
        joblib.dump(count_vectorizer,self.outpath + 'count_vectorizer.pkl')
        #pickle.dump(self.count_vectorizer,open(self.outpath +
        'count_vectorizer.pkl',"wb"))
```

现在，切分好的词语需要转化为单词索引，才能被 RNN 直接处理。代码如下：

```
def words_to_indices(self,sent):
    word_indices =
    [self.vocabulary.get(token,self.UNK) for token in
self.analyzer(sent)] +
    [self.PAD]*self.max_seq_len
    word_indices = word_indices[:self.max_seq_len]
    return word_indices
```

也可以把 RNN 预测的单词索引转化为单词，以构成一个句子。对应的代码如下：

```
 def indices_to_words(self,indices):
        return ' '.join(self.reverse_vocabulary[id] for id in indices if id
!= self.PAD).strip()
```

8.5.3　替换匿名用户名

在对推特数据进行分词处理之前，将数据中的匿名用户名替换为通用用户名能提高聊天机器人的泛化性，对应代码如下：

```
        def replace_anonymized_names(self,data):

            def replace_name(match):
                cname = match.group(2).lower()
                if not cname.isnumeric():
                    return match.group(1) + match.group(2)
                return '@__cname__'
            re_pattern = re.compile('(\W@|^@)([a-zA-Z0-9_]+)')
            if self.mode == 'train':

                in_text = data['text_x'].apply(lambda
txt:re_pattern.sub(replace_name,txt))
                out_text = data['text_y'].apply(lambda
txt:re_pattern.sub(replace_name,txt))
                return list(in_text.values),list(out_text.values)
            else:
                return map(lambda x:re_pattern.sub(replace_name,x),data)
```

8.5.4　定义模型

基础版 RNN 架构本身因为存在梯度消失的问题，无法记住长句子文本中的长期数据依赖关系。借助于结构中的三个"门（gate）"，LSTM 能有效记住长期依赖关系。因此，这里采用 RNN 的 LSTM 版本来构建序列到序列模型。

该模型用到了两个 LSTM 结构。第一个 LSTM 把输入的推特数据编码为一个上下文语境向量。这个语境向量对应编码器 LSTM 最后输出的隐藏状态 ($\vec{h} \in R^n$)，n 为隐藏状态向量的维度。推特数据 $\vec{x} \in R^k$ 为单词索引的序列，作为编码器 LSTM 的输入，k 是输入推特数据的序列长度。在送给 LSTM 之前，单词索引值基于单词嵌入被映射为向量 $w \in R^m$，这里词嵌入使用一个嵌入矩阵 $[W \in R^{m \times N}]$，这里 N 表示词汇表中单词的数目。

第二个 LSTM 是一个解码器，它试图将编码器 LSTM 构建的上下文向量 $\vec{h}$ 解码为有意义的输出。在每一步，同一个上下文向量和"前一个单词"一起生成当前单词。第一步时，没有"前一个单词"，这时用单词 START 代替，代表开始用解码器 LSTM 生成单词序列。推断时和训练时使用的"前一个单词"也不同。在训练时，前一个单词是已知的。然而在推断时，前一个单词是未知的，因此把上一步中预测得到的单词作为下一步中的解码器 LSTM 的输入。每一步中隐藏状态 $\vec{h_i}$ 被输入神经网络，它在最后的 softmax 层之前经历了多个全连接层。此刻，将 Softmax 层中最大概率值对应的单词作为预测结果输出，而它是下一步（$t+1$ 时刻）的解码器 LSTM 的输入。

Keras 中的 TimeDistributed 函数能快速获取每一步中解码器 LSTM 预测结果，其代码如下：

```
def define_model(self):
    # Embedding Layer
    embedding = Embedding(
        output_dim=self.embedding_dim,
        input_dim=self.max_vocab_size,
        input_length=self.max_seq_len,
        name='embedding',
    )
    # Encoder input
    encoder_input = Input(
        shape=(self.max_seq_len,),
        dtype='int32',
        name='encoder_input',
    )
    embedded_input = embedding(encoder_input)

    encoder_rnn = LSTM(
        self.hidden_state_dim,
        name='encoder',
        dropout=self.dropout
    )
    # Context is repeated to the max sequence length so that the same context
    # can be feed at each step of decoder
    context = RepeatVector(self.max_seq_len)(encoder_rnn(embedded_input))
    # Decoder
    last_word_input = Input(
        shape=(self.max_seq_len,),
        dtype='int32',
        name='last_word_input',
    )
```

```
        embedded_last_word = embedding(last_word_input)
        # Combines the context produced by the encoder and the last word uttered as
        inputs
        # to the decoder.
        decoder_input = concatenate([embedded_last_word, context],axis=2)

        # return_sequences causes LSTM to produce one output per timestep instead of
        one at the
        # end of the intput, which is important for sequence producing models.
        decoder_rnn = LSTM(
            self.hidden_state_dim,
            name='decoder',
            return_sequences=True,
            dropout=self.dropout
        )
        decoder_output = decoder_rnn(decoder_input)
        # TimeDistributed allows the dense layer to be applied to each decoder output
        per timestep
        next_word_dense = TimeDistributed(
            Dense(int(self.max_vocab_size/20),activation='relu'),
            name='next_word_dense',
        )(decoder_output)
        next_word = TimeDistributed(
            Dense(self.max_vocab_size,activation='softmax'),
            name='next_word_softmax'
        )(next_word_dense)
        return Model(inputs=[encoder_input,last_word_input], outputs=[next_word])
```

8.5.5 用于训练模型的损失函数

模型基于类别的交叉熵损失来进行训练,并在解码器 LSTM 的每一步预测目标单词。在任意一步,基于类别的交叉熵损失都会覆盖词汇表中的所有单词,表示如下:

$$C_t = -\sum_{i=1}^{N} y_i \log p_i$$

标签 $[y_i]_{i=1}^N$ 代表目标单词的独热编码,其中,词汇表中第 i 个单词对应的标签是 1,其余是 0。项 Pi 是词汇表中第 i 个单词的概率值。为了得到每个输入/输出推特对(tweet pair)的总损失 C,将对解码器 LSTM 在所有步骤计算得到的损失进行求和。由于词汇表中的单词可能非常多,每一步都为目标单词创建一个独热编码向量 $\bar{y}_t = [y_i]_{i=1}^N$ 会非常昂贵。这里采用 sparse_categorical_crossentropy 的损失函数将会更有利,即用目标单词的索引作为目标标签,而不用把目标单词转换为独热编码向量。

8.5.6 训练模型

Adam 因为其稳定收敛的可靠性，被用于模型训练。一般来说，循环神经网络模型容易存在梯度爆炸的问题（虽然对 LSTM 而言这不是大问题）。因此，最好在梯度变得过大时做梯度修剪。基于 Adam 优化器和 sparse_categorical_crossentropy，模型的定义和编译代码块如下：

```
def create_model(self):
    _model_ = self.define_model()
    adam = Adam(lr=self.learning_rate,clipvalue=5.0)
    _model_.compile(optimizer=adam,loss='sparse_categorical_crossentropy')
    return _model_
```

既然已经有了所有基本函数，训练函数的代码如下：

```
def train_model(self,model,X_train,X_test,y_train,y_test):
    input_y_train = self.include_start_token(y_train)
    print(input_y_train.shape)
    input_y_test = self.include_start_token(y_test)
    print(input_y_test.shape)
    early = EarlyStopping(monitor='val_loss',patience=10,mode='auto')
    
    checkpoint = 
    ModelCheckpoint(self.outpath + 's2s_model_' + str(self.version) +
'_.h5',monitor='val_loss',verbose=1,save_best_only=True,mode='auto')
    lr_reduce = 
    ReduceLROnPlateau(monitor='val_loss',factor=0.5, patience=2,
verbose=0,
        mode='auto')
    model.fit([X_train,input_y_train],y_train,
        epochs=self.epochs,
        batch_size=self.batch_size,
        validation_data=[[X_test,input_y_test],y_test],
        callbacks=[early,checkpoint,lr_reduce],
        shuffle=True)
    return model
```

在 train_model 函数的开头，创建了 input_y_train 和 input_y_test 变量。这两个变量分别是 y_train 和 y_test 的拷贝，并且在每一步进行偏移，这样每一步中解码器的输入值是前一个单词。偏移之后，序列的第一个词是关键词 START，作为第一步解码器 LSTM 的输入值。自定义的工具函数 include_start_token 如下：

```
def include_start_token(self,Y):
    print(Y.shape)
    Y = Y.reshape((Y.shape[0],Y.shape[1]))
    Y = np.hstack((self.START*np.ones((Y.shape[0],1)),Y[:, :-1]))
    return Y
```

回到训练函数 train_model，如果 10 个轮次之后损失没有减少，则可以通过 EearlyStopping 来提前终止训练。类似地，如果误差在 2 个轮次之后没有减少，那么 ReduceLR-

OnPlateau 会将当前的学习率减为一半。每当误差减少的时候，通过 ModelCheckpoint 来保存模型。

8.5.7 从模型生成输出响应

模型训练好后，我们希望用它对输入推特生成响应，该过程包括如下步骤：
1. 替换输入推特中的匿名用户名为通用名。
2. 转换输入推特数据为单词索引。
3. 将单词索引序列输入编码器 LSTM，并将 START 关键词输入解码器 LSTM 生成第一个预测单词。从下一步开始，把上一步预测得到的单词替代 START 关键词输入解码器 LSTM。
4. 继续执行上述步骤，直到预测出代表句子结尾的关键词 PAD。
5. 反向查询词汇表，把预测得到的单词索引转换为单词，并形成句子。

函数 respond_to_input 根据输入推特数据生成输出序列，其参考代码如下：

```python
def respond_to_input(self,model,input_sent):
        input_y = self.include_start_token(self.PAD * np.ones((1,self.max_seq_len)))
        ids = np.array(self.words_to_indices(input_sent)).reshape((1,self.max_seq_len))
        for pos in range(self.max_seq_len -1):
            pred = model.predict([ids, input_y]).argmax(axis=2)[0]
            #pred = model.predict([ids, input_y])[0]
            input_y[:,pos + 1] = pred[pos]
        return self.indices_to_words(model.predict([ids,input_y]).argmax(axis=2)[0])
```

8.5.8 所有代码连起来

把所有代码连起来，main 函数可以包含训练和推断两个流程。在训练函数中，也会根据输入推特序列来生成一些预测响应结果，从而检查模型训练得怎么样。main 函数的参考代码如下：

```python
def main(self):
    if self.mode == 'train':
        X_train, X_test, y_train, y_test,test_sentences = self.data_creation()
        print(X_train.shape,y_train.shape,X_test.shape,y_test.shape)
        print('Data Creation completed')
        model = self.create_model()
        print("Model creation completed")
        model = self.train_model(model,X_train,X_test,y_train,y_test)
        test_responses = self.generate_response(model,test_sentences)
        print(test_sentences)
        print(test_responses)
        pd.DataFrame(test_responses).to_csv(self.outpath + 'output_response.csv',index=False)
```

```
        elif self.mode == 'inference':
            model = load_model(self.load_model_from)
            self.vocabulary = joblib.load(self.vocabulary_path)
            self.reverse_vocabulary =
joblib.load(self.reverse_vocabulary_path)
            #nalyzer_file = open(self.analyzer_path,"rb")
            count_vectorizer = joblib.load(self.count_vectorizer_path)
            self.analyzer = count_vectorizer.build_analyzer()
            data = self.process_data(self.data_path)
            col = data.columns.tolist()[0]
            test_sentences = list(data[col].values)
            test_sentences = self.replace_anonymized_names(test_sentences)
            responses = self.generate_response(model,test_sentences)
            print(responses)
            responses.to_csv(self.outpath + 'responses_' +
str(self.version) +
            '_.csv',index=False)
```

8.5.9 开始训练

通过带参数运行模块 chatbot.py（代码可在这个项目的 GitHub 上找到），可以开始训练，模块的调用指令如下：

```
python chatbot.py --max_vocab_size 50000 --max_seq_len 30 --embedding_dim
100 --hidden_state_dim 100 --epochs 80 --batch_size 128 --learning_rate
1e-4 --data_path /home/santanu/chatbot/data/twcs.csv --outpath
/home/santanu/chatbot/ --dropout 0.3 --mode train --num_train_records 50000
--version v1
```

下表是 chatbot.py 使用的一些重要参数及其描述以及模型训练时使用的参数值：

参　　数	描　　述	训练使用的值
Max_vocab_size	词汇表中词的个数	50,000
Max_seq_len	限制用于 LSTM 输入的最长推特长度	30
Hidden_state_dim	LSTM 隐藏状态 $\vec{h}$ 的维度	100
Embedding_dim	词嵌入的维度	100
Learning_rate	优化器的初始学习率	0.0001
dropout	正则化使用的 dropout 值	0.3
mode	训练或推断	训练时使用 train，推断时使用 inference

8.5.10 对一些输入推特的推断结果

训练得到的序列到序列模型能生成一些相关的推特内容，作为对输入推特的响应。推断指令的示例如下，参数 data_path 是用于测试的输入推特数据的位置。

```
python chatbot.py --max_vocab_size 50000 --max_seq_len 30 --embedding_dim
100 --hidden_state_dim 100  --data_path /home/santanu/chatbot/data/test.csv
```

```
--outpath /home/santanu/chatbot/ --dropout 0.3 --mode inference --version
v1 --load_model_from /home/santanu/chatbot/s2s_model_v1_.h5 --
vocabulary_path /home/santanu/chatbot/vocabulary.pkl --
reverse_vocabulary_path /home/santanu/chatbot/reverse_vocabulary.pkl --
count_vectorizer_path /home/santanu/chatbot/count_vectorizer.pkl
```

推断的结果如下表所示：

推特输入	推特输出
@sprintcare 是最差的客服。	@__cname__ 嘿！可以将你的账户邮箱地址发给我们吗？我们会在后台查看 /dn https://t.co/ldfdzrinat.
@__cname__ 你们所有人都吹嘘你们的伟大的连接。即使5格LTE信号，也无法加载任何数据。摇头。	@__cname__ 我们对这样的麻烦表示歉意。请将你的邮箱地址发给我们，让我们联系你。
@__cname__ 无论何时我联系客服，他们都会告诉我在我的账户里有一个短码，但4年间我从没有看到。我已经尝试过 https://t.co/0G98RtNxPK。	@__cname__ 你好，我们对此表示歉意。请将你的邮箱地址和电话发给我们，我们会分析这个情况。
事实上，你发给我了一个不可用的链接和不正确的信息 https://t.co/V4yfrHR8VI。	@__cname__ 嗨，我们表示歉意。请将你的联系信息发送给我们，我们很乐意帮助你。^ 好吧 (^kk)
哟 @Ask_Spectrum，你的客服代表非常友好 -- 但是你们必须尽快开始我的服务。	@__cname__ 我们对此表示抱歉。请将你的邮箱地址发送给我，我们联系你。
我在 @Ask_Spectrum 账号上每天的图片都很多，为什么我每个月要支付171美元？ https://t.co/U6ptkQa5Ik。	嗨，我们表示歉意。请将你的联系信息发送给我们，我们很乐意帮助你。^ 好吧 (^kk)
请 @VerizonSupport 的某人过来帮助我吧◆◆◆◆◆◆◆◆ 我同你们的客服沟通感到糟糕透了。	@__cname__ 你好，我们对这样的麻烦表示歉意。请将你的邮箱地址和电话发给我们，我们来帮助你。
@VerizonSupport 我的朋友没有互联网，我们想要一起玩视频游戏。没有了互联网我们的技巧随时在下降。	@__cname__ 嘿！可以将你的账户邮箱地址发给我们吗？我们会在后台查看。/ dn https://t.co/ldfdzrinat
@__cname__ 尝试支付1张60天的账单。没有服务，粗鲁的CS和几次转换。看看我的装备#，并且给我个答复#！	@__cname__ 嗨，我们表示歉意。请将你的联系信息发送给我们，我们很乐意帮助你。^ 好吧 (^kk)
@__cname__ 是我用过的最差的互联网服务提供商（ISP）。	@__cname__ 嘿！可以将你的账户邮箱地址发给我们吗？我们会在后台查看。/ dn https://t.co/ldfdzrinat
@__cname__ 可以修复你的应用程序（app），甚至你没有开启这个程序。	@__cname__ 嗨，关于这个问题我们没有相关信息。请将你的名字、电话号码和完整的服务地址发送给我们。

8.6 总结

本章回顾了聊天机器人和序列到序列模型的各种相关概念。读者现在可以构建自己的聊天机器人，并且用一些有趣的方式来扩展它。据我们所知，序列到序列模型不仅应用于聊天机器人，也可用于一系列自然语言处理领域，例如机器翻译。本章的代码可以在 https://github.com/PacktPublishing/Python-Artificial-Intelligence-Projects/tree/master/Chapter08 上找到。

下一章节将介绍增强学习并让赛车学会自动驾驶，期待你的参与。

CHAPTER 9
第 9 章

基于增强学习的无人驾驶

　　最近几年增强学习发展得很快,它是人工智能和机器学习领域最红火的课题之一,取得了非常多的实质性进展。简单来说,增强学习(Reinforcement Learning,RL)包含一个智能体(agent),该智能体不断地与外界环境进行交互,能够从过去做出的行为和外界环境反馈的结果中去学习,以便在将来做出更好的决策。

　　增强学习并不属于有监督或者无监督机器学习的范畴,它自成一派。在监督学习中,我们试图学习 $F: X \rightarrow Y$ 的映射关系,把输入 X 映射为输出 Y。而增强学习让智能体在不断尝试和犯错中学会做出最优的行为。图 9-1 展示了增强学习框架中智能体与环境的交互过程。首先,智能体从外界环境获得环境状况,并做出动作(action)来完成任务,这些环境信息被称为状态(state)。当任务完成得好时,智能体获得奖励(reward);完成得不好时,则受到惩罚。在这个过程中,智能体不断消化吸收这些奖惩信息,逐渐学会在类似状态下不再犯错。

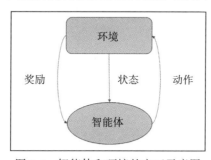

图 9-1　智能体和环境的交互示意图

9.1　技术要求

　　你需要具备 Python 3、TensorFlow、Keras 和 OpenCV 的基本知识。

　　本章的代码文件可以在 GitHub 上找到:

https://github.com/PacktPublishing/Intelligent-Projects-using-Python/tree/master/Chapter09

9.2 马尔科夫决策过程

任何一个增强学习问题都可以视为马尔科夫决策过程（Markov decision process），第1章对此有相关介绍。下面我们将回顾马尔科夫决策的内容，并结合增强学习给出更多的细节。假设在马尔科夫决策过程中有一个智能体，它与环境交互。对于任何一个实例来说，t 时刻的智能体会面临某一个状态 $(s^{(t)} = s) \in S$。智能体在状态 $s^{(t)}$ 下采取动作 $(a^{(t)} = a) \in A$ 后，这个智能体将迎来一个新的状态 $(s^{(t+1)} = s') \in S$。这里，S 表示这个智能体可能面临的所有状态集合，A 表示智能体可能采取的动作集合。

你也许会好奇，一个智能体会怎样采取动作，是随机的还是基于先验知识的？这取决于智能体与环境交互的程度。在初始阶段，由于对环境不了解，智能体偏向于采取随机动作。一旦智能体与环境有足够多的交互，在奖励和惩罚的作用下，智能体将学会在给定状态下采取合适的动作。类似于人们倾向于采取有利于长期奖励的行动，增强学习的智能体也会采取能够最大化长期奖励的动作。

在数学上，智能体试图为每个状态动作对 $(s \in S, a \in A)$ 学习一个 Q 值 $Q(s, a)$。这样，在给定的状态 $s^{(t)}$ 下，智能体将选择最大 Q 值对应的动作 a。智能体选择的动作 $a^{(t)}$ 可以表示如下：

$$a^{(t)} = \arg\max_{a} Q(s^{(t)}, a)$$

一旦智能体在状态 $s^{(t)}$ 下采取了动作 $a^{(t)}$，智能体就会获得一个新的状态 $s^{(t+1)}$。一般来说，这个新状态 $s^{(t+1)}$ 是不确定的，通常表示为基于当前状态 $s^{(t)}$ 和动作 $a^{(t)}$ 的一个概率分布。这些概率被称为状态转移概率（state transition probability），其表示如下：

$$P(s^{(t+1)} = s' / s^{(t)} = s, a^{(t)} = a)$$

每当智能体在状态 $s^{(t)}$ 下采取了动作 $a^{(t)}$ 并进入新状态 $s^{(t+1)}$ 时，就会获得一个即时奖励，其表示如下：

$$R_{a(t)}(s^{(t)}, s^{(t+1)})$$

现在，我们已经完成定义马尔科夫决策过程（见图9-2）的所有准备工作，该过程是一个以如下四个元素为特征的系统：
- 一个状态集合 S
- 一个动作集合 A
- 一个奖励集合 R
- 状态转移概率 $P(s^{(t+1)} = s' / s^{(t)} = s, a^{(t)} = a)$

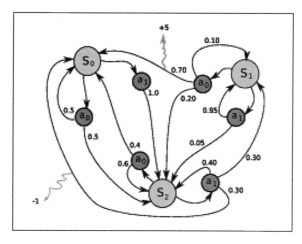

图 9-2　三个状态的马尔科夫决策过程

9.3　学习 Q 值函数

为了让增强学习的智能体做出决策，因此使智能体学习 Q 值函数至关重要。Q 值函数可以用贝尔曼等式（Bellman's equation）迭代学习。在学习过程的最初阶段，智能体开始与环境交互，并从环境获得一个随机状态 $s^{(0)}$，此时状态与动作的配对所对应的 Q 值是随机的，因此智能体采取的动作也是随机的。每当智能体采取一个动作，环境就会返回这个动作获得的即时奖励，智能体据此不断更新 Q 值表。

在第 t 次迭代，智能体处于状态 $s^{(t)}$ 中，并采取能最大化长期奖励的动作 $a^{(t)}$。而 Q 值表保存长期奖励值，因此 $a^{(t)}$ 值的计算基于下面的先验公式：

$$a^{(t)} = \arg\max_{a} Q^{(t)}(s^{(t)}, a)$$

随着智能体与环境的交互越来越多，Q 值表被不断更新，并越来越接近真实值。智能体只使用最新的 Q 值表来做决策，因此 Q 值表能用迭代 t 值来索引。

每发出一个动作 $a^{(t)}$，环境反馈一个即时奖励 $r^{(t)}$ 和一个新的状态 $s^{(t+1)}$。智能体将以能够最大化总的长期奖励值的方式来更新 Q 值表，长期奖励值 $r'^{(t)}$ 可以表示为：

$$r'^{(t)} = r^{(t)} + \gamma \max_{a'} Q^{(t)}(s^{(t+1)}, a')$$

这里，γ 是一个缩放因子（discount factor）。这样，长期奖励组合了即时奖励 $r^{(t)}$ 和基于下一个状态 $s^{(t+1)}$ 的累积未来奖励值。

基于计算得到的长期奖励值，状态动作对 $(s^{(t)}, a^{(t)})$ 对应的现有 Q 值的更新公式如下：

$$\begin{aligned}Q^{(t+1)}(s^{(t)}, a^{(t)}) &= (1-\alpha) * Q^{(t)}(s^{(t)}, a^{(t)}) + \alpha * r'^{(t)} \\ &= (1-\alpha) * Q^{(t)}(s^{(t)}, a^{(t)}) + \alpha * (r^{(t)} + \gamma \max_{a'} Q^{(t)}(s^{(t+1)}, a))\end{aligned}$$

9.4 深度 Q 学习

深度 Q 学习（Deep Q learning）充分利用深度神经网络来学习 Q 值函数。图 9-3 是深度 Q 值学习网络的架构。

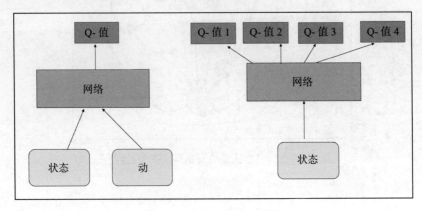

图 9-3 深度 Q 值学习网络

从图 9-3 可以看出，整个学习过程将每个状态动作对 (s, a) 映射为一个输出值 Q(s, a)。在图的右部分，针对每个状态 s，学习与每个动作 a 对应的 Q 值。如果对每个状态都有 n 个可能采取的动作，网络将输出 n 个值：$Q(s, a_1), Q(s, a_2), \cdots\cdots Q(s, a_n)$。

深度 Q 值学习网络基于一个非常简单的想法来训练，这个想法称为经验回放（experience replay）。假设强化学习智能体与环境交互时，以元组（tuple）形式 (s, a, r, s') 将经验存储在一个回放缓冲器中，那么就可以对回放缓冲器进行小批量采样，来训练网络。一开始，回放缓冲器中的经验数据是随机生成的。

9.5 形式化损失函数

如图 9-3 的右部分所示，假设神经网络已经训练完成，给神经网络输入一个状态值，很容易计算这个状态下每一个动作的预测 Q 值。随着智能体与环境不断交互，得到的状态值和即时奖励值可以用于学习 Q 值函数，每个训练数据是一个元组 $(s^{(t)}, a^{(t)}, r^{(t)}, s^{(t+1)})$。事实上，网络可以通过最小化状态 s 下所有动作 $[a_i]_{i=1}^n$ 对应的预测 Q 值与目标 Q 值的差异，来学习 Q 值函数。

需要注意的是，目标 Q 值也是用同一个神经网络计算得到的。假设网络参数为 $W \in R^d$ 权重，学习从状态到每个动作的 Q 值映射。对于 n 个动作集合 $[a_i]_{i=1}^n$，网络对每个动作都会预测 i 个 Q 值。映射函数可以表示为：

$$f_W(s) = [Q(s, a_1)\ Q(s, a_2)\ Q(s, a_3)\cdots Q(s, a_n)]^T$$

这个映射函数用于预测在给定状态 $s^{(t)}$ 下的 Q 值，预测值 $\hat{p}^{(t)}$ 在最小化损失函数中被用到。这里唯一要注意的是，在第 t 次迭代学习过程中，只有网络计算得到的动作 $a^{(t)}$ 对应的预测 Q 值被用于损失函数。

基于下一个状态 $s^{(t+1)}$，目标 Q 值的计算使用与计算预测 Q 值一样的映射函数。前面的内容提到过，Q 值的候选更新公式如下：

$$r^{(t)} + \gamma \max_{a'} Q^{(t)}(s^{(t+1)}, a')$$

这样，目标 Q 值可以这样计算：

$$\begin{aligned} y_{t+1} &= r^{(t)} + \max_{a'} f_W(s^{(t+1)}) \\ &= r^{(t)} + \max_{a'}[Q(s, a_1)\, Q(s, a_2)\, Q(s, a_3) \cdots Q(s, a_n)]^T \end{aligned}$$

为了学习从状态到 Q 值的映射函数，我们最小化预测 Q 值和目标 Q 值的平方差，或者网络权重的其他相关损失，来不断更新神经网络的参数：

$$\hat{W} = \sum_{i=1}^{m}(y_i^{(t)} - \hat{p}_i^{(t)})^2$$

9.6 深度双 Q 学习

深度 Q 学习方法的一个问题是，目标 Q 值和预测 Q 值都是基于相同的网络参数 W 来估计的，由于我们预测的 Q 值和目标 Q 值两者有很强的相关性，这二者在训练的每个步骤都会发生偏移（shift），从而引起训练震荡（oscillation）。

为了解决这个问题，可以在训练过程中，每隔几次迭代才将基本神经网络的参数拷贝过来作为目标神经网络，用于目标 Q 值的估计。这种深度 Q 值学习网络的变种被称为深度双 Q 学习（double deep Q learning），一般能让训练过程稳定下来，图 9-4a 和图 9-4b 描述了其工作机制。

从图中可以看到：网络 A 学习在给定状态下预测实际 Q 值，网络 B 用于计算目标 Q 值。网络 A 通过最小化关于目标 Q 值和预测 Q 值的损失函数不断提升 Q 值的预测能力。本质上 Q 值是连续的，因此合理的损失函数有均方误差、平均绝对误差、Huber 损失、Log-Cosh 损失等。

网络 B 基本上是网络 A 的拷贝，两者的网络架构相同。经过特定间隔，网络 A 的参数复制给网络 B，保证估计预测 Q 值和目标 Q 值的网络参数不同，避免导致不稳定的训练过程。基于一条训练元组数据 $(s^{(t)} = s, a^{(t)} = a, r^{(t)} = r, s^{(t+1)} = s')$，网络 A 能给出状态 $s^{(t)} = s$ 下所有可能动作的预测 Q 值。由于我们知道实际采取的动作是 $a^{(t)} = a$，因此预测 Q 值 $\hat{y}$ 为 $Q^{(t)}(s^{(t)} = s, a^{(t)} = a)$。

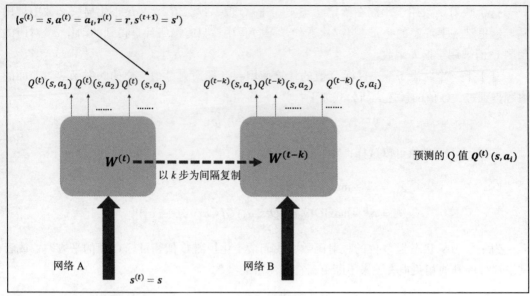

a) 深度 Q 学习的示意图

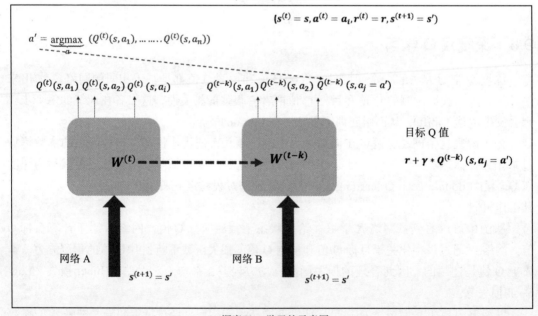

b) 深度双 Q 学习的示意图

图 9-4

目标 Q 值的计算会更复杂一点，两个网络都会用到。在时刻 t，对于给定的状态 $s^{(t)}$，候选 Q 值是 t 时刻的即时奖励 $r^{(t)}$ 加上 $t+1$ 时刻对应新状态 $s^{(t+1)}$ 下的最大 Q 值。因此候选 Q 值表示如下：

$$r^{(t)} = \gamma \max_{a'} Q^{(t)}(s^{(t+1)}, a) = r + \gamma \max_{a'} Q^{(t)}(s', a)$$

这是当 γ 是一个常数时使用的公式，奖励 r 来自训练元组数据。要计算目标 Q 值，我们唯一需要知道的是让 Q 值最大化的动作 a'，并将对应的 Q 值代入动作 a' 中。因此，$\max_{a'} Q^{(t)}(s', a)$ 的计算可以拆分为两个部分：

- 网络 A 决定在状态 s' 下能最大化 Q 值的动作 a'。然而，我们不会取网络 A 在状态 s' 和动作 a' 时的 Q 值。
- 网络 B 用于提取状态 s' 和动作 a' 对应的 Q 值 $Q^{(t-k)}(s', a')$。

这样，与基本的深度 Q 值学习相比，双重深度 Q 值学习的训练过程更加稳定。

9.7 实现一个无人驾驶车的代码

现在来看看如何使用深度 Q 值神经网络来实现一个无人驾驶车。在这个问题中，驾驶员和车将对应智能体，跑道及四周对应环境。这里直接使用 OpenAI Gym CarRacing-v0 的数据作为环境，这个环境对智能体返回状态和奖励。在车上安装前置摄像头，拍摄得到的图像作为状态。环境可以接受的动作是一个三维向量 $a \in R^3$，三个维度分别对应如何左转、如何向前以及如何右转。智能体与环境交互并将交互结果以 $(s, a, r, s')_{i=1}^m$ 元组的形式进行保存，作为无人驾驶的训练数据。

整个架构类似于图 9-4A 和图 9-4B 右侧所示的内容。

9.8 深度 Q 学习中的动作离散化

在深度 Q 值学习中，动作行为的离散化非常重要。三维的连续动作空间对应着无穷多个 Q 值，很明显，深度 Q 值网络的输出层不可能给出无穷多个预测 Q 值。假设动作空间的三维如下：

转向（Steering）：$\in [-1,1]$

加油（Gas）：$\in [0,1]$

刹车（Break）：$\in [0,1]$

动作空间的三个维度可以转化为驾驶中最基本的四个动作：

刹车：[0.0,0.0,0.0]

左急转（Sharp Left）：[−0.6,0.05,0.0]

右急转（Sharp Right）：[0.6,0.05,0.0]

直行（Straight）：[0.0,0.3,0.0]

9.9 实现深度双 Q 值网络

由于状态是一系列图像，深度双 Q 网络（Double Deep Q network）采用 CNN 架构来处理状态图片并输出所有可能动作的 Q 值，具体代码（DQN.py）如下：

```python
import keras
from keras import optimizers
from keras.layers import Convolution2D
from keras.layers import Dense, Flatten, Input, concatenate, Dropout
from keras.models import Model
from keras.utils import plot_model
from keras import backend as K
import numpy as np

'''
Double Deep Q Network Implementation
'''

learning_rate = 0.0001
BATCH_SIZE = 128

class DQN:

    def __init__(self,num_states,num_actions,model_path):
        self.num_states = num_states
        print(num_states)
        self.num_actions = num_actions
        self.model = self.build_model() # Base Model
        self.model_ = self.build_model()
       # target Model (copy of Base Model)
        self.model_chkpoint_1 = model_path +"CarRacing_DDQN_model_1.h5"
        self.model_chkpoint_2 = model_path +"CarRacing_DDQN_model_2.h5"
        save_best = keras.callbacks.ModelCheckpoint(self.model_chkpoint_1,
                                    monitor='loss',
                                    verbose=1,
                                    save_best_only=True,
                                    mode='min',
                                    period=20)
        save_per = keras.callbacks.ModelCheckpoint(self.model_chkpoint_2,
                                    monitor='loss',
                                    verbose=1,
                                    save_best_only=False,
                                    mode='min',
                                    period=400)
        self.callbacks_list = [save_best,save_per]
    # Convolutional Neural Network that takes in the state and outputs the
    # Q values for all the possible actions.
    def build_model(self):

        states_in = Input(shape=self.num_states,name='states_in')
        x = Convolution2D(32,(8,8),strides=(4,4),activation='relu')(states_in)
        x = Convolution2D(64,(4,4), strides=(2,2), activation='relu')(x)
        x = Convolution2D(64,(3,3), strides=(1,1), activation='relu')(x)
        x = Flatten(name='flattened')(x)
```

```python
        x = Dense(512,activation='relu')(x)
        x = Dense(self.num_actions,activation="linear")(x)

        model = Model(inputs=states_in, outputs=x)
        self.opt = optimizers.Adam(lr=learning_rate, beta_1=0.9,
beta_2=0.999, epsilon=None,decay=0.0, amsgrad=False)
        model.compile(loss=keras.losses.mse,optimizer=self.opt)
        plot_model(model,to_file='model_architecture.png',show_shapes=True)

        return model

    # Train function
    def train(self,x,y,epochs=10,verbose=0):
        self.model.fit(x,y,batch_size=(BATCH_SIZE), epochs=epochs,
verbose=verbose, callbacks=self.callbacks_list)
    #Predict function
    def predict(self,state,target=False):
        if target:
            # Return the Q value for an action given a state from thr
target Network
            return self.model_.predict(state)
        else:
            # Return the Q value from the original Network
            return self.model.predict(state)
    # Predict for single state function
    def predict_single_state(self,state,target=False):
        x = state[np.newaxis,:,:,:]
        return self.predict(x,target)
    #Update the target Model with the Base Model weights
    def target_model_update(self):
        self.model_.set_weights(self.model.get_weights())
```

从上述代码中可以看到，两个模型中的一个模型是另外一个模型的拷贝。基本网络和目标网络分别被存储为 CarRacing_DDQN_model_1.h5 和 CarRacing_DDQN_model_2.h5。通过调用 target_model_update 函数来更新目标网络，使其与基本网络拥有相同的权值。

9.10 设计智能体

在智能体与环境交互的过程中，在某个给定状态下，智能体会尝试采取最佳的动作。一开始，采取的动作是随机的，经过一段时间的训练后，智能体将更多地基于学习得到的 Q 值来采取动作。这里动作的随机程度由 epsilon 的值来决定。最初，epsilon 的值被设定为 1，动作完全随机化。当智能体有了一定的训练样本后，epsilon 的值一步步减少，动作的随机程度随之降低。这种用 epsilon 的值来控制动作随机化程度的框架被称为 Epsilon 贪婪算法（Epsilon greedy algorithm）。这里可以定义两个类别的智能体：

❑ Agent：给定一个具体的状态，根据 Q 值来采取动作。
❑ RandomAgent：执行随机的动作。

智能体有三个功能：

- act：智能体基于状态决定采取哪个动作
- observe：智能体捕捉状态和目标 Q 值
- replay：智能体基于观察数据训练模型

智能体的具体代码（Agents.py）如下：

```python
import math
from Memory import Memory
from DQN import DQN
import numpy as np
import random
from helper_functions import sel_action,sel_action_index

# Agent and Random Agent implementations

max_reward = 10
grass_penalty = 0.4
action_repeat_num = 8
max_num_episodes = 1000
memory_size = 10000
max_num_steps = action_repeat_num * 100
gamma = 0.99
max_eps = 0.1
min_eps = 0.02
EXPLORATION_STOP = int(max_num_steps*10)
_lambda_ = - np.log(0.001) / EXPLORATION_STOP
UPDATE_TARGET_FREQUENCY = int(50)
batch_size = 128


class Agent:
    steps = 0
    epsilon = max_eps
    memory = Memory(memory_size)
    def __init__(self, num_states,num_actions,img_dim,model_path):
        self.num_states = num_states
        self.num_actions = num_actions
        self.DQN = DQN(num_states,num_actions,model_path)
        self.no_state = np.zeros(num_states)
        self.x = np.zeros((batch_size,)+img_dim)
        self.y = np.zeros([batch_size,num_actions])
        self.errors = np.zeros(batch_size)
        self.rand = False
        self.agent_type = 'Learning'
        self.maxEpsilone = max_eps
    def act(self,s):
        print(self.epsilon)
        if random.random() < self.epsilon:
            best_act = np.random.randint(self.num_actions)
            self.rand=True
            return sel_action(best_act), sel_action(best_act)
        else:
            act_soft = self.DQN.predict_single_state(s)
            best_act = np.argmax(act_soft)
            self.rand=False
```

```
                    return sel_action(best_act),act_soft

    def compute_targets(self,batch):
        # 0 -> Index for current state
        # 1 -> Index for action
        # 2 -> Index for reward
        # 3 -> Index for next state
        states = np.array([rec[1][0] for rec in batch])
        states_ = np.array([(self.no_state if rec[1][3] is None else
rec[1][3]) for rec in batch])
        p = self.DQN.predict(states)
        p_ = self.DQN.predict(states_,target=False)
        p_t = self.DQN.predict(states_,target=True)
        act_ctr = np.zeros(self.num_actions)
        for i in range(len(batch)):
            rec = batch[i][1]
            s = rec[0]; a = rec[1]; r = rec[2]; s_ = rec[3]
            a = sel_action_index(a)
            t = p[i]
            act_ctr[a] += 1
            oldVal = t[a]
            if s_ is None:
                t[a] = r
            else:
                t[a] = r + gamma * p_t[i][ np.argmax(p_[i])]  # DDQN
            self.x[i] = s
            self.y[i] = t
            if self.steps % 20 == 0 and i == len(batch)-1:
                print('t',t[a], 'r: %.4f' % r,'mean t',np.mean(t))
                print ('act ctr: ', act_ctr)
            self.errors[i] = abs(oldVal - t[a])

        return (self.x, self.y,self.errors)


    def observe(self,sample):  # in (s, a, r, s_) format
        _,_,errors = self.compute_targets([(0,sample)])
            self.memory.add(errors[0], sample)

            if self.steps % UPDATE_TARGET_FREQUENCY == 0:
                self.DQN.target_model_update()
            self.steps += 1
            self.epsilon = min_eps + (self.maxEpsilone - min_eps) *
np.exp(-1*_lambda_ * self.steps)


        def replay(self):
            batch = self.memory.sample(batch_size)
            x, y,errors = self.compute_targets(batch)
            for i in range(len(batch)):
                idx = batch[i][0]
                self.memory.update(idx, errors[i])

            self.DQN.train(x,y)
class RandomAgent:
    memory = Memory(memory_size)
    exp = 0
```

```
        steps = 0

    def __init__(self, num_actions):
        self.num_actions = num_actions
        self.agent_type = 'Learning'
        self.rand = True

    def act(self, s):
        best_act = np.random.randint(self.num_actions)
        return sel_action(best_act), sel_action(best_act)

    def observe(self, sample): # in (s, a, r, s_) format
        error = abs(sample[2]) # reward
        self.memory.add(error, sample)
        self.exp += 1
        self.steps += 1
    def replay(self):
        pass
```

9.11 自动驾驶车的环境

自动驾驶车的环境采用 OpenAI Gym 中的 CarRacing-v0 数据集,因此智能体从环境得到的状态是 CarRacing-v0 中的车前窗图像。在给定状态下,环境能根据智能体采取的动作返回一个奖励。比如,当车开到草地上时,返回给智能体一个对应惩罚的奖励值。为了让训练过程更加稳定,所有奖励值被归一化到 (-1,1)。环境的具体代码如下:

```
import gym
from gym import envs
import numpy as np
from helper_functions import
rgb2gray,action_list,sel_action,sel_action_index
from keras import backend as K

seed_gym = 3
action_repeat_num = 8
patience_count = 200
epsilon_greedy = True
max_reward = 10
grass_penalty = 0.8
max_num_steps = 200
max_num_episodes = action_repeat_num*100

'''
Enviroment to interact with the Agent
'''

class environment:
    def __init__(self,
environment_name,img_dim,num_stack,num_actions,render,lr):
        self.environment_name = environment_name
        print(self.environment_name)
        self.env = gym.make(self.environment_name)
        envs.box2d.car_racing.WINDOW_H = 500
```

```
            envs.box2d.car_racing.WINDOW_W = 600
            self.episode = 0
            self.reward = []
            self.step = 0
            self.stuck_at_local_minima = 0
            self.img_dim = img_dim
            self.num_stack = num_stack
            self.num_actions = num_actions
            self.render = render
            self.lr = lr
            if self.render == True:
                print("Rendering proeprly set")
            else:
                print("issue in Rendering")
    # Agent performing its task
    def run(self,agent):
            self.env.seed(seed_gym)
            img = self.env.reset()
            img = rgb2gray(img, True)
            s = np.zeros(self.img_dim)
            #Collecting the state
            for i in range(self.num_stack):
                s[:,:,i] = img

            s_ = s
            R = 0
            self.step = 0
            a_soft = a_old = np.zeros(self.num_actions)
            a = action_list[0]
            #print(agent.agent_type)
            while True:
                if agent.agent_type == 'Learning' :
                    if self.render == True :
                        self.env.render("human")


                if self.step % action_repeat_num == 0:
                    if agent.rand == False:
                        a_old = a_soft
                    #Agent outputs the action
                    a,a_soft = agent.act(s)
                    # Rescue Agent stuck at local minima
                    if epsilon_greedy:
                        if agent.rand == False:
                            if a_soft.argmax() == a_old.argmax():
                                self.stuck_at_local_minima += 1
                                if self.stuck_at_local_minima >=
patience_count:
                                    print('Stuck in local minimum, reset
learning rate')
                                    agent.steps = 0
                                    K.set_value(agent.DQN.opt.lr,self.lr*10)
                                    self.stuck_at_local_minima = 0
                            else:
                                self.stuck_at_local_minima =
                                max(self.stuck_at_local_minima -2, 0)
                                K.set_value(agent.DQN.opt.lr,self.lr)
```

```python
            #Perform the action on the environment
            img_rgb, r,done,info = self.env.step(a)
            if not done:
                # Create the next state
                img = rgb2gray(img_rgb, True)
                for i in range(self.num_stack-1):
                    s_[:,:,i] = s_[:,:,i+1]
                s_[:,:,self.num_stack-1] = img
            else:
               s_ = None
            # Cumulative reward tracking
            R += r
            # Normalize reward given by the gym environment
            r = (r/max_reward)
            if np.mean(img_rgb[:,:,1]) > 185.0:
                # Penalize if the car is on the grass
                r -= grass_penalty
            # Keeping the value of reward within -1 and 1
            r = np.clip(r, -1 ,1)
           #Agent has a whole state,action,reward,and next state to learn from
            agent.observe( (s, a, r, s_) )
            agent.replay()
            s = s_
        else:
            img_rgb, r, done, info = self.env.step(a)
            if not done:
                img = rgb2gray(img_rgb, True)
                for i in range(self.num_stack-1):
                    s_[:,:,i] = s_[:,:,i+1]
                s_[:,:,self.num_stack-1] = img
            else:
               s_ = None

            R += r
            s = s_
        if (self.step % (action_repeat_num * 5) == 0) and
            (agent.agent_type=='Learning'):
             print('step:', self.step, 'R: %.1f' % R, a, 'rand:',agent.rand)
        self.step += 1
        if done or (R <-5) or (self.step > max_num_steps) or
         np.mean(img_rgb[:,:,1]) > 185.1:
               self.episode += 1
               self.reward.append(R)
               print('Done:', done, 'R<-5:', (R<-5), 'Green
                    >185.1:',np.mean(img_rgb[:,:,1]))
               break
     print("Episode ",self.episode,"/", max_num_episodes,agent.agent_type)
     print("Average Episode Reward:", R/self.step, "Total Reward:",
         sum(self.reward))
  def test(self,agent):
     self.env.seed(seed_gym)
     img= self.env.reset()
```

```
            img = rgb2gray(img, True)
            s = np.zeros(self.img_dim)
            for i in range(self.num_stack):
                s[:,:,i] = img

        R = 0
        self.step = 0
        done = False
        while True :
            self.env.render('human')
            if self.step % action_repeat_num == 0:
                if(agent.agent_type == 'Learning'):
                    act1 = agent.DQN.predict_single_state(s)
                    act = sel_action(np.argmax(act1))
                else:
                    act = agent.act(s)
                if self.step <= 8:
                    act = sel_action(3)
                img_rgb, r, done,info = self.env.step(act)
                img = rgb2gray(img_rgb, True)
                R += r
                for i in range(self.num_stack-1):
                    s[:,:,i] = s[:,:,i+1]
                s[:,:,self.num_stack-1] = img
            if(self.step % 10) == 0:
                print('Step:', self.step, 'action:',act, 'R: %.1f' % R)
                print(np.mean(img_rgb[:,:,0]), np.mean(img_rgb[:,:,1]),
                      np.mean(img_rgb[:,:,2]))
            self.step += 1
            if done or (R< -5) or (agent.steps > max_num_steps) or
              np.mean(img_rgb[:,:,1]) > 185.1:
                R = 0
                self.step = 0
                print('Done:', done, 'R<-5:', (R<-5), 'Green>
                  185.1:',np.mean(img_rgb[:,:,1]))
                break
```

上述代码中，函数 run 实现了智能体在环境中的所有行为。

9.12 将所有代码连起来

脚本 main.py 将环境、深度双 Q 学习网络（DQN）和智能体的代码按照逻辑整合在一起，实现基于增强学习的无人驾驶车。具体的代码如下：

```
import sys
#sys.path.append('/home/santanu/ML_DS_Catalog-/Python-Artificial-
Intelligence-Projects_backup/Python-Artificial-Intelligence-
Projects/Chapter09/Scripts/')
from gym import envs
from Agents import Agent,RandomAgent
from helper_functions import action_list,model_save
from environment import environment
import argparse
```

```python
import numpy as np
import random
from sum_tree import sum_tree
from sklearn.externals import joblib

'''
This is the main module for training and testing the CarRacing Application
from gym
'''

if __name__ == "__main__":
    #Define the Parameters for training the Model

    parser = argparse.ArgumentParser(description='arguments')
    parser.add_argument('--environment_name',default='CarRacing-v0')
    parser.add_argument('--model_path',help='model_path')
    parser.add_argument('--train_mode',type=bool,default=True)
    parser.add_argument('--test_mode',type=bool,default=False)
    parser.add_argument('--epsilon_greedy',default=True)
    parser.add_argument('--render',type=bool,default=True)
    parser.add_argument('--width',type=int,default=96)
    parser.add_argument('--height',type=int,default=96)
    parser.add_argument('--num_stack',type=int,default=4)
    parser.add_argument('--lr',type=float,default=1e-3)
    parser.add_argument('--huber_loss_thresh',type=float,default=1.)
    parser.add_argument('--dropout',type=float,default=1.)
    parser.add_argument('--memory_size',type=int,default=10000)
    parser.add_argument('--batch_size',type=int,default=128)
    parser.add_argument('--max_num_episodes',type=int,default=500)
    args = parser.parse_args()
    environment_name = args.environment_name
    model_path = args.model_path
    test_mode = args.test_mode
    train_mode = args.train_mode
    epsilon_greedy = args.epsilon_greedy
    render = args.render
    width = args.width
    height = args.height
    num_stack = args.num_stack
    lr = args.lr
    huber_loss_thresh = args.huber_loss_thresh
    dropout = args.dropout
    memory_size = args.memory_size
    dropout = args.dropout
    batch_size = args.batch_size
    max_num_episodes = args.max_num_episodes
    max_eps = 1
    min_eps = 0.02
    seed_gym = 2 # Random state
    img_dim = (width,height,num_stack)
    num_actions = len(action_list)

if __name__ == '__main__':

    environment_name = 'CarRacing-v0'
    env = 
 environment(environment_name,img_dim,num_stack,num_actions,render,lr)
```

```python
        num_states = img_dim
        print(env.env.action_space.shape)
        action_dim = env.env.action_space.shape[0]
        assert action_list.shape[1] ==
        action_dim,"length of Env action space does not match action buffer"
        num_actions = action_list.shape[0]
        # Setting random seeds with respect to python inbuilt random and numpy
random
        random.seed(901)
        np.random.seed(1)
        agent = Agent(num_states, num_actions,img_dim,model_path)
        randomAgent = RandomAgent(num_actions)

        print(test_mode,train_mode)
        try:
            #Train agent
            if test_mode:
                if train_mode:
                    print("Initialization with random agent. Fill memory")
                    while randomAgent.exp < memory_size:
                        env.run(randomAgent)
                        print(randomAgent.exp, "/", memory_size)
                    agent.memory = randomAgent.memory
                    randomAgent = None
                    print("Starts learning")
                    while env.episode < max_num_episodes:
                        env.run(agent)
                    model_save(model_path, "DDQN_model.h5", agent, env.reward)
                else:
                    # Load train Model
                    print('Load pre-trained agent and learn')
                    agent.DQN.model.load_weights(model_path+"DDQN_model.h5")
                    agent.DQN.target_model_update()
                    try :
                        agent.memory =
joblib.load(model_path+"DDQN_model.h5"+"Memory")
                        Params =
joblib.load(model_path+"DDQN_model.h5"+"agent_param")
                        agent.epsilon = Params[0]
                        agent.steps = Params[1]
                        opt = Params[2]
                        agent.DQN.opt.decay.set_value(opt['decay'])
                        agent.DQN.opt.epsilon = opt['epsilon']
                        agent.DQN.opt.lr.set_value(opt['lr'])
                        agent.DQN.opt.rho.set_value(opt['rho'])
                        env.reward =
joblib.load(model_path+"DDQN_model.h5"+"Rewards")
                        del Params, opt
                    except:
                        print("Invalid DDQL_Memory_.csv to load")
                        print("Initialization with random agent. Fill memory")
                        while randomAgent.exp < memory_size:
                            env.run(randomAgent)
                            print(randomAgent.exp, "/", memory_size)
                        agent.memory = randomAgent.memory
                        randomAgent = None
                        agent.maxEpsilone = max_eps/5
```

```python
                print("Starts learning")
                while env.episode < max_num_episodes:
                    env.run(agent)
                model_save(model_path, "DDQN_model.h5", agent, env.reward)
            else:
                print('Load agent and play')
                agent.DQN.model.load_weights(model_path+"DDQN_model.h5")
                done_ctr = 0
                while done_ctr < 5 :
                    env.test(agent)
                    done_ctr += 1
                env.env.close()
    #Graceful exit
    except KeyboardInterrupt:
        print('User interrupt..gracefule exit')
        env.env.close()
        if test_mode == False:
            # Prompt for Model save
            print('Save model: Y or N?')
            save = input()
            if save.lower() == 'y':
                model_save(model_path, "DDQN_model.h5", agent, env.reward)
            else:
                print('Model is not saved!')
```

帮助函数

下面是一些增强学习用到的帮助函数，用于训练过程中的动作选择、观察数据存储、状态图像的处理以及训练模型的权重保存：

```python
"""
Created on Thu Nov  2 16:03:46 2017

@author: Santanu Pattanayak
"""
from keras import backend as K
import numpy as np
import shutil, os
import numpy as np
import pandas as pd
from scipy import misc
import pickle
import matplotlib.pyplot as plt
from sklearn.externals import joblib


huber_loss_thresh = 1
action_list = np.array([
                [0.0, 0.0, 0.0],        #Brake
                [-0.6, 0.05, 0.0],      #Sharp left
                [0.6, 0.05, 0.0],       #Sharp right
                [0.0, 0.3, 0.0]] )      #Staight

rgb_mode = True
```

```python
num_actions = len(action_list)
def sel_action(action_index):
    return action_list[action_index]
def sel_action_index(action):
    for i in range(num_actions):
        if np.all(action == action_list[i]):
            return i
    raise ValueError('Selected action not in list')

def huber_loss(y_true,y_pred):
    error = (y_true - y_pred)

    cond = K.abs(error) <= huber_loss_thresh
    if cond == True:
        loss = 0.5 * K.square(error)
    else:
        loss = 0.5 *huber_loss_thresh**2 + huber_loss_thresh*(K.abs(error) - huber_loss_thresh)
    return K.mean(loss)


def rgb2gray(rgb,norm=True):
    gray = np.dot(rgb[...,:3], [0.299, 0.587, 0.114])
    if norm:
        # normalize
        gray = gray.astype('float32') / 128 - 1

    return gray

def data_store(path,action,reward,state):

    if not os.path.exists(path):
        os.makedirs(path)
    else:
        shutil.rmtree(path)
        os.makedirs(path)
    df = pd.DataFrame(action, columns=["Steering", "Throttle", "Brake"])
    df["Reward"] = reward
    df.to_csv(path +'car_racing_actions_rewards.csv', index=False)
    for i in range(len(state)):
        if rgb_mode == False:
            image = rgb2gray(state[i])
        else:
            image = state[i]

        misc.imsave( path + "img" + str(i) +".png", image)


def model_save(path,name,agent,R):
    ''' Saves actions, rewards and states (images) in DataPath'''
    if not os.path.exists(path):
        os.makedirs(path)
    agent.DQN.model.save(path + name)
    print(name, "saved")
    print('...')
    joblib.dump(agent.memory,path+name+'Memory')
    joblib.dump([agent.epsilon,agent.steps,agent.DQN.opt.get_config()],
```

```
path+name+'AgentParam')
    joblib.dump(R,path+name+'Rewards')
    print('Memory pickle dumped')
```

训练过程的调用代码为：

```
python main.py --environment_name 'CarRacing-v0' --model_path
'/home/santanu/Autonomous Car/train/' --train_mode True --test_mode False -
-epsilon_greedy True --render True --width 96 --height 96 --num_stack 4 --
huber_loss_thresh 1 --dropout 0.2 --memory_size 10000 --batch_size 128 --
max_num_episodes 500
```

9.13 训练结果

最初，无人驾驶车免不了会犯错。一段时间后，无人驾驶车通过训练不断从错误中学习，自动驾驶的能力越来越好。图 9-5a 和图 9-5b 分别展示了在训练之初以及经历了足够多训练之后无人驾驶车的行为。

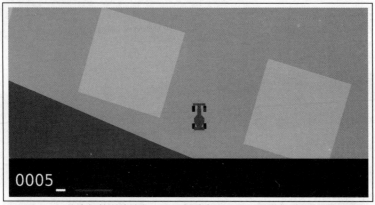

a) 在初始训练阶段，无人驾驶车会犯错，开到草地上

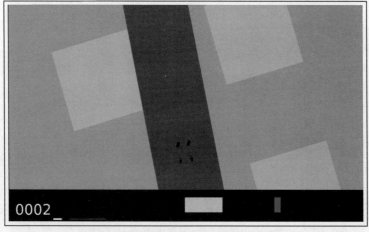

b) 足够多训练之后，车能成功驾驶在车道上

图 9-5

下面的图可以看到，经过足够多的训练之后，车能成功驾驶在车道上。

9.14 总结

本章讨论的问题将帮助你快速了解增强学习范式，并建立增强学习的智能系统。同时，读者可以把这个项目中学习到的技术应用于解决其他增强学习的问题。

在下一章，我们将从深度学习的角度来看看 CAPTCHA，并建立一些有趣的项目。

CHAPTER10
第**10**章

从深度学习的角度看 CAPTCHA

CAPTCHA 这个术语是全自动区分计算机和人类的图灵测试（completely automated public Turing test to tell computers and humans apart）的缩写。这是一个旨在区分人类用户和机器或者机器人的计算机程序，通常作为防止垃圾邮件和数据滥用的安全措施。CAPTCHA 的概念最早于 1997 年被提出，互联网搜索公司 AltaVista 试图阻止自动提交的 URL 扭曲其平台上的搜索引擎算法。为了解决这个问题，AltaVista 的首席科学家 Andrei Broder 提出了一种生成随机文字图像的算法，这些文字图像很容易被人类识别，但却不能被机器人识别。后来，在 2003 年，Luis von Ahn、Manuel Blum、Nicholas J Hopper 和 John Langford 完善了这个技术，并将其称为 CAPTCHA。最常见的 CAPTCHA 形式需要用户在扭曲的图像中识别字母和数字。之所以这个测试能达到目的，是基于一个简单的前提：人类很容易分辨扭曲图像中的字母和数字，而自动程序或机器人却无法区分它们。CAPTCHA 测试有时被称为逆向图灵测试，因为它是由计算机执行的测试，而不是人类。

截至今日，CAPTCHA 已经开始发挥更大的作用，而不仅仅是防止计算机程序或者机器人舞弊。例如，Google 使用 CAPTCHA 及其变体之一的 reCAPTCHA，将"纽约时报"的档案和 Google 图书馆中的一些书籍数字化。其典型做法是要求用户正确输入多个 CAPICHA 的字符，实际上只有一个 CAPTCHA 被标记并用于验证用户是否是真实用户。其余的 CAPTCHA 都是由用户标记的。目前，Google 使用基于图片的 CAPTCHA 帮助标记其自动驾驶汽车数据集，如图 10-1 的截图所示。

在本章中，我们将介绍以下主题：
- 什么是 CAPTCHA
- 使用深度学习破解 CAPTCHA 以暴露其漏洞
- 使用对抗学习生成 CAPTCHA

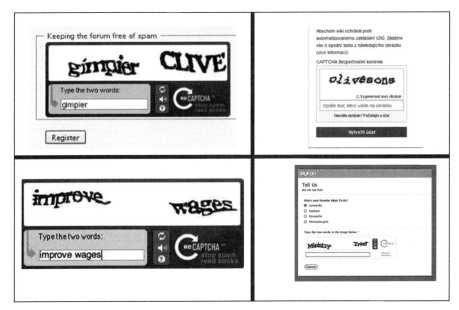

图 10-1 各种网站上一些常见的 CAPTCHA

10.1 技术要求

你需要具备 Python 3、TensorFlow、Keras 和 OpenCV 的基本知识。

本章的代码文件可以在 GitHub 上找到：

https://github.com/PacktPublishing/Intelligent-Projects-using-Python/tree/master/Chapter10

10.2 通过深度学习破解 CAPTCHA

随着最近卷积神经网络（Convolutional Neural Network，CNN）在计算机视觉任务中取得成功，在几分钟内破解基本的 CAPTCHA 成为一个相对容易的任务。所以，CAPTCHA 需要比过去更加进化。在本章的第一部分中，我们将揭示使用深度学习框架的机器人如何自动检测到基本 CAPTCHA 的漏洞。然后，我们将遵循这条思路，利用 GAN 来创建机器人更难以破解的 CAPTCHA。

10.2.1 生成基本的 CAPTCHA

可以使用 Python 中的 Claptcha 包生成 CAPTCHA。我们用这个包生成由 4 个数字和文本字符组成的 CAPTCHA 图像。因此，每个字符可以是 26 个字母和 10 个数字中的任何一个。以下代码可用于生成随机字母和数字的 CAPTCHA：

```
alphabets = 'abcdefghijklmnopqrstuvwxyz'
alphabets = alphabets.upper()
font = 
"/home/santanu/Android/Sdk/platforms/android-28/data/fonts/DancingScript-
Regular.ttf"
# For each of the 4 characters determine randomly whether its a digit or
alphabet
char_num_ind = list(np.random.randint(0,2,4))
text = ''
for ind in char_num_ind:
    if ind == 1:
    # for indicator 1 select character else number
        loc = np.random.randint(0,26,1)
        text = text + alphabets[np.random.randint(0,26,1)[0]]
    else:
        text = text + str(np.random.randint(0,10,1)[0])

c = Claptcha(text,font)
text,image = c.image
plt.imshow(image)
```

图 10-2 是运行上面的代码生成的随机 CAPTCHA。

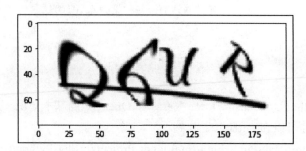

图 10-2　随机生成的 CAPTCHA 字符：26UR

除了文本以外，Claptcha 工具还需要用于打印文本的字体作为输入。正如我们所看到的，它稍微沿水平轴扭曲了线条，并为图像添加了噪声。

10.2.2　生成用于训练 CAPTCHA 破解器的数据

在本节中，我们将使用 Claptcha 工具生成几个 CAPTCHA，并用它们训练 CNN 模型。CNN 模型通过监督学习识别 CAPTCHA 中的字符。我们将为训练 CNN 模型生成训练和验证数据集。除此之外，我们将生成一个单独的测试集来评估模型对未见过的数据的识别能力。如下 CaptchaGenerator.py 脚本可以用于生成 CAPTCHA 数据：

```
from claptcha import Claptcha
import os
import numpy as np
import cv2
import fire
from elapsedtimer import ElasedTimer
```

```python
def generate_captcha(outdir,font,num_captchas=20000):
    alphabets = 'abcdefghijklmnopqrstuvwxyz'
    alphabets = alphabets.upper()
    try:
        os.mkdir(outdir)
    except:
        'Directory already present,writing captchas to the same'
    #rint(char_num_ind)
    # select one alphabet if indicator 1 else number
    for i in range(num_captchas):
        char_num_ind = list(np.random.randint(0,2,4))
        text = ''
        for ind in char_num_ind:
            if ind == 1:
                loc = np.random.randint(0,26,1)
                text = text + alphabets[np.random.randint(0,26,1)[0]]
            else:
                text = text + str(np.random.randint(0,10,1)[0])
        c = Claptcha(text,font)
        text,image = c.image
        image.save(outdir + text + '.png')
def main_process(outdir_train,num_captchas_train,
                 outdir_val,num_captchas_val,
                 outdir_test,num_captchas_test,
                 font):

    generate_captcha(outdir_train,font,num_captchas_train)
    generate_captcha(outdir_val,font,num_captchas_val)
    generate_captcha(outdir_test,font,num_captchas_test)


if __name__ == '__main__':
    with ElasedTimer('main_process'):
        fire.Fire(main_process)
```

需要注意的一点是,大多数CAPTCHA生成器使用ttf文件来获取CAPTCHA的字体。我们可以使用如下CaptchaGenerator.py脚本生成大小分别为16000、4000和4000的训练集、验证集和测试集:

```
python CaptchaGenerator.py --outdir_train '/home/santanu/Downloads/Captcha
Generation/captcha_train/' --num_captchas_train 16000 --outdir_val
'/home/santanu/Downloads/Captcha Generation/captcha_val/' --
num_captchas_val 4000
--outdir_test '/home/santanu/Downloads/Captcha Generation/captcha_test/' --
num_captchas_test 4000 --font
"/home/santanu/Android/Sdk/platforms/android-28/data/fonts/DancingScript-
Regular.ttf"
```

我们可以从以下日志中看到,该脚本花了3.328分钟生成16000个用于训练的CAPTCHA,4000个用于验证的CAPTCHA以及4000个用于测试的CAPTCHA:

```
3.328 min: main_process
```

在下一节中,我们将讨论基于卷积神经网络架构的CAPTCHA破解器。

10.2.3　CAPTCHA 破解器的 CNN 架构

我们将使用 CNN 架构来识别 CAPTCHA 中的字符。该 CNN 在密集层之前会有两对卷积和池化层。我们将分离 CAPTCHA 的四个字符，将它们单独提供给模型，而不是将所有 CAPTCHA 一齐输入模型。这需要 CNN 最终输出层预测 36 个类别中的一个，即 26 个字母和 10 个数字中的某一个。

可以通过函数 _model_ 定义模型，如下面的代码所示：

```python
def _model_(n_classes):
    # Build the neural network
    input_ = Input(shape=(40,25,1))
    # First convolutional layer with max pooling
    x = Conv2D(20, (5, 5), padding="same",activation="relu")(input_)
    x = MaxPooling2D(pool_size=(2, 2), strides=(2, 2))(x)
    x = Dropout(0.2)(x)
    # Second convolutional layer with max pooling
    x = Conv2D(50, (5, 5), padding="same", activation="relu")(x)
    x = MaxPooling2D(pool_size=(2, 2), strides=(2, 2))(x)
    x = Dropout(0.2)(x)
    # Hidden layer with 1024 nodes
    x = Flatten()(x)
    x = Dense(1024, activation="relu")(x)
    # Output layer with 36 nodes (one for each possible alphabet/digit we predict)
    out = Dense(n_classes,activation='softmax')(x)
    model = Model(inputs=[input_],outputs=out)

    model.compile(loss="sparse_categorical_crossentropy", optimizer="adam", metrics=
    ["accuracy"])
    return model
```

CAPTCHA 破解器的 CNN 模型可以用图 10-3 进行描述。

10.2.4　预处理 CAPTCHA 图像

图像的原始像素与 CNN 架构兼容得并不好。通常推荐的做法是标准化图像使得 CNN 能更快地收敛。通常有两种标准化图像的方法，一种是取像素的平均值，另一种是将像素值除以 255 得到位于 [0,1] 范围内的新值。对于我们的 CNN 网络，我们将图像标准化到 [0,1] 范围内。而且我们将处理 CAPTCHA 的灰度图像，这意味着我们只需要处理一个颜色通道。load_img 函数可用于加载和预处理 CAPTCHA 图像，代码如下所示：

```python
def load_img(path,dim=(100,40)):
    img = cv2.imread(path,cv2.IMREAD_GRAYSCALE)
    img = cv2.resize(img,dim)
    img = img.reshape((dim[1],dim[0],1))
    #print(img.shape)
    return img/255.
```

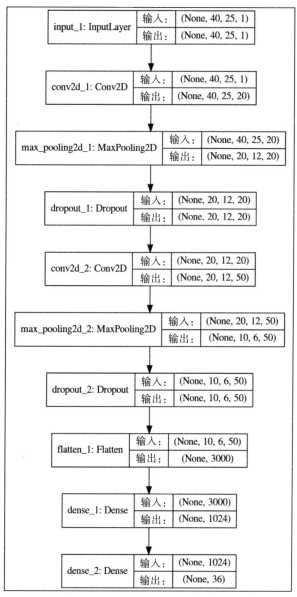

图 10-3　CAPTCHA 破解器的 CNN 架构

10.2.5　将 CAPTCHA 字符转换为类别

CAPTCHA 的原始字符需要转换为数字化类别才能用于训练。create_dict_char_to_index 函数可用于将原始字符转换为类别标签：

```
def create_dict_char_to_index():
    chars = 'abcdefghijklmnopqrstuvwxyz0123456789'.upper()
```

```
        chars = list(chars)
        index = np.arange(len(chars))
        char_to_index_dict,index_to_char_dict = {},{}
        for v,k in zip(index,chars):
            char_to_index_dict[k] = v
            index_to_char_dict[v] = k

        return char_to_index_dict,index_to_char_dict
```

10.2.6 数据生成器

动态批量地生成训练和验证数据对于高效地训练 CNN 是非常重要的。在训练开始之前将所有数据加载到内存中可能会到遇到数据的存储问题，因此，需要在训练期间动态地读取 CAPTCHA 数据并构建批量。这可以使得资源得到最佳使用。

我们将使用一个数据生成器来构建训练和验证批量。生成器将在初始化期间存储 CAPTCHA 的文件位置，并在每个轮次动态地构建批量。在每个轮次之后文件的顺序会被随机洗牌，以便让 CAPTCHA 图像在每个轮次中以不同的顺序被遍历。这通常可以确保模型在训练期间不会陷入糟糕的局部最小值。数据生成器类可以编码如下：

```
class DataGenerator(keras.utils.Sequence):
    'Generates data for Keras'
    def __init__(self,dest,char_to_index_dict,batch_size=32,n_classes=36,dim=(40,100,1),shuffle=True):
        'Initialization'
        self.dest = dest
        self.files = os.listdir(self.dest)
        self.char_to_index_dict = char_to_index_dict
        self.batch_size = batch_size
        self.n_classes = n_classes
        self.dim = (40,100)
        self.shuffle = shuffle
        self.on_epoch_end()

    def __len__(self):
        'Denotes the number of batches per epoch'
        return int(np.floor(len(self.files) / self.batch_size))

    def __getitem__(self, index):
        'Generate one batch of data'
        # Generate indexes of the batch
        indexes = self.indexes[index*self.batch_size:(index+1)*self.batch_size]

        # Find list of files to be processed in the batch
        list_files = [self.files[k] for k in indexes]

        # Generate data
        X, y = self.__data_generation(list_files)

        return X, y
```

```
        def on_epoch_end(self):
            'Updates indexes after each epoch'
            self.indexes = np.arange(len(self.files))
            if self.shuffle == True:
                np.random.shuffle(self.indexes)

        def __data_generation(self,list_files):
        'Generates data containing batch_size samples' # X :
         (n_samples, *dim, n_channels)
        # Initialization
        dim_h = dim[0]
        dim_w = dim[1]//4
        channels = dim[2]
        X = np.empty((4*len(list_files),dim_h,dim_w,channels))
        y = np.empty((4*len(list_files)),dtype=int)
        # print(X.shape,y.shape)

        # Generate data
        k = -1
        for f in list_files:
            target = list(f.split('.')[0])
            target = [self.char_to_index_dict[c] for c in target]
            img = load_img(self.dest + f)
            img_h,img_w = img.shape[0],img.shape[1]
            crop_w = img.shape[1]//4
            for i in range(4):
                img_crop = img[:,i*crop_w:(i+1)*crop_w]
                k+=1
                X[k,] = img_crop
                y[k] = int(target[i])

        return X,y
```

10.2.7 训练 CAPTCHA 破解器

可以通过调用 train 函数来训练 CAPTCHA 破解器模型，如下所示：

```
def
train(dest_train,dest_val,outdir,batch_size,n_classes,dim,shuffle,epochs,l:
):
    char_to_index_dict,index_to_char_dict = create_dict_char_to_index()
    model = _model_(n_classes)
    train_generator =
DataGenerator(dest_train,char_to_index_dict,batch_size,n_classes,dim,shuff:
e)
    val_generator =
DataGenerator(dest_val,char_to_index_dict,batch_size,n_classes,dim,shuffle)
    model.fit_generator(train_generator,epochs=epochs,validation_data=val_gene:
ator)
    model.save(outdir + 'captcha_breaker.h5')
```

对于一个批次中的 CAPTCHA，所有 4 个字符都被考虑用于训练。我们使用 DataGenerator 类来定义 train_generator 和 val_generator 对象。这些数据生成器动态地为训练和验证提供批量。可以通过使用 train 参数运行 captcha_solver.py 脚本进行训练：

```
python captcha_solver.py train --dest_train
'/home/santanu/Downloads/Captcha Generation/captcha_train/' --dest_val
'/home/santanu/Downloads/Captcha Generation/captcha_val/' --outdir
'/home/santanu/ML_DS_Catalog-/captcha/model/' --batch_size 16 --lr 1e-3 --
epochs 20 --n_classes 36 --shuffle True --dim '(40,100,1)'
```

从以下输出日志中可以看出,仅仅通过20个轮次的训练,我们的模型在CAPTCHA的每个字符级别的验证准确率就可以达到98.3%左右:

```
Epoch 17/20
1954/1954 [==============================] - 14s 7ms/step - loss: 0.0340 -
acc: 0.9896 - val_loss: 0.0781 - val_acc: 0.9835
Epoch 18/20
1954/1954 [==============================] - 13s 7ms/step - loss: 0.0310 -
acc: 0.9904 - val_loss: 0.0679 - val_acc: 0.9851
Epoch 19/20
1954/1954 [==============================] - 13s 7ms/step - loss: 0.0315 -
acc: 0.9904 - val_loss: 0.0813 - val_acc: 0.9822
Epoch 20/20
1954/1954 [==============================] - 13s 7ms/step - loss: 0.0297 -
acc: 0.9910 - val_loss: 0.0824 - val_acc: 0.9832
4.412 min: captcha_solver
```

使用 GeForce GTX 1070 GPU 对 16000 个 CAPTCHA(即 64000 个字符)进行 20 轮次训练大约需要 4.412 分钟。建议读者使用基于 GPU 的机器加快训练速度。

10.2.8 测试数据集的准确性

可以通过调用 evaluate 函数来测试数据的推断情况。函数 evaluate 的代码如下,供参考。请注意,准确性的评估应当从整体而非每个 CAPTCHA 字符的级别进行。因此,只有当 CAPTCHA 目标内的所有 4 个字符都与预测结果匹配时,我们才能将 CAPTCHA 标记为被 CNN 正确识别。用于在测试 CAPTCHA 上运行推断的 evaluate 函数如下:

```python
def evaluate(model_path,eval_dest,outdir,fetch_target=True):
    char_to_index_dict,index_to_char_dict = create_dict_char_to_index()
    files = os.listdir(eval_dest)
    model = keras.models.load_model(model_path)
    predictions,targets = [],[]
    for f in files:
        if fetch_target == True:
            target = list(f.split('.')[0])
            targets.append(target)

        pred = []
        img = load_img(eval_dest + f)
        img_h,img_w = img.shape[0],img.shape[1]
        crop_w = img.shape[1]//4
        for i in range(4):
            img_crop = img[:,i*crop_w:(i+1)*crop_w]
```

```
            img_crop = img_crop[np.newaxis,:]
            pred_index  = np.argmax(model.predict(img_crop),axis=1)
            #print(pred_index)
            pred_char   = index_to_char_dict[pred_index[0]]
            pred.append(pred_char)
        predictions.append(pred)
 
df = pd.DataFrame()
df['files'] = files
df['predictions'] = predictions

if fetch_target == True:
    match = []
    df['targets'] = targets
    
    accuracy_count = 0
    for i in range(len(files)):
        if targets[i] == predictions[i]:
            accuracy_count+= 1
            match.append(1)
        else:
            match.append(0)
    print(f'Accuracy: {accuracy_count/float(len(files))} ')
    eval_file = outdir + 'evaluation.csv'
    df['match'] = match
    df.to_csv(eval_file,index=False)
    print(f'Evaluation file written at: {eval_file} ')
```

可以运行以下命令来调用 captcha_solver.py 脚本中用于推断的 evaluate 函数：

```
python captcha_solver.py evaluate  --model_path
/home/santanu/ML_DS_Catalog-/captcha/model/captcha_breaker.h5 --eval_dest
'/home/santanu/Downloads/Captcha Generation/captcha_test/' --outdir
/home/santanu/ML_DS_Catalog-/captcha/ --fetch_target True
```

在包含 4000 个 CAPTCHA 的测试数据集上得到准确率约为 93%。运行 evaluate 函数的输出如下：

```
Accuracy: 0.9320972187421699
Evaluation file written at: /home/santanu/ML_DS_Catalog-
/captcha/evaluation.csv
13.564 s: captcha_solver
```

我们还可以看到对这 4000 个 CAPTCHA 的推断大约需要 14 秒，而评估的输出包含于 /home/santanu/ML_DS_Catalog-/capt/evaluation.csv 文件中。

我们可以看到一些模型预测失败的结果，如图 10-4 所示。

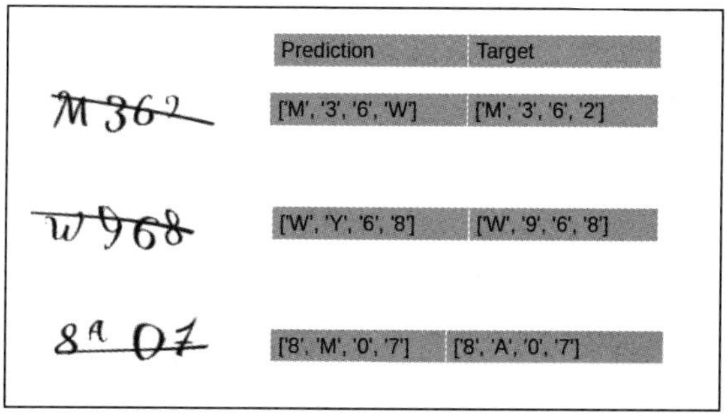

图 10-4　模型预测失败的 CAPTCHA

10.3 通过对抗学习生成 CAPTCHA

在本节中，我们将利用**生成对抗网络**（Generative Adversarial Network，GAN）来生成 CAPTCHA。我们将生成类似于街景门牌号数据集（Street View House Numbers，SVHN）中的图像。想法是使用这些 GAN 生成的图像作为 CAPTCHA。一旦我们训练好 GAN，它们将很容易从噪声分布中进行采样，生成 CAPTCHA，这也能避免通过复杂的方法创建更多的 CAPTCHA。它还会为所使用的 CAPTCHA 数据中的 SVHN 街道号码提供一些变化。

SVHN 是一个采集自真实世界的数据集，由于其在对象识别算法领域的应用，它在机器学习和深度学习中非常受欢迎。从名称可以看出，这个数据集包含从 Google 街景图像获取的门牌号码的真实图像。可以从以下链接下载该数据集：http://ufldl.stanford.edu/housenumbers/。

我们将门牌号码数据集的图像大小调整为（32,32）维度，并使用调整过的图像进行训练。我们感兴趣的数据集是 train_32x32.mat。

通过采用生成对抗网络，我们将生成与 SVHN 数据集中房屋门牌号图像非常相似的随机噪声图像。

简而言之，在 GAN 中我们有一个生成器（G）和一个判别器（D），它们互相进行关于损失函数的零和极小极大值零和博弈。随着时间的推移，生成器和判别器都在工作中变得更好，直到达到一个两者都无法进一步改善的平衡点。这个平衡点就是损失函数的鞍点。在我们的应用中，生成器 G 将噪声 z 从给定分布 $P(z)$ 中转换到房屋号码图像 x，使得 $x = G(z)$。

生成的图像被输入判别器 D，后者试图将生成的图像 x 鉴别为假，而将来自 SVHN 数据集中的真实图像鉴别为真。同时，生成器通过 $x = G(z)$ 生成图像，并尽可能地尝试欺骗判别器，使判别器认为图像是真的。如果我们将真实图像标记为 1，并将生成器生成的假图像标记为 0，然后判别器将作为给定两个类的分类器网络，尝试最小化二元交叉熵损失。被判别器 D 最小化的损失可以写成如下公式：

$$-E_{z \sim p_Z(z)}[\log D(G(z))] - E_{x \sim p_X(x)}[\log(1 - D(G(x)))] \qquad (10\text{-}1)$$

在上面的表达式中，$D(.)$ 是判别器函数，其输出表示将图像标记为真的概率。$P_z(z)$ 表示可变噪声 z 的随机分布，而 $P_x(x)$ 表示真实的门牌号图像的分布。$G(.)$ 和 $D(.)$ 分别表示生成器网络函数和判别器网络函数，它们将通过网络权重参数化。如果将生成器网络的权重表示为 θ，将判别器网络的权重表示为 ϕ，则判别器将针对 ϕ 学习最小化式（10-1）的损失，而生成器将相对 θ 学习最大化式（10-1）中相同的损失。我们可以将式（10-1）中的优化损失称为效用函数，生成器和判别器都在进行关于其参数的优化。效用函数 U 可以写成基于生成器和判别器参数的函数，如下所示：

$$U(\theta, \phi) = -E_{z \sim p_z(z)}[\log D(G(z))] - E_{x \sim p_X(x)}[\log(1 - D(G(x)))]$$

从博弈论的角度来看，生成器 G 和判别器 D 通过效用函数 $U(\theta, \phi)$ 进行极小化极大值博弈，而最小最大值游戏的问题可以表达如下：

$$\hat{\theta}, \hat{\phi} = \max_{\theta} \min_{\phi} U(\theta, \phi)$$
$$= \max_{\phi_G} \min_{\phi_D} -E_{z\sim p_Z(z)} \log D(G(z)) - E_{x\sim p_X(x)} \log(1 - D(G(x)))$$
（10-2）

从参数空间的角度看，如果函数对于某些参数是局部最大值，相对于其余参数是局部最小值，则该点称为鞍点（saddle point）。因此，给出的点 $(\hat{\theta}, \hat{\phi})$ 将是效用函数 $U(\theta, \phi)$ 的一个鞍点，这个鞍点是关于优化生成器和判别器极小极大值零和游戏和参数 $\hat{\theta}, \hat{\phi}$ 得到的。在目前的问题中，生成器 G 会生成对于参数为 $\hat{\theta}$ 的判别器而言最难以检测的 CAPTCHA。同样，判别器将得到最适合检测假的 CAPTCHA 的参数 $\hat{\phi}$。

具有鞍点的最简单的函数是 $x^2 - y^2$，其鞍点位于原点：(0, 0)。

10.3.1 优化 GAN 损失

在上一节中，我们已经看到关于生成器和鉴别器参数的优化状态，如下面的公式所示：

$$\hat{\theta}, \hat{\phi} = \max_{\theta} \min_{\phi} U(\theta, \phi) = \max_{\phi_G} \min_{\phi_D} -E_{z\sim p_Z(z)} \log D(G(z)) - E_{x\sim p_X(x)} \log(1 - D(G(x)))$$

为了最大化目标函数，我们通常使用梯度上升，而对于最小化损失函数，通常使用梯度下降。前面的优化问题可以分为两个部分：通过梯度上升和梯度下降分别轮流优化生成器和判别器的效用函数。在优化期间的任何步骤 t，判别器将通过尝试移动到新状态来最小化效用函数，如下所示：

$$\min_{\phi} -E_{z\sim p_Z(z)} \log D(G(z)) - E_{x\sim p_X(x)} \log(1 - D(G(x)))$$

对应地，生成器将尝试最大化效用函数。由于判别器 D 没有任何来自生成器 G 的参数，效用函数的第二轮优化对生成器没有任何影响。同样地，这个过程可以表示为如下形式：

$$\max_{\theta} -E_{z\sim p_Z(z)} \log D(G(z)) - E_{x\sim p_X(x)} \log(1 - D(G(x)))$$
$$= \max_{\theta} -E_{z\sim p_Z(z)} \log D(G(z))$$
$$= \min_{\theta} E_{z\sim p_Z(z)} \log D(G(z))$$

我们已将生成器和判别器优化目标都转换为最小化问题。判别器和生成器的优化都使用梯度下降进行，直到达到目标函数的鞍点。

10.3.2 生成器网络

生成器网络将接收随机噪声，并尝试输出类似于 SVHN 数据集中的图像。随机噪声是 100 维的输入向量，每一个维度上都是遵循平均值为 0、标准差为 1 的标准正态分布的随机变量。

初始密集层有 8192 个单元，它被重新调整为 4 x 4 x 512 的三维张量。该张量可以被认为是具有 512 个滤波器的大小为 4×4 的图像。为了增加张量的空间维度，我们做一系列步幅为 2、内核滤波器尺寸为 5 x 5 的 2D 卷积转换。步幅的大小决定了转置卷积的尺度。例如，步幅为 2 可以将输入图像的每个空间维度加倍，通常会伴随转置卷积做批量归一化，以获得更好的收敛。除了激活层以外，该网络还使用 LeakyReLU 作为激活函数。网络的最终输出是尺寸为 32 x 32 x 3 的图像。

最后一层使用 tanh 激活函数，以便将图像的像素值归一化到 [-1,1] 的范围内。

生成器代码可以编写为：

```
def generator(input_dim,alpha=0.2):
    model = Sequential()
    model.add(Dense(input_dim=input_dim, output_dim=4*4*512))
    model.add(Reshape(target_shape=(4,4,512)))
    model.add(BatchNormalization())
    model.add(LeakyReLU(alpha))
    model.add(Conv2DTranspose(256, kernel_size=5, strides=2,
                              padding='same'))
    model.add(BatchNormalization())
    model.add(LeakyReLU(alpha))
    model.add(Conv2DTranspose(128, kernel_size=5, strides=2,
                              padding='same'))
    model.add(BatchNormalization())
    model.add(LeakyReLU(alpha))
    model.add(Conv2DTranspose(3, kernel_size=5, strides=2,
                              padding='same'))
    model.add(Activation('tanh'))
    return model
```

生成器的网络架构如图 10-5 所示。

10.3.3 判别器网络

判别器将是经典的二元分类卷积神经网络，用来将生成器图像判别为假，并将实际的 SVHN 数据集图像差别为真。

判别器网络可以编码如下：

```
def discriminator(img_dim,alpha=0.2):
    model = Sequential()
    model.add(
            Conv2D(64, kernel_size=5,strides=2,
            padding='same',
            input_shape=img_dim)
            )
    model.add(LeakyReLU(alpha))
    model.add(Conv2D(128,kernel_size=5,strides=2,padding='same'))
    model.add(BatchNormalization())
    model.add(LeakyReLU(alpha))
    model.add(Conv2D(256,kernel_size=5,strides=2,padding='same'))
    model.add(BatchNormalization())
```

```
model.add(LeakyReLU(alpha))
model.add(Flatten())
model.add(Dense(1))
model.add(Activation('sigmoid'))
return model
```

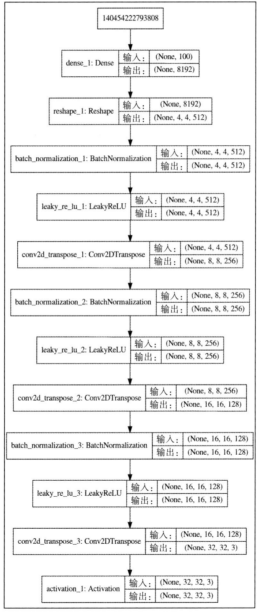

图 10-5　生成器网络架构图

在上面的代码块中定义的判别器网络可以使用来自生成器的伪造图像和来自SVHN数

据集的真实图像作为输入，并在最终输出层之前将它们传入 3 组 2D 卷积层。该网络中的卷积层后面没有池化层，而是批量标准化和 LeakyReLU 激活。

判别器的网络架构如图 10-6 所示。

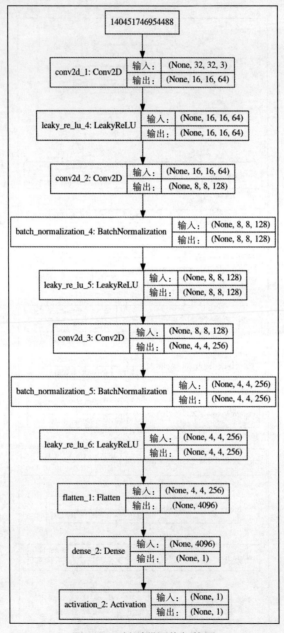

图 10-6　判别器网络架构图

判别器的输出激活函数是 sigmoid 函数，这有助于决策二元分类问题，即识别真实的

SVHN 图像和伪造的图像。

10.3.4 训练 GAN

建立生成对抗网络的训练流程并不容易，需要考虑很多技术问题。我们定义如下三个网络用于训练：

- 带参数 θ 的生成器网络 g
- 带参数 ϕ 的判别器网络 d
- 由 g_d 表示并具有权重 θ 和 ϕ 的生成器和判别器组合网络

生成器 g 创建伪造的图像，判别器 d 则评估并尝试将其标记为假。

在 g_d 网络中，生成器 g 创建伪造的图像，然后试图欺骗判别器，让其认为这张图像是真实的。判别器网络是用二进制交叉熵损失编译的，并且相对于判别器参数 ϕ 优化了损失，而 g_d 网络是根据生成器网络 g 的参数编译的，用以欺骗判别器。因此，g_d 网络损失就是与被判别器标记为真的所有伪造图像相关的二进制交叉熵损失。在每个小批量中，生成器和判别器权重都会基于对与 g_d 和 d 网络相关的损失进行的优化而进行更新：

```
def train(dest_train,outdir,
        gen_input_dim,gen_lr,gen_beta1,
        dis_input_dim,dis_lr,dis_beta1,
        epochs,batch_size,alpha=0.2,smooth_coef=0.1):

    #X_train,X_test = read_data(dest_train),read_data(dest_test)
    train_data = loadmat(dest_train + 'train_32x32.mat')
    X_train, y_train = train_data['X'], train_data['y']
    X_train = np.rollaxis(X_train, 3)
    print(X_train.shape)
    #Image pixels are normalized between -1 to +1 so that one can use the tanh activation function
    #_train = (X_train.astype(np.float32) - 127.5)/127.5
    X_train = (X_train/255)*2-1
    g = generator(gen_input_dim,alpha)
    plot_model(g,show_shapes=True, to_file='generator_model.png')
    d = discriminator(dis_input_dim,alpha)
    d_optim = Adam(lr=dis_lr,beta_1=dis_beta1)
    d.compile(loss='binary_crossentropy',optimizer=d_optim)
    plot_model(d,show_shapes=True, to_file='discriminator_model.png')
    g_d = generator_discriminator(g, d)
    g_optim = Adam(lr=gen_lr,beta_1=gen_beta1)
    g_d.compile(loss='binary_crossentropy', optimizer=g_optim)
    plot_model(g_d,show_shapes=True, to_file=
'generator_discriminator_model.png')
    for epoch in range(epochs):
        print("Epoch is", epoch)
        print("Number of batches", int(X_train.shape[0]/batch_size))
        for index in range(int(X_train.shape[0]/batch_size)):
            noise =
            np.random.normal(loc=0, scale=1,
size=(batch_size,gen_input_dim))
            image_batch = X_train[index*batch_size:(index+1)*batch_size,:]
```

```
            generated_images = g.predict(noise, verbose=0)
            if index % 20 == 0:
                combine_images(generated_images,outdir,epoch,index)
                # Images converted back to be within 0 to 255
            print(image_batch.shape,generated_images.shape)
            X = np.concatenate((image_batch, generated_images))
            d1 = d.train_on_batch(image_batch,[1 - smooth_coef]*batch_size)
            d2 = d.train_on_batch(generated_images,[0]*batch_size)

            y = [1] * batch_size + [0] * batch_size
            # Train the Discriminator on both real and fake images
            make_trainable(d,True)
            #_loss = d.train_on_batch(X, y)
            d_loss = d1 + d2

            print("batch %d d_loss : %f" % (index, d_loss))
            noise =
 np.random.normal(loc=0, scale=1,
 size=(batch_size,gen_input_dim))
            make_trainable(d,False)
            #d.trainable = False
            # Train the generator on fake images from Noise
            g_loss = g_d.train_on_batch(noise, [1] * batch_size)
            print("batch %d g_loss : %f" % (index, g_loss))
            if index % 10 == 9:
                g.save_weights('generator', True)
                d.save_weights('discriminator', True)
```

Adam 优化器被用于优化这两个网络。有一点需要注意,网络 g_d 只需要在进行编译时优化与生成器 g 的参数相关的损失。因此,我们需要在网络 g_d 中禁用对判别器 d 的参数的训练。

我们可以使用以下函数来禁用或启用对网络参数的学习:

```
def make_trainable(model, trainable):
    for layer in model.layers:
        layer.trainable = trainable
```

我们可以通过将 trainable 设置为 False 来禁用对参数的学习,而如果想要启用对这些参数的训练,需要将其设置为 True。

10.3.5 噪声分布

输入 GAN 的噪声需要遵循特定的概率分布。一般使用均匀分布 $U[-1, 1]$ 或标准正态分布(即平均值为 0 且标准差为 1 的正态分布)对样本向量的每个维度进行噪声采样。根据经验,从标准正态分布采样得到的噪声似乎比从均匀分布中采样效果更好。因此,我们将在此实现中使用标准正态分布来对随机噪声进行采样。

10.3.6 数据预处理

如之前所讨论的,我们将使用大小为 32x32x3 的 SVHN 数据集图像。

数据集图像以矩阵数据形式提供。图像的原始像素会被归一化到 [–1, 1] 范围内，以便更快和更稳定地收敛。由于这种变换，生成器的最终激活使用 tanh 以确保生成的图像像素值在 [–1, 1] 内。

read_data 函数可用于处理输入数据。dir_flag 用于确定我们是否需要处理原始数据矩阵文件或图像目录。例如，当我们使用 SVHN 数据集时，dir_flag 应设置为 False，因为我们已经有一个名为 train_32x32.mat 的预处理数据矩阵文件。

但是，最好保持 read_data 函数的通用性，因为这将允许我们把此脚本重用于其他数据集。可以使用 scipy.io 中的 loadmat 函数读取 train_32x32.mat。

如果输入数据是放在某个目录中的原始图像，那么我们就可以在目录中读取原始文件并通过 opencv 读取图像。可以使用 opencv 的 load_img 函数读取原始图像。

最后，将像素强度归一化到 [–1, 1] 范围内，以便保证网络能更好地收敛：

```
def load_img(path,dim=(32,32)):

    img = cv2.imread(path)
    img = cv2.resize(img,dim)
    img = img.reshape((dim[1],dim[0],3))
    return img


def read_data(dest,dir_flag=False):

 if dir_flag == True:
 files = os.listdir(dest)
 X = []
 for f in files:
 img = load_img(dest + f)
 X.append(img)
 return X
 else:
 train_data = loadmat(path)
 X,y = train_data['X'], train_data['y']
 X = np.rollaxis(X,3)
 X = (X/255)*2-1
 return X
```

10.3.7 调用训练

可以通过以下参数运行 captcha_gan.py 脚本来调用 train 函数以训练 GAN：

```
python captcha_gan.py train --dest_train
'/home/santanu/Downloads/train_32x32.mat' --outdir
'/home/santanu/ML_DS_Catalog-/captcha/SVHN/' --dir_flag False --batch_size
100 --gen_input_dim 100 --gen_beta1 0.5 --gen_lr 0.0001 --dis_input_dim
'(32,32,3)' --dis_lr 0.001 --dis_beta1 0.5 --alpha 0.2 --epochs 100 --
smooth_coef 0.1
```

上面的脚本使用 Python fire 包来调用用户指定的函数，在这里即 train 函数。从上一个命令中可以看到，使用 fire 包的好处是函数的所有输入都可以由用户以参数的方式提供。

众所周知，GAN 很难训练，因此需要经常调整命令中这些输入模型参数以得到理想的结果。以下是一些重要参数：

参　　数	数　　值	备　　注
batch_size	100	小批量随机梯度下降的批量大小
gen_input_dim	100	输入随机噪声向量的维度
gen_lr	0.0001	生成器学习率
gen_beta1	0.5	beta_1 是用于生成器的 Adam 优化器的参数
dis_input_dim	(32,32,3)	真实和伪造的住房号码图像输入到判别器中的维度
dis_lr	0.001	判别器网络的学习率。
dis_beta1	0.5	beta_1 是用于判别器的 Adam 优化器的参数
alpha	0.2	这是 LeakyReLU 激活的 leak 因子。这个因子在激活函数中的输入为负时提供一个梯度（这里我们使用 0.2）。它有助于解决 ReLU 的死亡问题。如果 ReLU 函数的输入小于等于 0，则关于此输入的输出梯度为 0。来自后面层的反向传播误差乘以这个 0 之后结果为 0，因此没有误差通过与此 ReLU 相关的神经元传递给更前面的层，则该 ReLU 被认为已经死亡，许多这样的死亡 ReLU 会影响 GAN 训练。LeakyReLU 通过提供一个对于负输入值的小梯度来克服这个问题，以确保训练不会因为缺乏梯度而停止。
epochs	100	这是要运行的轮次数。
smotth_coef	0.1	该平滑系数旨在减少真实样本对判别器的损失的权重。例如，指定 smooth_coef 为 0.1 意味着真实图像的损失减少为原始的 90%。这有助于 GAN 更好地收敛。

 使用这些参数在 GeForce GTX 1070 GPU 上训练 GAN 大约需要 3.12 小时。建议读者使用更快的 GPU 进行训练。

10.3.8　训练期间 CAPTCHA 的质量

现在让我们来调查在训练期间不同轮次所生成的 CAPTCHA 的质量。以下图像分别是经过 5 轮（图 10-7a）、51 轮（图 10-7b）和 100 轮（图 10-7c）训练之后得到的 CAPTCHA。我们可以看到 CAPTCHA 图像的质量随着训练的进展而有所改善。

图 10-7a 采样自第 5 轮生成的 CAPTCHA 图像。

图 10-7b 采样自第 51 轮生成的 CAPTCHA 图像。

图 10-7c 采样自第 100 轮生成的 CAPTCHA 图像。

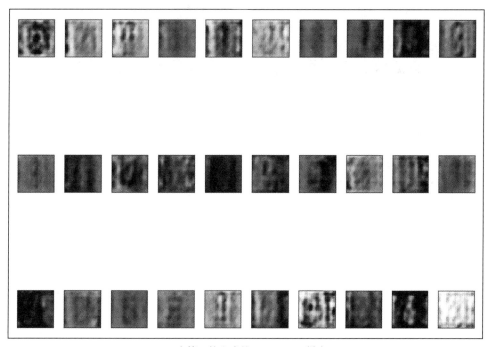

a) 在第 5 轮生成的 CAPTCHA 样本

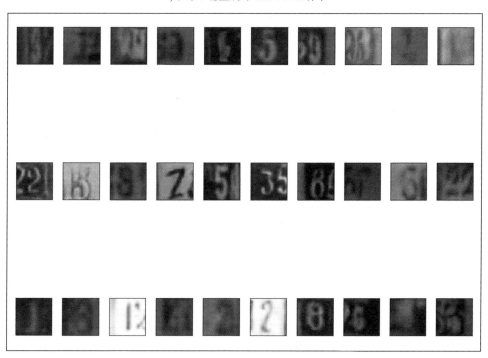

b) 在第 51 轮生成的 CAPTCHA 样本

图 10-7

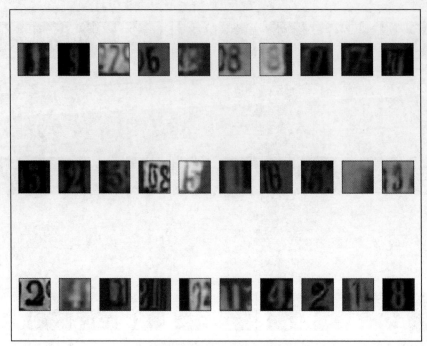

c) 在第 100 轮生成的 CAPTCHA 样本

图 10-7 （续）

10.3.9 使用训练后的生成器创建 CAPTCHA

可以在运行时加载经过训练的 GAN 网络，以生成类似街景房屋数字的 CAPTCHA。generate_captcha 函数可用于生成 CAPTCHA，代码如下：

```
def generate_captcha(gen_input_dim,alpha,
            num_images,model_dir,outdir):

    g = generator(gen_input_dim,alpha)
    g.load_weights(model_dir + 'generator')
    noise =
np.random.normal(loc=0, scale=1, size=(num_images,gen_input_dim))
    generated_images = g.predict(noise, verbose=1)
    for i in range(num_images):
        img = generated_images[i,:]
        img = np.uint8(((img+1)/2)*255)
        img = Image.fromarray(img)
        img.save(outdir + 'captcha_' + str(i) + '.png')
```

你可能会好奇，如何为这些生成的 CAPTCHA 提供标签，因为需要通过标签来验证用户是人还是机器人。其实非常简单：同时发送一些未标记的 CAPTCHA 和已标记的 CAPTCHA，所以用户并不知道哪个 CAPTCHA 要被评测。一旦生成的 CAPTCHA 有足够多的标签，就可以将多数标签当作该 CAPTCHA 的实际标签在以后的评测中使用。

可以通过 captcha_gan.py 脚本调用 generate_captcha 函数，运行该脚本的命令如下：

```
python captcha_gan.py generate-captcha --gen_input_dim 100 --num_images 200
--model_dir '/home/santanu/ML_DS_Catalog-/captcha/' --outdir
'/home/santanu/ML_DS_Catalog-/captcha/captcha_for_use/' --alpha 0.2
```

图 10-8 展示了通过调用 generate_captcha 函数生成的一些 CAPTCHA 图像。我们可以看到图像质量已经足够被当作 CAPTCHA 使用。

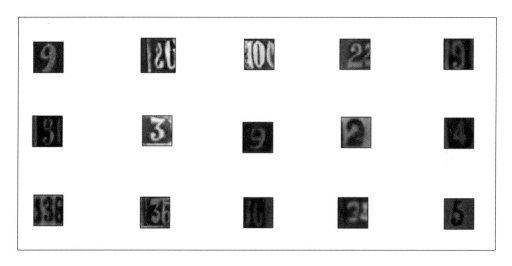

图 10-8　使用经过训练的 GAN 网络的生成器生成的 CAPTCHA

10.4　总结

至此，我们来到本章的末尾。所有与本章相关的代码都可以在 GitHub 上下载，地址为：https://github.com/PacktPublishing/Intelligent-Projects-using-Python/tree/master/Chapter10。现在，相信你对如何使用深度学习生成 CAPTCHA 有了一定的认识。一方面，我们可以看到，使用深度学习 AI 应用程序的机器人可以很轻松地破解 CAPTCHA 测试。然而，另一方面，我们也看到深度学习如何利用给定的数据集用随机噪声创建新的 CAPTCHA。通过扩展本章关于生成对抗网络的技术知识，你可以使用深度学习构建一个新的智能 CAPTCHA 生成系统。到这里，本书全部内容结束。全书介绍了 9 个基于人工智能的实际应用程序，我希望对你而言这是一段有收获的旅程。祝好运！

推荐阅读

推荐阅读

推荐阅读

TensorFlow深度学习实战
作者：Antonio Gulli 等　ISBN：978-7-111-61575-0　定价：99.00元

TensorFlow神经网络编程
作者：Manpreet Singh Ghotra 等　ISBN：978-7-111-61178-3　定价：69.00元

自然语言处理Python进阶
作者：Krishna Bhavsar　ISBN：978-7-111-61643-6　定价：59.00元

面向自然语言处理的深度学习
作者：Palash Goyal　ISBN：978-7-111-61719-8　定价：69.00元